本科层次职业教育改革创新教材

现代技术美学

XIANDAI JISHU MEIXUE

主　编　向罗生

副主编　谭小贝　孙　因　石家泉

　　　　徐　佳　唐梓桂　谢　鹏

高等教育出版社·北京

内容提要

本书为本科层次职业教育改革创新教材，以职业教育特色为出发点，立足现代技术美学的教育教学实践编写。

本书包括：技术与艺术、技术美学、结构艺术、造型艺术、表面艺术、环境艺术、技术审美评价，共七章内容。前两章介绍了技术、艺术、技术美学的基本概念以及技术与艺术的关系，之后五章分别从结构、造型、表面、环境等现代技术美学的基本门类出发，分别介绍了技术美学各个门类的概念及其审美的基本方法和评价法则。全书案例新颖，脉络清晰，层层递进，介绍了新知识、新理念、新工艺和新成果，图文并茂、现代感强。为利教便学，本书在相关内容旁配有微课视频，读者可扫码观看。

本书可作为职业本科院校、高等职业院校技术美学课程教材，也可作为技术人员、美学爱好者参考读物。

图书在版编目（CIP）数据

现代技术美学 / 向罗生主编. — 北京：高等教育出版社，2021.9

ISBN 978-7-04-056458-7

Ⅰ. ①现… Ⅱ. ①向… Ⅲ. ①技术美学－高等职业教育－教材 Ⅳ. ①B832.1

中国版本图书馆CIP数据核字（2021）第141149号

策划编辑 雷　芳　**责任编辑** 余　红　**封面设计** 张文豪　**责任印制** 高忠富

出版发行	高等教育出版社	**网　　址**	http://www.hep.edu.cn
社　　址	北京市西城区德外大街4号		http://www.hep.com.cn
邮政编码	100120		http://www.hep.com.cn/shanghai
印　　刷	江苏德埔印务有限公司	**网上订购**	http://www.hepmall.com.cn
开　　本	787 mm × 1092 mm　1/16		http://www.hepmall.com
印　　张	14.75		http://www.hepmall.cn
字　　数	340千字	**版　　次**	2021年9月第1版
购书热线	010-58581118	**印　　次**	2021年9月第1次印刷
咨询电话	400-810-0598	**定　　价**	35.00元

物 料 号　56458-00

前言

为进一步强化学校美育育人功能，构建德智体美劳全面培养的教育体系，2020年10月15日，中共中央办公厅、国务院办公厅印发了《关于全面加强和改进新时代学校美育工作的意见》。美育是审美教育、情操教育、心灵教育，也是丰富想象力和培养创新意识的教育，能提升审美素养、陶冶情操、温润心灵、激发创新创造活力。人类社会已经迈入人工智能时代，随着技术变革的加剧，大至宏伟工程的规划、设计、生产，小至家用器具制造，无不渗透着审美因素，技术美在物质产品中的体现也更为突出。作为社会物质财富创造的参与者，职业院校学生的审美理念将直接融入自己所创造的物质产品当中。因此，技术美学必然成为职业院校美育教育的重要部分。

目前，技术美学教育在世界上很多国家都得到了重视。我国无论在技术美学普及上，还是在应用研究上都还处于起步阶段。学校对技术美学教育的重视程度，在某种意义上决定了未来产品设计者能否将形式与美统一起来，能否设计出更好的产品。然而，国内技术美学教育目前在职业院校尚未普及。因此，加强职业院校技术美学教育是很有必要的。

想要改变这种现状，急需推出一本切合当前美育教育改革的教材，提高职业院校美育教育的整体水平，形成具有多元化特色的教育体系。教材的编写与技术美学课题研究不一样，涉及的知识范围广，案例要求新。市面上技术美学的教材不多，可借鉴的材料少，这些都无形之中给教材的编写增加了难度。

湖南工业职业技术学院是湖南省内装备制造专业最全、规模最大、历史最久的职业院校。学校发展经历了60多年，已经形成了自己独特的教育理念，秉承“立德、敬业、精技、创新”的校训，坚定“植根机械装备制造业，服务湖南新型工业化”的办学定位，积累了科学而丰富的教育方法，形成了可持续发展的态势。依托学校近年来承担的国家级、省部级教学改革研究项目和国家级、省部级教学成果，以及学校“双高校”建设的启动，湖南工业职业技术学院推出了这本《现代技术美学》教材。本书与传统的美学教材不同，无论从编写理念还是教学案例上都尽力突出现代技术领域中有关“美”的问题，本书介绍了新知识、新理念、新工艺和新成果，以先进的教学理念为指引，以前沿的意识更新知识，力图解决目前技术美学教学的难点。本书各章主要内容如下。

第一章　技术与艺术　本章从技术、技术产品、技术与艺术的融合三个知识点出发，详细介绍了技术的概念及特点；技术产品的特点，技术产品的属性，从功能、实体、结构多方面介绍技术产品的构成；从技术与艺术的碰撞融合角度，以第一次融合—分化—第二次融合为线索，得出现代产品是技术与艺术融合的产物这一最终结论。

第二章　技术美学　本章首先介绍了美学和技术美学的概念，然后通过对中国传统技术美学思想和西方技术美学思想的阐述，加深学生对技术美学概念的理解；接着介绍了技术美的原则，即美感原则、价值原则和功能原则；最后，对技术美的价值进行了阐述，即产品技术美的内容、产品技术美的价值、产品技术美的程度，以及自然美、技术美和艺术美。

第三章　结构艺术　本章把“结构”之“技”和“艺术”之“艺”两个方面结合起来对产品的技术和艺术进行讲解，从理论到实践逐步推进，解读几种思维方法，以期加深读者对结构艺术的理解。结构思维，包括形象思维、抽象思维、数象思维和象数思维。结构方法，包括手绘效果图、电脑效果图、模型。设计制造，包括数字化设计制造历史、数字化设计制造方法以及数字化设计制造发展等内容。

第四章　造型艺术　产品造型是设计师与消费者永远绕不开的重要话题，产品造型设计本身也会随着时间的推移、技术的进步、材料的更迭发生改变。本章主要通过产品的外观造型设计、材料应用以及加工工艺等方面介绍产品造型艺术的基本原则，产品造型的艺术特征、基本方法和美学法则。

第五章　表面艺术　产品设计与人的需求相联系，而不是与物质相联系。人的需求是多方面的，在基本的生活需求满足以后，更高一级的精神需求往往成为主要的需求，是更需要设计师关注的需求。本章从平面、包装、交互设计等方面阐述表面艺术设计的基础知识。

第六章　环境艺术　本章介绍了环境艺术设计的分类、特征和设计要点，建筑设计的要素、空间结构、设计原则，园林设计的理念、原则、要点，室内设计的要素、原则和风格流派。本章结合与技术、艺术有着密切关系的环境设计、建筑设计、园林设计和室内设计，对技术美在以上设计门类中的应用和表达方式进行了阐述，指出技术美是物化在环境设计、建筑设计、园林设计和室内设计中的审美存在，是艺术与技术的结合，并提出设计中要遵循的原则。

第七章　技术美审美评价　本章介绍了审美的一般特征、技术美审美特征、技术美审美评价标准，分别从功能美、功效美、结构美、造型美、工艺美、性价美六个方面阐述、评价了产品的技术美学功能。

本书由湖南工业职业技术学院组织编写，旨在为职业院校学生提供一本适用的美育教材。本书共七章，全书框架结构和大纲由主编向罗生拟定，各章编写分工如下：第一章由徐佳编写，第二章由石家泉编写，第三章由向罗生编写，第四章由唐梓桂编写，第五章由孙因编写，第六章由谭小贝编写，第七章由谢鹏编写；每章后附有“本章习题”。

在本书编写过程中，我们参阅了一些论著，并吸取其最新研究成果，在此，向相关著作者致以衷心的感谢。教材建设是一个艰辛的探索历程，由于编者水平所限，书中不妥之处在所难免，恳请专家学者、使用本书的老师和同学们批评指正。

编　者

2021年8月

目录

第七章 技术美审美评价 181

主要参考文献 222

扫码观看
第一章微课

第一章

技术与艺术

产品是人们生产劳动的结晶。人类社会发展至今，所有现代产品基本上都是由技术与艺术共同作用而成的。未经任何技术打磨的纯天然产品或纯艺术产品，以及未经任何艺术雕琢的纯天然产品或纯技术产品，客观上都是不存在的。产品的附加值可分为技术附加值与艺术附加值。一件具体的产品，其技术含量和艺术含量不一定等值，其附加值也就不一样。有的技术含量高一些，有的艺术含量高一些，因此其技术附加值和艺术附加值就相应高一些。因此，要研究、设计或生产现代社会的产品，离不开研究、了解、学习或掌握技术与艺术的关系。

第一节　技　　术

一、技术的概念

技术，是指人们利用现有事物形成新事物或者改进现有事物功能、性能的原理和方法。技术由原材料、工具、设备、设施等硬件因素和工艺、标准、规范、指标、计量方法等软件因素构成。

“Tech”（技术）这个术语来源于希腊语，意思是“技艺”。在历史发展中，技术这个词的内容随着生产方式的变化而改变。在手工业生产占统治地位的中世纪时期，它表示一种工艺、方法、配方，比如打铁技术、首饰制作。在现代，技术隶属于劳动资料，不仅包括人使用的劳动工具，也包括生产过程必不可少的各种物质条件。

二、技术的特点

（一）技术的社会性

技术受经济规律制约，而这些经济规律又是由生产方式决定的。因为技术的硬件因素和软件因素都受经济规律的制约。

（二）技术的传承性

技术产生在一定的社会结构中，即使一种社会制度被另一种社会制度代替，技术也能保留下来，并且为新的阶级服务。这是因为技术是为人的需要服务的，人的一般需要不会因为社会制度的改变而改变。

（三）技术的科学性

技术只有完全符合自然和科学规律才能得到发展。任何一种技术最终都以最先进的科学规律的发现为依托，即使某种技术先于某种科学原理而产生，最后，也总会找到某种科学原理来证明其科学性。

（四）技术的跳跃性

技术的发展往往由社会变革引起，因此具有一定的突然性、跳跃性。但是随着科学的发展，技术的发展又具有一定的必然性，如以蒸汽技术、电力技术、计算机技术以及网络技术为基础的生物、物理和数字技术等技术融合带来的四次工业革命。

第二节 技术产品

一、技术产品的概念

产品可划分为技术产品和非技术产品。技术产品是指供人类直接使用的，具有固定形态的工业制成品或工程，不包括原材料和中间制成品、半成品。技术产品是技术的产物。技术产品既包括新发现、新发明、新理论、新工艺、新程序等知识形态产品，也包括新材料、新器件、新设备等实物形态产品。非技术产品是指自然物，未经人工打磨和雕琢，比如植被、飞禽、走兽等等①。

产品，在现代汉语词典中意为“生产出来的物品”。而“生产”这个词的解释是“人们使用工具来创造各种生产资料和生活资料”。因此，狭义上的产品就是人们使用工具创造出的物品，是满足了人的需要，即人们用劳动创造出来的某种物品及服务。广义上，产品指能够供给市场，被人们使用和消费，并能满足人们某种需求的任何存在，包括有形的物品、无形的服务、组织以及它们的组合。本书所指产品主要针对狭义上的产品。

产品类型的划分方式多样。例如，按照用途，产品可以通俗地分为生活用品、生产用品。家具、灯具、玩具、文具、医疗用品等属于生活用品（图1-1），交通工具、工程机械等属于生产用品；道路桥梁、电子计算机等既属于生活用品又属于生产用品。

图1-1 生活用品

① 陈根. 工业设计概论［M］. 北京：电子工业出版社，2017.

经济学上，按产品用途又可分为消费产品和工业产品。日常生活中用到的消费产品，比如洗衣机（图1-2）；而进入工业领域用于生产的则是工业产品，比如挖掘机（图1-3）。工业产品和消费产品的区别是，工业产品用于生产，能创造价值和使用价值，而消费产品一般不能创造价值和使用价值。工业产品中有一批核心产品叫生产装备，属于国家“重器”，如门式起重机。目前（截至2021年）世界上最大的龙门吊“宏海号”由中国宏华建设集团设计建造，它高148米，大约有50层楼高，可以吊起22 000吨重的东西。

图1-2　消费产品（洗衣机）

图1-3　工业产品（挖掘机）

产品按照适用的对象，可以分为军用产品、民用产品等。

产品按照生产方式，又可以分为手工产品和加工产品。手工产品并不是指完全不用工具生产的物品，而通常是指用传统手工生产工具生产出来的产品，比如工匠艺人制作的手工编织产品（图1-4）。而加工产品则是批量化工业性产品（图1-5）。按照产品的产量，可以把产品分为批量产品和单件产品。批量产品（图1-6）由于通过批量制造的方式来生产，所以要求部件的通用性和产品部件质量的均一性，其价格也因为批量制造而下降；而单件产品（图1-7）则只要根据具体的需求来设计制作，通常不用考虑通用性问题，但一般来说，其制造价格要高于同类型的批量制造产品，如概念车等。

图1-4　手工编织产品

图1-5　批量加工产品

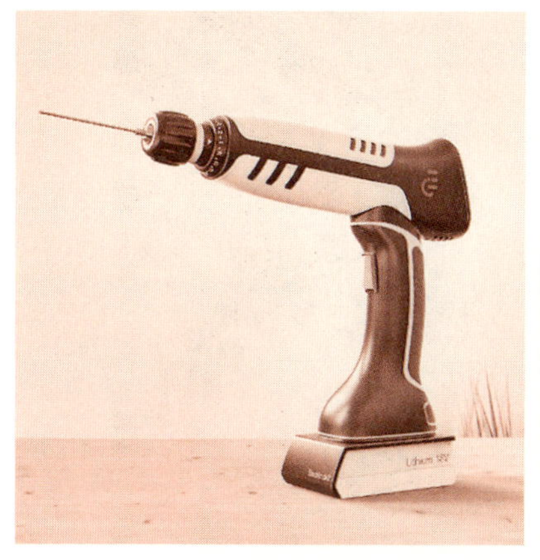
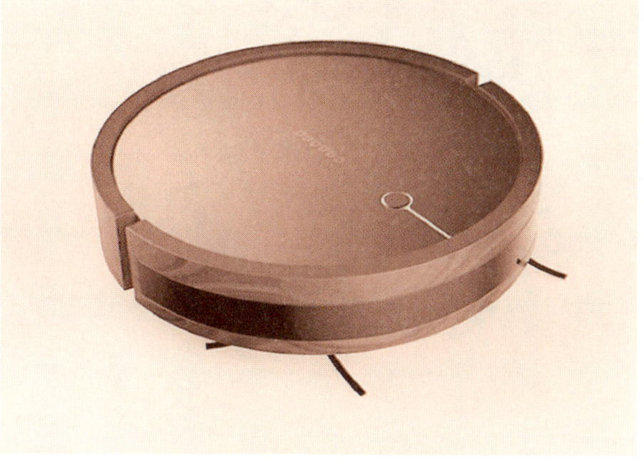

图1-6 批量产品(电钻、扫地机器人)

图1-7 单件产品(个性灯具)

二、技术产品的属性

产品属性是指产品本身所固有的性质,是产品不同于其他产品的性质的集合。也就是说,产品属性是产品差异性的集合。技术产品具有三个重要属性。

(一)物质性

产品是人的劳动的物化形式。马克思指出,在劳动过程中,劳动不断由变动的形式变为存在的形式,不断由运动的形式,变为物质的形式。技术产品凝聚了人的创造和智慧,是人的生产活动物化了的形式。例如,图1-8中为博世公司为提升工作效率设计的系列工程工具产品。

(二)功能性

技术产品是为满足人们的某种需要而产生的,是为满足人们的物质或精神需求而制造的。人类的劳动属性区别于其他动物的劳动,人的劳动是有目的的,劳动需要工具,劳动创造成果。劳动工具或劳动成果以技术产品的形式而存在。产品的使用始终存在目的性,即使身价高昂,充满了实验性与设计师的个人主张,但也是为了某种目的,以满足什么使用需求而制造的。

图1-8 博世公司系列产品

例 1-1

飞利浦为使用者设计的一系列厨房用具(图1-9),例如破壁机、搅拌机、榨汁机等,每款产品都满足了不同食品的制作需求,而该系列产品功能齐全,造型、材质、功能也具有一定的延续性。如破壁料理机集合了榨汁机、豆浆机、冰激凌机、研磨机等产品功能,达到一机多用功能,可以瞬间击破食物细胞壁,释放植物生化素。

图1-9 飞利浦系列厨具产品

(三)结构性

技术产品以一定的结构形式存在。这种结构是在人们需要的引导下,运用人类文明的成果和规律探索构成。产品作为一个整体,由各个部分组成,比如汽车,由发动机、车身、底盘和电气设备四部分构成。

三、技术产品的构成

任何一个技术产品,其构成包括"功能"和实现功能的"实体"。其中实体包括外形、结构和材料3项内容。功能是产品的灵魂,实体是产品功能的载体。产品的功能是产品的核心内容,对接着人的需求、推动产品的发展;产品的实体是产品的主要形式,是实现功能的物质基础。它们相互联系,相互支撑,而又相互制约。

四、技术产品的功能

技术产品是为满足人的需要而生产的,因此是根据一定目的而设计,这种目的就是产品的功能。根据中国国家标准《价值工程基本术语和一般工作程序》(GB/T 8223—1987),功能就是指"对象能够满足某种需求的一种属性"。它主要是对应产品的使用价值。在设计产品时,正是从功能的分析出发研究产品的载体,来决定材料、结构以及外观形式[①]。功能因素分为实用功能、认知功能和审美功能,但主要指实用功能。

功能是产品存在的首要要素,如果一个产品不能实现其预定功能,就失去了其存在的价值。以下各章若无特殊说明,技术产品简称产品。

例 1-2

某款饮水机(图1-10),提供给使用者有两种选择——饮用水和果汁气泡水,满足了不同消费者的饮用要求。另外,在饮用盛水方面,消费者可以使用瓶装和杯装两种形式。最具特色的是两种不同的接水饮用方式,当使用者使用小杯子及瓶装饮用时,不需要使用者持续用手拿水杯装水,较为实用便捷,也同时满足了不同水质的饮用需求。

图1-10 饮用水机

① 何人可.工业设计史[M].北京:高等教育出版社,2019.

五、技术产品的实体

产品实体包括外形、结构和材料3个要素，构成产品的物质特征。由于产品的功能包含在产品实体中，所以一般情况下，我们用产品的实体代表产品本身。

（一）外形

产品的外形即外观形式，它直接呈现在人们眼前，是产品的“形象”和符号。产品的外形是由产品的功能、结构决定的。产品的外形也具有一定的结构，产品的内在结构与外形结构不存在一定的一一对应关系。同一种产品的内在结构可以有完全不同的外形结构。产品的外形由颜色、光和点、线、面等多种元素优化组合构成。

例 1-3

折叠电动螺丝刀（图1-11），其外形独特，颜色鲜艳，产品的各部分皆由点线面组成。机身的功能按钮的造型采用点与线相组合，机身整体代表曲面，尾翼部分的螺丝也是点的象征，其造型美观奇特，功能多样，在使用时提升了使用者的工作效率，不使用时可以折叠起来，不仅有效节省了空间，降低了产品危害性。

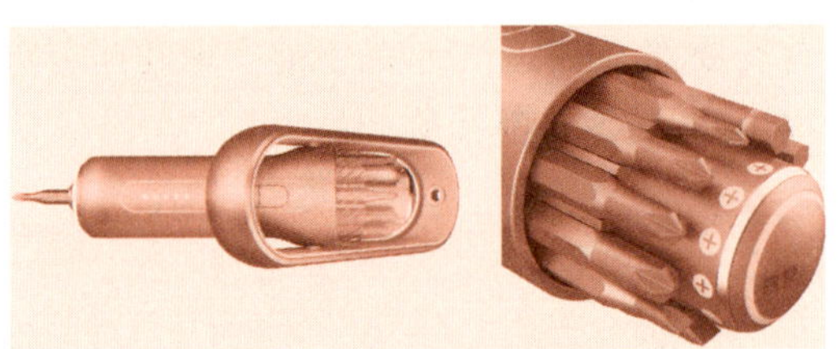

图1-11 电动螺丝刀

（二）结构

结构是根据产品功能的需要，运用最优化原理，对实现功能的各单元或区块进行优化组合，各单元或区块分别承担一定的职能或任务，彼此之间相互联系，组成一个相对稳定的结构系统。在这一系统中，各单元区块的稳定性由其职能和任务决定。当产品随着使用者需求做出改变时，各单元或区块的职能任务也发生改变，因此各单元和区块本身，以及其相互之间的关系也需要做出调整或改变。

例 1-4

工具类产品，其结构是根据产品的使用功能进行设计，如图1-12这款产品是一款刀具，刀刃较为锋利，针对此产品特征，为了降低安全隐患，采用了折叠结构。这样使用者使用起来不仅安全实用，更能有效地利用结构节约空间，便于携带，实现一物多用，降低了仓储和运输成本，同时也便于归类管理，更好地实现了产品的优化组合。

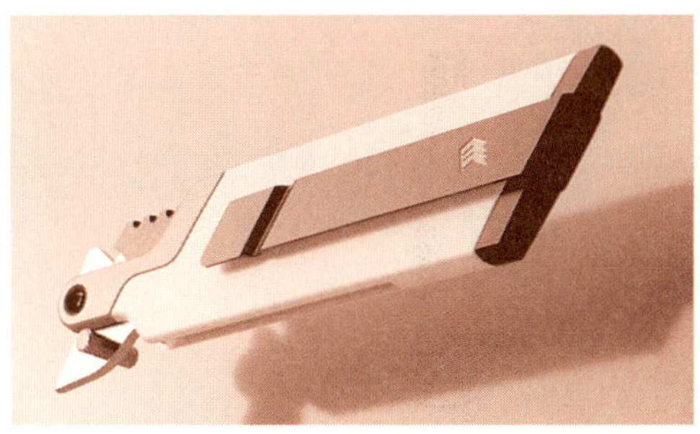
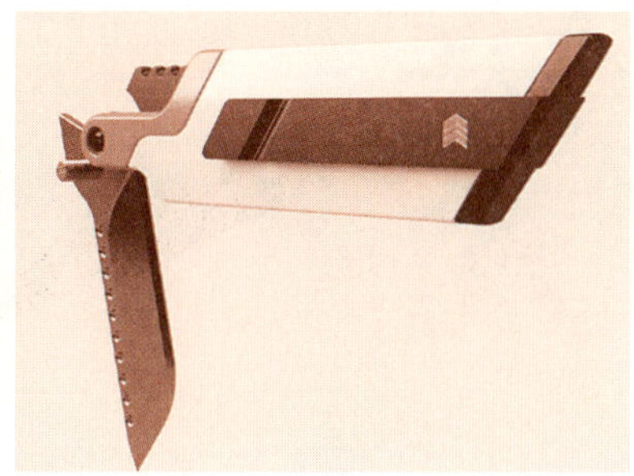

图1-12 刀具

（三）材料

材料是构成产品最根本的物质基础。随着生产力水平的不断提高，材料的技术水平发生了显著变化。就制造业而言，以3D打印为基础的制造方式也迅速发展。在选择技术产品所用的材料时，除了要考虑功能要求，还要考虑强度、重量、工艺、经济性、质地和外观等要素。

人们在进行充分发挥主观能动性的创造性活动时，会根据不同材料的特性，依据人们的使用目的，对材料进行不同方向的加工，形成具有不同功能和形状的实体产品。材料是产品设计师进行设计活动的基础，是所有生产加工制造活动的落脚点。产品设计师在充分了解材料特性的前提下通过对材料的运用和搭配才能形成独特风格的美感。科技的不断发展，不仅推动了新材料的研发和产生，推动了新材料加工方式的更新，更推动了产品形式上的丰富和发展。

技术美学在产品设计之中体现的是对产品功能和实体的综合性分析研究。一方面，在生产力高度发展、市场供大于求的形势下，有大量的同类产品同时存在于市场之中。如何在市场上的同类产品之中脱颖而出，激起消费者的购买欲望，对产品设计师提出了新的挑战。另一方面，产品单一的功能性特征已经无法满足人们对产品的需求，消费者对美学的研究和认知也在不断地发展与深入，对产品设计的视觉化体现即产品的造型美感上提出了更高的要求。

例 1-5

图1-13这款便携式无把手车载吸尘器能够进一步缩小体积，提高便携性。这款产品设计考虑的重点是加强产品握持感，确保产品在使用过程中握持舒适，不易脱手，所以产品主体表面运用了切面特征；在产品表面采用了蚀纹肌理材料，防止

打滑；而且蚀纹肌理材料能够隐藏产品在使用过程中留下的油垢、划痕等，保证了外观的整洁以及产品的耐用性能。

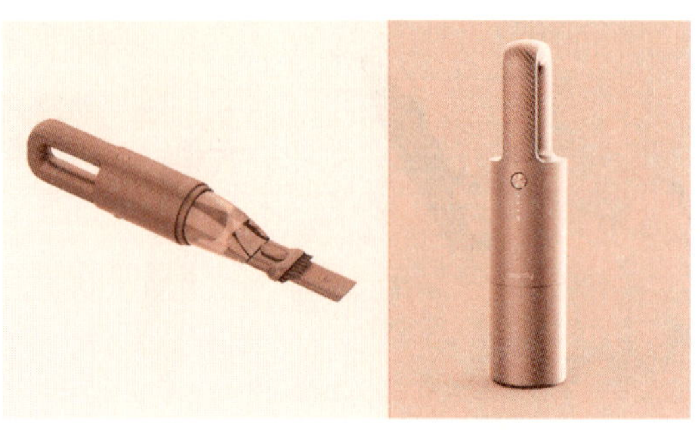

图 1-13 无把手车载吸尘器

第三节 技术与艺术的融合

产品设计，除了技术设计之外，还存在着艺术设计，这是设计工作的另一重要方面。产品的技术设计遵从科学规律，由科学法则来决定；艺术设计则遵从美学规律，由美学法则来决定。所以我们在了解了产品的技术法则之后，还有必要对产品的美学法则来进行探讨。

一、艺术

艺术是用形象来反映现实，但比现实有典型性的社会意识形态。它借助一定的物质媒介（如声音、色彩、线条、语言、形体及其他物质材料），创造出一种具有情感意蕴的形象或形象体系，这种形象体系是一种人的感觉能够感知的存在。人的感觉包括视觉、听觉、味觉、嗅觉、触觉等。艺术家通过捕捉与挖掘、感受与分析、整合与运用等方式，对客观或主观形象进行感知、识别、思维、操作、表达等进行形式展示。艺术可以是宏观概念也可以是个体现象，是通过捕捉与挖掘、感受与分析、整合与运用（形体的组合过程、生物的生命过程、故事的发展过程）等方式对客观或主观对象进行感知、认识、思考、操作、表达等活动的过程，或是通过感受（看、听、嗅、触碰）得到的阶段性结果。现代艺术包括绘画、雕刻、建筑、音乐、文学、舞蹈、戏剧、电影等。每种艺术都应该有它独特的诉求，这种诉求就是艺术的生命力。同时，艺术也指富有创造性的方式、方法。

中国古代，“艺”指的是六艺以及术数方技等各种技能。古代的技术和艺术没有分开，有时特指经术。《后汉书·伏湛传》：“永和元年，诏无忌与议郎黄景校定中书五经、诸子百家、艺术。”在中国古代，“艺”有六艺，包括礼（礼仪）、乐（音乐）、射（射箭）、御（驾车）、书（识字）、数（计算）六种。“术”包括医、方、卜、筮，这里有相当一部分是技术性的东西。17世纪以后，随着技术与科学的结合以及美学学科的形成，纯艺术与手工艺艺术逐渐分离，尤其是绘画艺术的发展，成就了一批室内画家即纯艺术画家，他们再也不愿意与工匠一起分享艺术家的荣誉，视工艺和工匠为低等职业，认为自己才是艺术的代言人和伟大信息的传言者。这些不同于以往的艺术观使艺术家居于更高的地位，高贵感使那些艺术家们不愿俯就同时代大多数人的审美趣味，更不愿把自己的艺术追求混同于实用艺术。

艺术的英文“art”，从词源上看，最早源自古拉丁语中，其意义指木工、锻工等技艺或专门形式的技能，亦类似于希腊语中的“技艺”。在古希腊、古罗马时期，人们还没有超过“技艺”之外的关于艺术的概念和认识。公元1世纪时的罗马修辞学家昆体良把艺术分为三类：第一类，“理论型艺术”，如天文学；第二类，“行动的艺术”，如舞蹈；第三类，“产品的艺术”，指通过某种技能制作成品的艺术。中世纪，美学家托马斯·阿奎纳把艺术定义为“理性的正当秩序”，出现了“自由艺术”分类，包括文法、修辞、辩证法、音乐、算术、几何学、天文学七个门类；史考特把艺术作为一种“正确观念的产品”以及一种建立在“真实原则基础上的制作能力”。这期间，“艺术”的“自由”性质开始突显出来。文艺复兴时期，“艺术”一词等同于“技艺”的思想，又被重新恢复，当时的艺术家就像古代的艺术家一样把自己看作工匠，艺术家与工匠是同义词。被誉为“文艺复兴三杰”达·芬奇没有为自己天才的绘画才能所激动，而为自己所涉及的飞行器和绘制的机械图（图1-14）而扬扬自得。米开朗琪罗不仅是绘画、雕塑大师，更热衷于建筑设计，艺术家既是工匠又是设计师、画家，从事着建筑、绘画、工艺制作等一系列的艺术设计工作。

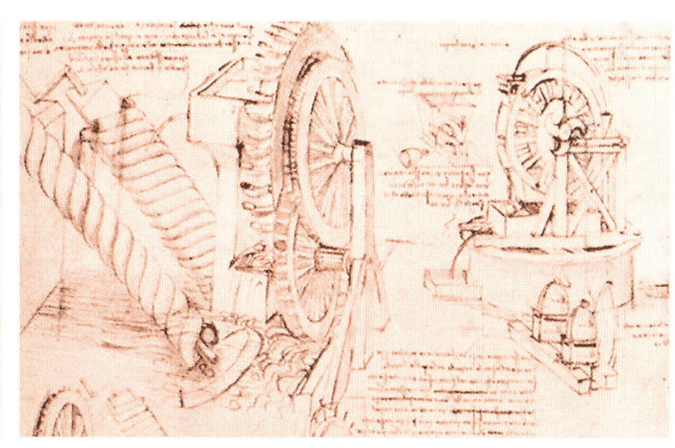

图1-14 达·芬奇飞行器及机械制图

更准确地说，在18世纪以前，技术与艺术存在形态在相当长的历史时期是处于一种含混状态或综合状态。这种综合状态是指以技艺为主要特征的“艺术”，又是一种有特点的生产性活动，指那种带有艺术性质的生产艺术品的技能，这种技能包括人类艺术活动的能力，也包括人从事其他工作的能力。希腊人把雕刻和木工看作同样的东西，艺术是一种有用的技巧，包括医疗、采矿、种植等。

但是，现代学科分类上，技术与艺术是两个不同的概念。技术往往是一种方式、过程和手段；艺术既可以是方式、过程和手段，又可以指艺术品、艺术现象。技术和艺术作为人类文明的两种产物，既有本质区别，又有不可分割的联系。技术是一种经过长期训练掌握熟练性与精准性的能力，代表的是一种程式化、普遍化和高度概括的技能技巧，只要学习者具备正常的生理条件，经过艰苦的操作实践都能掌握。艺术却和人与生俱来的气质和禀赋有关，它是把握和再现客观世界的感性方式，以情感想象为主要特征。简言之，它们归属不同的范畴，技术是对规律的掌握，属于认识范畴，而艺术属于审美范畴。在设计工业品时，必须考虑到技术和艺术的基本特点。

艺术的纯化，即艺术与技术的分离，标志着纯艺术自身的开始确立，由此也将西方艺术概念的历史区分为不同的阶段。第一阶段即无法区分的融合时期，从古希腊时期开始持续到18世纪初叶；第二阶段从18世纪中期至20世纪50年代，艺术从技术中分离出来；第三阶段从20世纪50年代末开始至今，技术美学概念产生，技术与艺术再次融合。

二、技术与艺术第一次融合

弄清艺术与技术的关系，对研究技术美学意义重大，不仅有助于理解产品中的技术与艺术，对弄清产品的技术美学特征，对如何开展工业设计、增加产品的艺术美和附加值，以及如何满足和引导人们的审美需求、加强供给侧结构性改革、推动科技进步和产品创新、促进经济和社会发展，都有十分重要的现实意义和深远的历史意义。

历史地看，艺术与技术走过了从“合—分—合”的曲折道路。在古代，技艺不分，可以理解为技术与艺术的第一次融合。人们往往把按照一定规则创造事物的本领看作艺术，包括建筑、雕塑、木工、裁缝、算术、几何、逻辑学等。因为在手工业时代，艺术创作和技术生产都建立在手工操作的基础上，除了生产对象不同，两者之间很难有本质的不同。

实际上我国古代的造物思想中早就有关于“技术与艺术”之间关系的论述。中国最早的古典造物文献《周礼·考工记》中就提出了“天时、地气、材美、工巧”的造物思想，即“天时、地气”的客观条件与“材美、工巧”的主观创造相结合，反映了古代“天人合一”的造物哲学。而这种“天人合一”的造物思想，体现在造物的实用与审美、技术与艺术的关系上①。韩非子的造物思想对后世的影响极其深远，其思想基础为朴实的实用主义，他认为造物的“美”建立在“需求”的基础之上。墨子也持有与之相同的实用主义造物观，《说苑》引《墨子》佚文曰：“食必常饱，然后求美；衣必常暖，然后求丽；居必常安，然后求乐。”这句话认为人的需求应该先物质后精神，造物应先满足人的基本物质需求再追求精神需求。可以说墨子的理论与西方的“需求层次理论”异曲同工。而荀子和庄子则强调了造物技术与艺术紧密结合的观点。荀子“美善相乐”的理论阐述，即表达了造物的造型之“美”与实用功能之“善”相结合的观点。《庄子·天地》中也有“能有所艺者，技也”的记载，即“技艺相通”的造物思想，强调造物的技术与艺术之间的和谐统一，反映了古代造物对“技术”和“艺术”的概念界定。以半坡文化时期的“彩陶”为例，彩陶（图1-15）是当时人民的日常生活用品，而彩陶上绘制的丰富多彩的图形纹样，也表达了当时人民丰富的思想情感和对生活的美好憧憬，具有一定的艺术审美价值。

若从中国磁山文化、裴李岗文化的陶器开始计算，中国工艺艺术至今约有8 000年的

① 闻人军.考工记译注［M］.上海：上海古籍出版社，2010.

图1-15 半坡文化彩陶

发展历史。在我国古代，科学技术通过艺术的方式展示出来，技术与艺术的结合统一，形成了独特的形态。以汉代青铜灯为例，其种类繁多，有豆灯、行灯、当户灯、朱雀灯、长信宫灯等。从灯的尺寸来看，科学性的设计使灯的尺寸合乎日常实用的多种要求，如豆灯（图1-16），灯盘直径和高度一般在10～15厘米，灯柱一般高3厘米，为持握方便，灯盘上设扳手，以便捏拿移动。河北省满城县窦绾墓出土的长信宫灯和朱雀灯在设计的科学性和艺术性的统一上具有典型意义。

图1-16 豆灯

例1-6

长信宫灯（图1-17）以汉代宫女形象为基本造型，宫女双膝着地，足尖以支撑全身，头梳发髻，上覆巾帼，上身平直；以左手持握灯座底部的座柄，右臂高举，袖口向下宽展如同倒置的喇叭，覆罩在灯罩上，宫女右臂与体腔为空心相连，燃灯时起到烟道和消烟的功能；灯盘呈豆形，等盘内留有槽，槽内有两片弧形屏板合拢组成圆形灯罩，灯盘可以转动，灯罩可以开合，可调节亮度和照射方向，也有挡风的功能。上述设计，充分体现出古代造物对科学的精确要求和考虑，实用性、科学性的功能设计与灯的造型设计完美统一，令人赞叹不已。

图1-17 长信宫灯

在具有审美含义的艺术观念诞生之前，东西方文化都倾向于将艺术看作一种与人类生产能力结合在一起的技术。艺术长时间混同于技术，一则说明在漫长的人类文明史中，艺术有别于其他技术的特征一直不够明朗；二则说明艺术与技术关系之密切，的确很难用几句话将二者之间的区别说得清楚明白。不过,自有所谓艺术的“自觉”意识以来,人们谈论较多的一般是二者之间的区别,却鲜有人强调二者之间的内在联系,似乎一谈技术的重要性就必然导致对艺术精神的否定。无论中西,在人类文明的早期,艺术从来就是寓于某种技术之中,并经由这种技术体现出来的。

三、技术与艺术的分化

技术和艺术的分化是在机器出现之后。科学实验向技术转化,使技术与艺术产生了本质上的区别。一方面,以欧洲文艺复兴为代表,人文主义开始兴起,以人为中心的思想充分体现在文学、艺术创作中,产生了许多专事人文主义的艺术家,如达·芬奇、米开朗琪罗、拉斐尔,使人文主义上升为“艺术美学”;另一方面,以研究客观世界为中心的自然科学队伍也愈加庞大,托勒密、哥白尼、开普勒、伽利略、牛顿等的研究,使自然科学上升为“科学技术”。从此,科学技术就远离了文学艺术,二者开始分道扬镳。

海德格尔认为,艺术是人参与的过程,是表现物的纯然,其本质是将存在的真理自行设置入作品,使艺术品得以升华;艺术作品通过现象来表现物的本质,以使内涵澄明、无蔽,一切艺术都应建立在诗的意韵和优美之中,这样才能使艺术更具有优美和崇高的品质。

例 1-7

1851年,英国在伦敦海德公园举行了万国工业博览会,是第一次世界性的博览会。博览会在“水晶宫”展览馆(图1-18)举行,场馆由约瑟夫·帕克斯顿设计。这是世界上第一座用金属和玻璃建造起来的大型建筑,采用了重复生产的标准预制单元构件,外形为简单的阶梯形长方体,并有一个垂直拱顶,没有多余装饰,完全表现了工业生产的机械本能。此次博览会充分揭示了工业设计带来的技术与艺术的分离,其产品缺乏艺术性也逐渐受到人们的批评。

图1-18 “水晶宫”展览馆

四、技术与艺术的第二次融合

第二次融合是随着现代工业的兴起而出现的。在第二次世界大战前后，战争的破坏和经济危机迫使工业产品千方百计寻求出路，促使技术设计革新并在工业生产中运用美学。为了解决工业生产中的"美"的问题，"工业美学""生产美学""劳动美学"等概念应运而生。直到20世纪50年代末，捷克斯洛伐克设计师和艺术家佩特尔·图奇内正式提出了"技术美学"这一概念，技术与艺术再次重逢。

例 1-8

西班牙设计师高迪设计的米拉公寓（图1-19），此建筑屋顶高低错落，墙面凹凸不平，到处可见蜿蜒起伏的曲线，整个结构没有棱角，外观采用看起来厚重、实际却非常薄的乳白原色的石材，配上精致的锻铁阳台；建筑内部设计了两个天井，住家平面图因此成为甜甜圈形，每一户都能双面采光，家中各个空间还得以互相串连。这种设计节省了走道空间，还使整座大楼宛如波涛汹涌的海面，富于动感。

图1-19　米拉公寓

19世纪20年代，法国建筑师柯布西耶提出"机器美学"的理论，现代主义设计正式诞生，不仅对机器生产出来的具有简洁、秩序和几何化的产品予以高度的肯定，也为"技术美学"后来的发展奠定了理论基础[①]。技术美学正是在工业化迅猛发展的基础上被提出的，工业革命不仅改变了传统的生产方式，为大众提供了方便适用的工业产品，而且使人们的生活方式发生改变，进而影响了大众消费和审美标准。现代工业产品极大地满足了人们对生活用品的审美需求。柯布西耶设计的钢管椅（图1-20）和朗香教堂（图1-21）都是技术与艺术完美融合在一起的典型案例，两个设计同时满足了大众的使用需求和审美需求。

此外，随着现代科技的发展，用于产品设计的材料也随之发生了极大的变化。新型

① 王受之.世界现代设计史［M］.北京：中国青年出版社，2015.

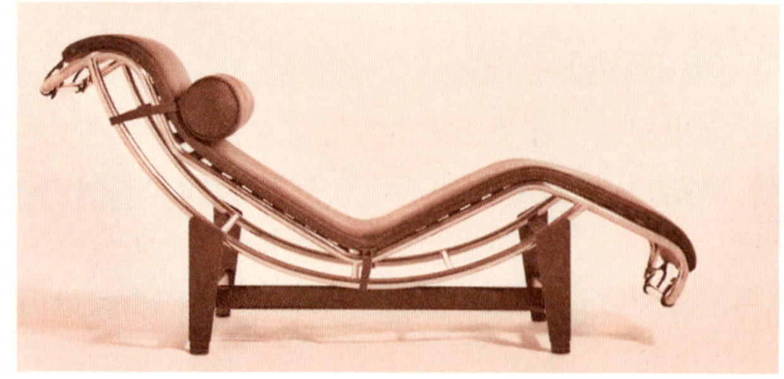
图1-20　柯布西耶设计钢管椅

图1-21　朗香教堂

工业材料的出现催生了与之相适应的生产技术，进而形成了打破传统产品造型的创新设计。

例1-9

20世纪20年代，马歇尔·拉尤斯·布劳耶采用钢管设计的“瓦西里椅子”（图1-22），一改传统木质材料的局限性，利用钢管能够弯曲、富于弹性的特征，使椅子的造型设计风格焕然一新，达到了材料、技术和造型设计的完美结合，是现代产品设计“机能美”的经典之作。丹麦设计师汉斯·瓦格纳设计的中国椅（图1-23），这件经典之作将中国明式圈椅简化到最基本的构件，在保留原始材料的同时，将每一构件推敲到“多一分嫌重，少一分嫌轻”的完善地步，使技术与美学融合到了极致。

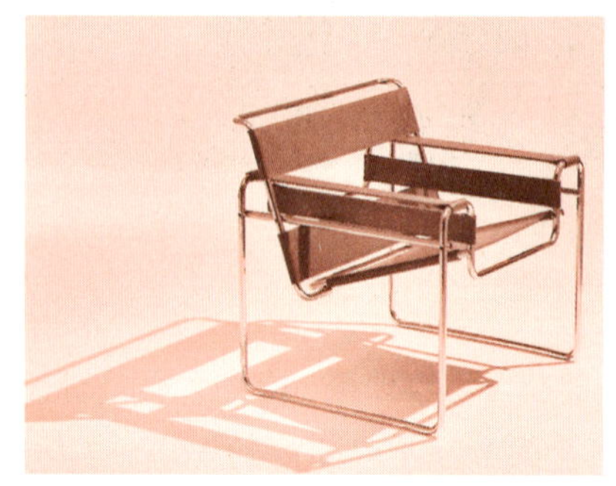
图1-22　瓦西里椅子

图1-23　汉斯·瓦格纳设计的中国椅

技术的介入，使得人类的艺术长河中诞生了新的艺术门类——摄影、电影、电视和数字艺术。世界上第一部电影卢米埃尔兄弟的《工厂大门》，依赖于发明家爱迪生对电影机器、装置的研制。随着电影技术发展成熟以及艺术家的不断探索，电影成为一种把握表现客观世界的艺术形态，被称为“第七艺术”；在第三次科技革命的推动下，电视机日渐普及，电视艺术也被称为“第八艺术”；而信息社会催生出新媒体艺术。《亚太艺术》编辑苏珊·阿里特认为，新媒体艺术的主要特征是先进的技术（包括电脑、互联网、视频）在艺术作品中的使用,创造出的虚拟艺术、视像艺术及多媒体互动装置和行为。新媒体艺术不再是与传统意义上的与绘画、雕塑相似的品类,而是采用多种科技手段进行的艺术探索实践的总称。新艺术门类都有一个明显特征,即技术化艺术。技术促使了艺术的发展与产生,艺术家也勇于驾驭新技术,将创造性融入社会的变革中。

无论中西,当代艺术中的技术含量的确越来越高。当前的艺术创作中,技术性因素对艺术创作的贡献也越来越大,其参与艺术创作的程度也越来越深。甚至在许多情况下,人们欣赏的其实就是技术本身。在这种情况下,所谓艺术精神,并非在你忘记技术存在时才可以领会到,恰恰是在你对技术本身的欣赏中呈现出来的。就这种观点而言,说目前的艺术创作中存在一种"技术艺术化"的倾向似乎也并不为过。

五、现代产品是技术与艺术融合的产物

艺术是以人的直观感受为特征的,它是以审美为中心的一种精神生产,当艺术借助一定的符号或物质媒介,如点、线、面、色彩、声音、光、语言等进入产品,就创造出了一种具有情感意蕴的形象体系,这种形象体系就是一种能被人感知的美的对象。这时,产品本身是在技术的作用下以实用功能为前提的物质生产;产品的艺术美是在技术的作用下,通过产品的生产而存在或出现的。确切地说,在生产某种产品的过程中,艺术从来没有离开过技术;技术也从未离开过艺术。歌德说过:"建筑既是科学的,又是艺术的,这是它的本质内涵、表现手段与形式所决定的,优秀的建筑更是科学与艺术相结合的奇葩"。

例 1-10

长沙梅溪湖国际文化艺术中心(图1-24),它是设计师扎哈·哈迪德的作品,拥有大剧院和艺术馆两大主体功能。大剧院由1 800座的主演出厅和500座的多功能小剧场组成;艺术馆由9个展厅组成。该艺术中心能承接世界一流的大型歌剧、舞剧、交响乐等高雅艺术表演,是湖南省规模最大、功能最全、全国领先、国际一流的国际文化艺术中心,填补全市和全省高端文化艺术平台的空白。它的整体造型采用流线型,完美地将技术与艺术审美结合。

图1-24 梅溪湖国际文化艺术中心

事实上，无论是“艺术技术化”还是“技术艺术化”，所体现的都是当代艺术与技术之间的深度契合。如果说前者说的是在当代艺术语境中技术的作用得到了更加突出的表现，已经成为一种无法忽视、无法穿越的现实存在；那么，后者说的就是在当代艺术活动中，技术已经不是在替人言说什么，它已经走到了前台，直接向观者诉说。这些技术本身已经具备了艺术的基本特征，即它以自己独有的方式表达；它不听命于任何实用目的，表达是它此刻的唯一使命。

技术中的确存在着美，首先是来自科学技术自身的美，体现为秩序和简洁。科学家们很早就懂得科学中蕴含的奇妙的美。1542 年出版的哥白尼《天体运行论》中的第一句话就是：“在哺育人的才智的多种多样的科学艺术中，我认为首先应该用全副精力来研究那些与最美的事物有关的东西。”法国数学家、物理学家彭加勒认为，科学研究的成果——科学理论，其中也有美，即“理性美”，一种“深奥的美”。其次是技术艺术制造的美。1968 年的电影《2001：太空漫游》中对数字技术初试牛刀，之后，人类的影像艺术便越加奇幻和多元；2010 年的电影《阿凡达》（图 1–25），则把数字电影推向了另一个高峰。原来电影表现不了的题材变成了可能，也使得电影不再以照相为本性，而代之以合成性或者生成性，一种新的电影美学——“虚拟”美学也随之诞生。2008 年奥运会开幕式（图 1–26），数字技术为我们带来一场立体视觉表演的盛宴；2010 年上海世博会的各国场馆，无不是运用最新技术的体现，而中国馆（图 1–27）里“复活”的清明上河图，更是用技术为传统艺术带来了复兴。

图 1–25 《阿凡达》电影海报

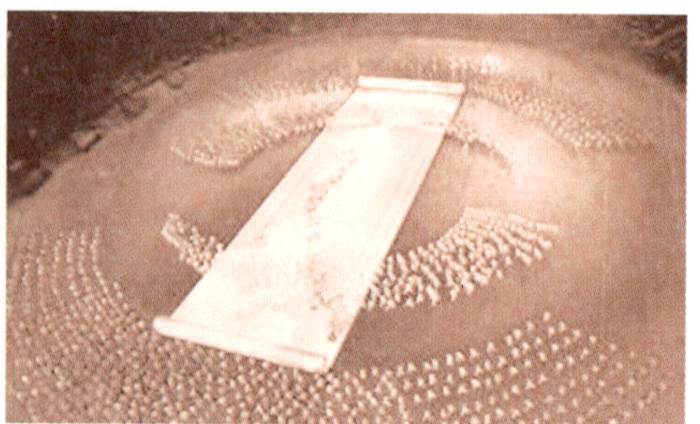

图 1–26 数字艺术：北京奥运会开幕式“画卷”

图1-27 上海世博会中国馆

最后是技术多元的美。技术美其实是大工业生产、工业设计的产物。科技和经济的发展,迫使产品在功能和外观上不断革新以扩大销路,也刺激了技术朝着更高的审美水平发展;为了生活实用,产品的设计外部形态越来越美,功能越来越人性化。这也让作为实现技术艺术的装置本身,具有工艺美。从希腊帕特农神庙到扎哈·哈迪德如梦似幻的流线型建筑设计(图1-28),建筑最能说明科学技术与艺术的完美结合,材料与技术构成了建筑,而建筑本身又具有比例、均衡、稳定、韵律等形式美。

图1-28 扎哈·哈迪德设计的广州大剧院

因此,科学原理、技术手段、艺术规律所创造的现代技术艺术中对艺术规范和审美价值的研究,就是技术美学。技术美学是社会科学和自然科学的交融。包豪斯设计学院创始人格罗佩斯(W. Gropius)[①]在其《艺术家与技术家在何处相会》一文中揭示了关于建筑和工业设计的一条真理:“艺术的作品永远同时又是一个技术上的成功。”技术美学的美学形态应当主要是指“介入的技术美”,即有此技术才有此艺术,介入的技术美才是技术美学的主要美学形态。《考工记》有云:“材有美,工有巧。”技术本身就具有美;而机器的批量生产,尤其是现代设计理念实现后,技术装置本身也具有一种工业美,这一点在人们

① 一译“格罗皮乌斯”。

使用的各种电子设备中有最直接的体现；而由技术创造出的美，如电影艺术、电视艺术的美，是技术美学的内在核心。

1. 对2010至2019年德国红点奖的获奖作品进行收集和分析，产品在技术或者美学方面具有哪些闪光点？
2. 按照产品的分类，分析收集到的各款产品的优点，可从造型、功能、材质、色彩进行。
3. 挑选出自己最为喜爱的产品，手绘3～5个产品。
4. 技术与艺术分化时期的世界著名设计师有哪些？其代表作有哪些？
5. 现代产品设计的代表作有哪些？
6. 收集你最喜欢的产品外观造型，用3～5个形容词描述它给你带来的感觉，并画出产品形态，分析这个产品为什么带给你这样的视觉感受。

扫码观看
第二章微课

第二章

技术美学

第一节　技术美学的概念

一、美学

什么是美？美是某种被感知的存在，经过主体的感官体验唤醒主体愉悦的记忆或感受。“美”的概念有三层含义，一是指具体的审美对象；二是指审美对象所具有的特征；三是指美的本质和规律。“美”的上述三层含义是逐步深化的。美是指能引起人们感觉的客观事物中的一种共同本质属性，它本身是一种主观意识。美包括生活美和艺术美两种主要形态。生活美又称社会美，它客观存在于社会生活中，富有生活意义和人生价值，从而易于唤起审美情感。技术美是在20世纪随着科学技术、特别是大工业的发展，从生活美中分离出来的美感。美的对立面是丑。

美以何种方式存在？这一直是人类不懈探索的课题。文学、音乐、建筑、绘画、雕刻、戏剧、产品、工业设计等，都从不同角度不同层面进行过美的诠释，当然有过误解、误用、逢迎、夸张或扭曲，但美永远不会消失。技术美学是另一把打开美的世界的钥匙，它从另一个角度开启了美的存在方式。美的存在有多元性，有美的物品（美观、舒适、实用）、美的动物（匀称、健康、灵性）、美的生活（自由、幸福、快乐），还有美的国家（富强、民主、文明）和美的思想（新颖、独特、价值），等等。

什么是美学？美学是研究美的最一般规律的科学。美学是一门既古老而又年轻的学科。说它古老，是因为这门学科所包含的思想同人类的文明起源一样久远。《诗经》是我国最早的一部诗歌总集，收集了大约从西周初年至春秋中叶（公元前11世纪至公元前6世纪）的诗歌，三百多篇，大体反映了周代的社会面貌和人民的情感。《诗经》开篇就有“关关雎鸠，在河之洲；窈窕淑女，君子好逑”的崇美思想描述。先秦许多思想家都明确地提出了各具特色的美学思想，各家的代表人物也都深入地探讨过美学问题，如墨子（前476–前390），他是中国古代思想家、教育家、科学家、军事家，墨家学派创始人和主要代表人物。墨子创立了以几何学、物理学、光学为突出成就的一整套科学理论。《墨子·非乐》说：“身知其安也，口知其甘也，目知其美也，耳知其乐也。”这句话也表达了墨子重实用的美学思想。在西方，古希腊几位著名思想家如毕达哥拉斯、赫拉克利特、德谟克利特、苏格拉底，特别是柏拉图和亚里士多德，都对美学问题发表了相当深刻的见解，这些见解一直影响甚至左右着以后西方美学思想的发展。说它年轻，是因为美学作为一门独立的学科，是从近代才确立起来的。美学作为学科建立，是由德国哲学家鲍姆嘉通（A. Baumgarten）在1750年首次提出来，至今不过二百多年的历史。

什么是美育？美育又可称为审美教育或美感教育。蔡元培在名为《普通教育与职业教育》的演讲中说道：“所谓健全的人格，内分四育，即体育、智育、德育、美育。”美育以陶冶受教育者的情操为目的，从而使人具有美的理想、美的情操、美的品格、美的素养，具有欣赏美和创造美的能力。

美育在当代有三大任务，即培养受教育者的三大能力：① 发现美的能力。帮助人们感知美、评价美，这是美学研究的基本目标。② 创造美的能力。帮助人们进行美的欣赏和美的创造，欣赏是一种再创造。③ 践行美的能力。帮助人们用美的意识去指导日常行为或社会实践。图2-1所示为美学设计在日常生活中的应用。

图2-1 美学设计

随着高科技的迅猛发展，技术美突显出越来越重要的地位和作用。未经技术雕琢的美又称自然美。经艺术家创作出的作品是艺术美，艺术美指艺术作品中显现的情感，是人类审美的主要对象。艺术家把对生活的审美情感和审美理想与对生活美丑特征的理解融合在艺术形象设计中。

二、技术美学

技术美是人们在产品设计和物质生产过程中，运用艺术手段对客体进行艺术加工所形成的审美形态。它不是产品固有的自然属性，区别于物品的自然美和艺术作品的艺术美，技术美依附于手工业特殊技能和社会大生产条件下的机器制造才得以实现。这种审美形态与产品的功能相联系，体现在产品的设计、制造、销售和使用过程中。技术美具有科学性与实用性、技术性与审美性有效结合的特征。产品的技术美主要体现在设计和制造环节。人们对生产的作品美的本质、定义、感觉、形态以及审美的认识、判断、应用的过程就形成技术美学。

技术美学是研究现代技术与艺术融合发展的科学，是关于对技术美的本质、感觉、形态以及审美的认识、判断、应用进行研究的一门学问。对技术美学进行研究不仅可以促进产品的审美创造，提高产品和环境设计的美学标准，而且有助于对主体——人的审美进行塑造。对美的产品需要，可以形成人的行为的内在动机，成为人们审美创造的动力。客观世界的审美创造，也是人的审美教育的前提和物质基础。因此，技术美学的研究有助于精神文明和物质文明的发展，能促进人的审美理想向真、善、美相统一的新的境界不断升华。

技术美学是美学的一个分支，是把美学运用于生产技术领域，使美学与技术达到和谐统一的一门应用学科。它主要研究物质生产和技术领域中一切有关“美”的问题。这就是说，技术美学是研究物质生产技术领域中的审美形态、审美创造和审美欣赏的科学。它是与物质文明和精神文明建设密切相关的新兴边缘学科，是现代科学技术高度发展的

图2-2　产品形态

产物。

技术美学是人类在长期的生产实践中逐步形成的，目前可简单划分为两个派别：中国技术美学观和西方技术美学观。研究中西方传统设计美学的不同特点，能够丰富我们的美学理念。多元化的美学观点也能使我们对设计、美的规律进一步认识，从而产生许多新的美学思想和产品形态设计（图2–2）。

三、中国技术美学观

（一）中国技术美学的主要观点

1.“以和为美”的美学观

中国传统设计美学观是建立在哲学的整体观之上的。《论语》说：“礼之用，和为贵。”“以和为美”是典型的儒家美学观，从孔子那里就开始注重“和”的重要性。儒家的这种思想探讨了审美艺术对社会生活的作用，认为审美与实现政治风俗有着重要的内在联系，只有对技艺本身进行规范，技术艺术才能涵盖道德内容，符合“仁”的要求，才能使技术艺术为社会生活产生积极影响。

天、地、人、道德、艺术是一个生机盎然的有机整体，中国古代的工匠和艺术家以创造“以整体为美”为奋斗目标，美体现在“和”，世界万物最美的状态就是“和”。

2.“意境之美”的美学观

意境是中国美学的重要范畴。意境强调让人感受到情景交融的精神境界，使人超越具体设计作品，体验一种超然的艺术境界。

意境强调超越物象和实体，展现审美过程中情景交融、虚实相生的状态。意境能够产生，说明人对作品理解达到了某种审美高度。这种境界不能脱离具体产品，但又不能只限于具体物像，展现的是人的心境和环境氛围，如中国的古典园林设计十分强调自然意境，追求人与自然相融合、浑然一体、宛若天开的造园效果。

3.“重己役物”的美学观

对人和物关系问题的思考很早就嵌入中国传统思想中。先秦思想家荀子提出“重己役物”的造物思想。“重己役物”，也就是重视生命本体、控制人造的事物，追求“本我环境，物为我用”的境界。它强调任何技艺都是以人为主体服务的，也就是今天所说的“以人为本”，主张用积极的态度来处理人与物的关系，这一点对中国传统技术美学思想有极其重要的作用。荀子认为关键是人能否从伦理道德出发对待外物。在实践上，“重己役物”的思想就是强调在设计和使用产品时，人是否处于主体地位，把人看作主体，而物是辅助的，人是万物之灵。“天有四时，地有其财，人有其智”，体现了人与物的关系的重要性。

（二）中国古代技术美学的主要思想

中国古代技术美学在思想上的贡献主要有以下三个方面。

1. 对功能美的强调

“坚而后论工拙”。就是要求产品首先要有使用价值，然后解决好不好用的问题，最后再解决好不好看的问题。这是古代美学家李渔的总结。他在《闲情偶寄》中就强调，制作椅子首先要让人坐着舒服，因此冬季和夏季的椅子设计就有所不同，夏季穿衣少，冬季穿衣多；制作茶壶和制作酒壶也不一样，酒壶嘴可以弯弯曲曲，但茶壶嘴宜取直，“盖贮茶之物与贮酒不同，酒无渣滓，一斟即出”；而“窗棂以透明为先，栏杆以玲珑为主。然此皆属第二义，具首重者，止在一字之坚，坚而后论工拙”。

2. 对产品造型的审美要求

产品的功能和美感是产品性能的两个重要组成部分。二者只有巧妙结合，才能使这两方面的作用得到充分发挥，否则将会制约这两方面作用的发挥，使设计成为失败的设计。中国古代的工匠很早就开始将产品的实用性和审美功能相结合。中国陶瓷发展史就是一部实用和审美互相促进的历史。陶瓷造型的不断变化，最初是出于加强和改善陶瓷器皿功能的目的，但这种变革同时带来了陶瓷新的审美效果。发展到后来，出于审美考虑而对造型加以改进，就成为陶瓷发展的一个新动向。制陶工匠们把实用和装饰两方面的功能巧妙结合，创造出了造型多样的陶瓷工艺品。

图 2-3　中式审美产品设计

3. 劳动环境中技术美的创造

在中国传统审美思想的影响下，中国古代产品设计一直崇尚简朴的风格，虽然个别时期的个别设计也有极尽雕琢之能事的情况，但从总体上讲，中国古代的设计者对外观形式基本上都是强调适度，反对华丽奢侈的。李渔将中国古代产品设计风格，归结为两点：宜简不宜繁；宜自然不宜雕琢。中国古代产品设计对简朴形式的崇尚，有丰厚悠久的文化渊源。中国古代文化艺术有崇尚写意和简约的传统。占据封建意识形态重要地位的封建礼教，对设计者的思想具有很强的约束力，主导着古代工匠的思维和行为方式，古代产品设计自然也不能例外。图 2-3、图 2-4 所示即这种审美观下的几类产品设计。

图 2-4　极简审美产品设计

四、西方技术美学观

(一) 西方技术美学的主要观点

1. 美在形式的设计观

古希腊哲学家和美学家认为，美是形式。亚里士多德认为，一切实物都包含“形式”

和“材料”两个因素，实物的形式为第一主体，要想成为一个既定的实物，决定于材料的形式；而模仿是所有艺术形式的共同特征，也是艺术的非艺术区分的标志。当然，不同风格的艺术其模仿的形式是不一样的。毕达哥拉斯、柏拉图和亚里士多德也认为，万物本原的形式，属于原始之美。这种思想造成了古希腊实物设计对形式美的狂热追求，也对西方近现代产品设计造成了深刻影响。苏格拉底是西方人类美学思想的代表，他在西方美学上首次提出美与善、功能统一问题，对比毕达哥拉斯、赫拉克利特等人仅从事物外在形式上的比例、和谐去寻找美是一大进步。他把对美的评价与事物对人类主体的功能联系起来，深化美的本质，为西方技术美学思想的产生、发展奠定了坚实的基础。

2. 功能至上的设计观

随着工业的不断发展，西方设计越来越重视产品的使用价值。功能的合理性是通过科学技术来实现的，这是西方实用主义思想深入人心的一大表现。20世纪，“芝加哥学派”把功能主义流派发展到了极致，认为功能与形式是主从关系，其代表人物沙利文首先提出“形式追随功能”的思想，“哪里功能不变，形式就不变”。他还认为“装饰是精神上的奢侈品，而不是必需品”。这些观点由他的学生赖特进一步发挥，成为20世纪前半叶工业设计的主流——功能主义的理论依据。功能主义思潮在20世纪20年代至30年代风行一时，而且作为一种美学方法广泛应用于现代设计的其他领域。单纯追求功能性，容易让设计产生乏味、单调，同时也没有关注人的个性需求和多样化，这也最终促使了追求个性以及多元化的后现代主义风格产生。

3. 科技至上的设计观

随着科学技术的进步，西方设计开始追随科学技术的进步而发展，每一次新技术、新科学的出现都给了设计领域突破的机会，使得设计实现了物质和精神价值的双重飞跃。重科技的设计观源于古希腊学者用几何数理模式来展现结构、形状的设计习惯。工业文明的日新月异，技术革新的突飞猛进，在设计中充分运用计算机技术、信息技术、影像技术、生态技术等高科技技术，能帮助设计者用新的科学技术来实现更高的价值，用科学技术来解决问题，用高科技畅想人们未来的幻想。西方对科学技术的重视、对科技文化的信仰对于设计的技术发展极其重要。

（二）西方现代技术美学思想

西方现代技术美学思想的发展主要分为以下三个阶段。

1. 对技术美学的认识阶段

技术美学作为一门独立的现代美学应用学科，诞生于西方20世纪30年代。它开始主要运用于工业生产中，因而又称工业美学、生产美学或劳动美学；后来，扩大运用于建筑、运输、商业、农业、外贸和服务等行业。20世纪50年代，设计师佩特尔·图奇内首先正式提出和使用“技术美学”这一名称，从此，这一名称被广泛应用，并为国际组织所承认。1957年，国际技术美学协会在瑞士成立。技术美学这一名称在中国也具有约定俗成的内涵，其中包含了工业美学、劳动美学、商品美学、建筑美学、设计美学等内容。技术美学是西方现代生产方式和商品经济高度发展的产物，是社会科学和技术科学相互渗透、相互融合的产物，是艺术与技术的结合。技术美学是美学原理在物质生产和生活领域的具体化，同时又是设计观念在美学上的哲学概括。技术美学表现出高度的综合性，它不仅涉及哲学、社会学、心理学、艺术学问题，而且涉及文化学、符号学以及各种技术科学知识。

2. 工业设计运动阶段

机械美学是技术美学的杰出代表，完全是新兴的工业时代的美学诉求。其心理基础是认为各种机械本身蕴含着美感。机械美学不仅能带来实利的功能之美，更是一种前所未有的形式之美，它与古典美迥异其趣。机械美学认为机械本身的合乎功能、技术逻辑的构造和外表具有一种朴素的不加雕饰的美。它契合了人类讲求逻辑理性的天性，又与人的求新求异的心理倾向符合。19世纪后期出现的庞大复杂的蒸汽机、火车头和巨型轮船无不以尺度、效率、声响、见所未见的奇特外形刺激着人们，并激发出无穷的想象，比如远见卓识的预言家儒勒·凡尔纳，他早早地描绘了航程近乎无限的潜水艇、载人登月和地心探索，除了后者如今都已成为现实。

3. 当代美学家对技术美的呼唤阶段

当代技术美学的研究主要分为两个方面的内容。一方面是生产中的美学问题，也就是生产美学、劳动美学等问题。它研究审美观念、审美理想等主观因素如何积极地作用于劳动者，以提高劳动质量和效率；也研究运用美学原则改善生产环境、生产条件等客观因素如何使劳动者产生审美情感，以提高劳动热情和效率。另一方面是研究劳动生产中与美学问题密切相关的艺术设计，即“迪扎因”(design)问题。“迪扎因”是国际上广泛流行的技术美学的重要术语。它是指在现代科学技术最新成果的基础上，全面考虑劳动生产的经济、实用、美观和工艺需要而进行的设计。这种设计不仅涉及现代科学技术的最新成果，还涉及对整个社会生活的美化。

对技术美学的研究不仅可以促进产品的审美创造，提高产品、服装、建筑和环境设计的美学水准，而且有助于对主体——人的审美塑造。对美的产品的需要可以形成人的行为的内在动机，成为人们从事审美创造的动力。客观世界的审美创造也是人的审美教育的前提和物质基础。因此，技术美学的研究有助于加快精神文明和物质文明建设的发展，促进人的审美理想向真善美相统一的新境界不断升华。

第二节 技术美的原则

产品技术美有三大基本原则。

一、功能原则

实用功能是产品的基本功能。从古罗马的“家用、坚固、美观”原则，到现代社会提倡的“实用、经济、在可能条件下注意美观”，都把实用放在第一位，而“坚固”、消费过程中的经济因素(低能耗、易维修等)也都属于实用功能。对一般产品来说，“朴实无华”尚可，若“华而不实”或“名不符实”则毫不足取。所以，产品的设计和生产必须以满足产品的功能要求为首要目标。这是用户购买产品时首先要考虑的。因此，产品的技术美首先要建立在符合功能要求的基础上，否则再漂亮的产品，不符合使用目的，也无美可言。对于技术美来说，功能性目的是它成立的必要前提。

技术美是一种人造美感，是人改变自然物质形式而创造出来的。但它又不同于艺术美，不仅仅属于意识形态领域，还属于人类物质生活范畴，与人的生产消费紧密相连。技术产品作为审美价值的载体，必然体现产品的功能特性。产品失去了功能就不会有人问津，就只能是纯艺术品了。

二、价值原则

产品作为人类劳动的结晶，既具有使用价值也具有审美价值。使用者选择一项产品，首先是因为功能性进行选择，即使用价值；其次是为了审美价值而选择。如果产品的价值体现了需求价值和审美诉求，购买者就会产生购买欲望。如果产品既体现了社会的价值取向，又与购买者的需求价值和审美诉求取向契合，那么购买者就会下决心购买。

三、美感原则

产品的功能和价值都属于物质范畴，是购买者物质层面的需求。人的需求除了物质层面的需求，也有精神层面的需求。当生活水平提高，人的精神层面的要求随之提升，对产品的精神层面的需求就会显著提高。当一个产品既满足选购者的功能要求，又能实现其价值追求，选购者会考量产品是否能引起感官愉悦、精神亢奋，能否刺激其审美体验。这就要求产品具有一定的美感。产品除了功能和价值原则之外，还可以通过外在唤起人的审美功能，满足人的审美需求，我们称产品与人之间的这种关系为审美功能。美不是艺术品特有的属性。

此外，要考虑产品的认知功能。认知功能是由产品的外在形式所实现的一种精神功能。产品除具有一定的实用功能外，还必须向人们提供足够的信息，表明它是什么，又意味着什么。人们对产品的认知是由这样一个心理过程来实现的，即通过视觉以及听觉、触觉等感觉器官接收来自产品的各种刺激，形成整体知觉，然后产生相应的概念或表象。人只有通过对环境的感知，使环境成为自己的对象性的存在，才能产生自我意识，确证自我生命的存在。

产品的审美功能和认知功能一样，都属于精神功能，都来自产品的外在形式和人对这些形式的感知。但审美功能的实现更依赖一种感性直觉，即产品形式的知觉直接唤起某种肯定或否定的情感体验——审美感受，中间不需要经过任何逻辑思考和判断。

第三节　技术美的形态

产品的技术美是技术与艺术融合的美，一方面包括了艺术对技术的介入；另一方面，也包括技术对艺术的介入。技术美具体的审美形态，是技术美的各种元素经过排列组合和优化构成的审美系统。广义的产品技术美实际上是指产品技术和艺术美的全部，其审美形态包括结构美、造型美、功能美、表面美、环境美、性价美等。

一、结构

结构是产品功能的具体表现,同时也是产品本身的抽象,如车类产品的功能分布区块图,展示的是车的功能分布和结构形态,是车本身的抽象。抽象结构形态一般适用综合运用抽象思维和形象思维,结合对数、数列、函数、数学模型等数学元素以及点、线、面、体等几何元素进行研究。产品设计过程中,一般以效果图和模型来进行表达(图2-5)。

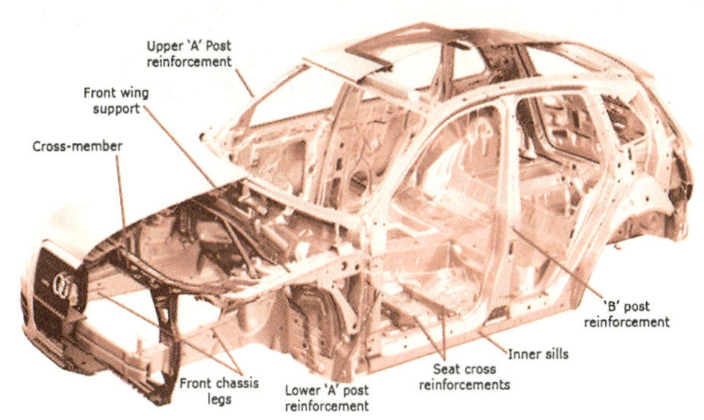

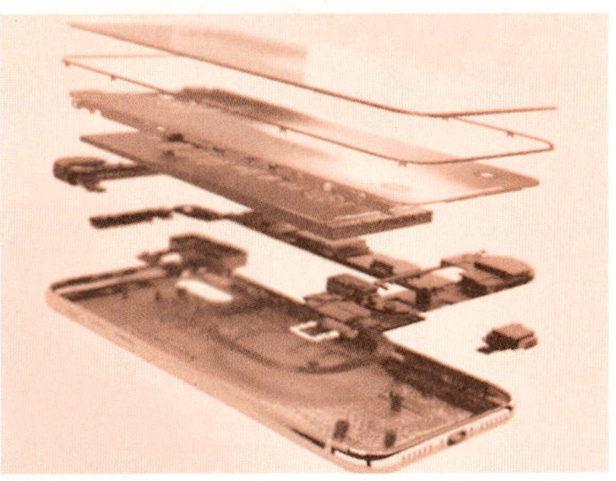

图2-5 产品结构设计

产品的结构是否构成美的形态,主要看是否满足以下3个基本条件,即产品设计的三要素:① 是否满足产品的功能要求,这是最基本的要求;② 是否满足用户的价值追求,体现社会价值取向和个人价值诉求;③ 是否满足用户的审美需求,体现时代感和个人的创新意识。

例 2-1 车的功能分布

车的造型要求主要是指满足主体(人)—客体—产品的多元功能需求而形成的形体、色彩、质感、明暗、气氛、风格等美学效果及其物质技术处理与艺术创造的综合概念,如图2-6所示。

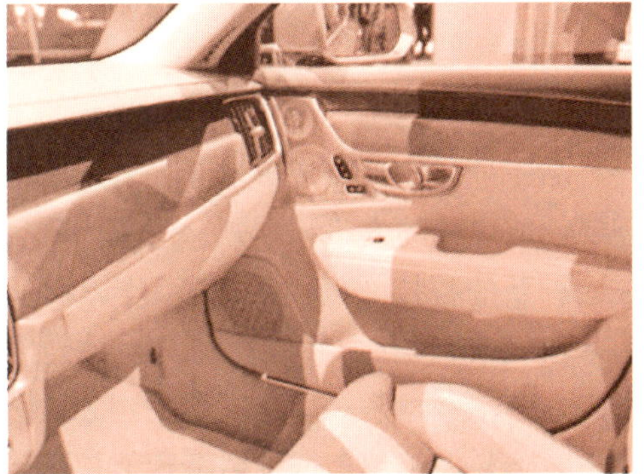

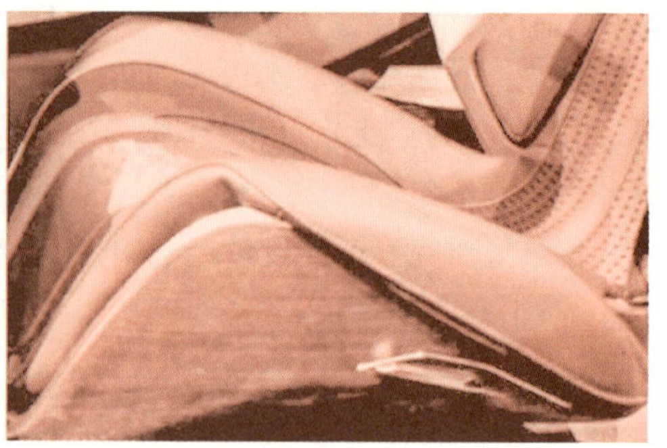

图2-6 车的内饰功能分布

二、造型

造型是产品结构的表现形式，是指塑造产品的物体形象。一般选用一种或多种材料，以造型元素点、线、面、体，特别是“三原形”——正三角形、正方形和圆，以及“三原体”——正四面体、正方体和球等元素，通过运用比例、变形、节奏变化等措施优化组合，有机排列构成具有审美意识的造型（图2-7）。

图2-7 产品造型

产品工业化生产要求使得形态设计难以继续维持模仿和变形。为摆脱这种困境，人们需要创造全新的方法和准则。而认为现代物理学、系统论等近现代理论，又不可避免地形成一种新的科技文化氛围，进一步影响了形态设计领域。新的思想认为把各种事物分析为基本元素，再找出新的联结关系是创造性思维的关键。这种思想启迪着人们通过解析形态，去抓住形态的本质。所谓构成，就是指将各种形态或者材料进行分解，并作为素材中心赋予秩序组织。这种以“要素进行组合”为核心的造型概论，逐渐发展出一套形态组织的新的语法关系，成为现代设计的基本方法。

例 2-2 车的骨架

造型的基本原则也必须遵从技术美学的三原则，即功能原则、价值原则和美感原则。图2-8展示了小轿车的骨架，骨架确定了小轿车的基本造型。

图2-8 小轿车骨架

三、表面

产品的表面涉及比例、线条、图形、符号、色彩、光、质地等美学元素。色彩属于内心的主观经验领域，因此，似乎不可能基于客观原理来进行研究。物理学家感兴趣的是色光的混合现象，通过对色光频率和波长的测定对色彩进行分类，属于光到达眼睛的“物理研究”，这仅仅是接触到设计师工作的范围；生理学家着眼于我们对光和色的视觉感受和精神反射，是对光从进入眼睛至脑引起感觉作用的“生理研究”，比较接近于设计师的兴趣所在；心理学家研究色彩以主观象征手法表现观念和感受，这是从感觉至知觉的“心理研究”以及属于色彩造型的美学研究，更接近于设计师研究的中心。对设计色彩的研究虽然以美学研究为主，但要有效应用色彩以适应设计的功能目的，就必须对色彩的物理性、生理性和心理性进行通盘研究，这就为“以要素分解色彩，以色彩要素构成设计形态”创造了条件。

例 2-3

图2-9展示了车的表面设计，包括：抛光、颜色、车身部位配比、车的流线、商标符号、质地等。

图2-9　某品牌未来超级跑车

四、环境

技术美学所研究的环境是指产品存在的空间，它直接或间接影响产品的功能、价值和审美。环境不仅仅指产品的堆砌或放置，还必须有人的活动。研究环境的技术美，涉及结构、造型、表面等技术美学的一切元素。

人生活在一定环境中，主体与环境相互作用，构成了人与客观世界的直接关系。环境指的是围绕着主体，并与主体的行为产生相互影响的外界事物，如图2-10车展现场即体现产品的环境设计美学。

图2-10　车展现场

第四节　技术美的价值

一、产品技术美的价值

产品技术美的价值又称产品的美学价值，是指产品的艺术价值。产品的总价值由产品的技术价值和艺术价值构成。产品的技术价值是指其功能价值；产品的艺术价值是产品的美学价值，在数量上表现为（公式一）：

产品技术美价值＝产品的艺术价值＝产品的总价值－技术价值

技术美是人类活动的精神结晶，它是工业时代的产物。技术拥有的特征主要表现在于功能的力动性，这种力动性无论在动态产品或静态产品上都可以表现出来。高耸云天的铁塔（图2-11）把人的视线引向天空，也把人的精神提升到超越于现世的存在；横跨江河的大桥（图2-12）把两岸连接起来，使道路可以跨越障碍而延伸开来。这些设计在静止的直观形态上，展示出充满动势活力的美的外观。

图2-11 高耸入云的铁塔

图2-12 横跨江河的大桥

二、产品技术美的程度

产品技术美的程度取决于产品的“艺术含量”，具体表现为艺术价值在产品价值中的比重，用“产品的艺术价值”来表示（公式二）：

$$\text{产品技术美的程度}=\frac{\text{产品的艺术价值}}{\text{产品的总价值}}=\frac{\text{产品的艺术价值}}{\text{产品的艺术价值}+\text{产品的技术价值}}$$

三、自然美、技术美和艺术美

（一）自然美、技术美和艺术美的区别

技术美的价值理论解释了自然美、技术美和艺术美之间的区别。由公式二可知，当产品的艺术价值为0时，产品的技术美程度为0。这时，产品没有经过技术雕琢，呈现自然的美学形态，即产品（实际上为天然物品）的自然美。

当产品的技术价值为0时，产品的艺术价值是产品总价值的全部，即产品除了艺术价值之外，不具备技术价值。这时，产品的技术美纯属艺术美，产品的技术美程度等于1。比如，某些纯手工的艺术作品，没有工业技术的参与。综上所述，产品技术美的左右限分别为自然美和艺术美：自然美≤技术美<艺术美。

产品的自然美程度取决于能否使劳动者产生生理上的快感、舒适感和安全感等，更进一步取决于能否激起劳动者的心理活动的愉悦感。于是设计者对生产条件如工具、设备等进行研究，借助自然科学理论加以实现。为了协调色彩、声音、气味等的审美作用和心理生理作用，设计者还需要研究视觉、听觉的结构和功能，掌握各种感觉器官运动规律，熟悉眼睛运动的生理机制，了解听觉系统对声音的反应。

产品技术美要充分运用先进技术作为工业设计的物质手段。任何一个堪称具有技术美学的产品都是科技与美学相互作用的结果。技术科学对美学提出了新的问题，并为其提供了新的解决手段，从而提高了人类认识自然、改造自然的能动性，加强了人类按照美的规律进行创造活动的能力，提高了创造活动的效率。

现代工艺品，不仅是人们的审美创造，同时也积累着人们的审美经验，再造着人们的审美能力，反过来又促进科学技术的发展。艺术建造了人类科学思维与艺术思维相结合的新的思维方式，更进一步开拓、创造了新的生产方式和生活方式，把人们的生活点缀得更加美好。图2-13的趣味产品设计正是此类工艺品的实际案例。

图2-13 趣味产品设计

（二）技术审美价值的实现

技术审美价值的实现形式和实现途径是多方面的。生产实践、生活实践、社会实践、思想创造实践等都是决定和发现技术的审美价值的主要途径。学者乔瑞金在《马克思技术哲学纲要》一书中指出：“技术的审美价值是如何实现的呢？我们知道，技术是社会生产力的重要组成部分，从技术到作为上层建筑的构成要素的艺术之间，存在着一系列的中介环节。因此，技术的艺术的或审美的价值，是在一系列的中介性的活动中实现的。按照马克思的看法，艺术异化是社会分工导致的一个必然结果，因此，它的超越或消除也只能随着社会分工的消除而实现。”这是一种从社会意识形态和社会分工角度对技术的审美价值实现形式的宏观说明。技术审美价值的实现方式是多样的，其微观方式是以劳动和创造为核心，渗透于消费和文化活动乃至于精神生活中，是物体运动和观念运动相统一的过程。

因此，技术审美价值的实现方式是一个在生产和生活实践中多样化展开的过程。这个过程由技术审美的观念发展到产品的设计和加工生产；通过消费者的购买行为和消费行为，以经济的方式实现技术的审美价值；以技术交往和技术审美价值的学术研究提出技术审美文化的品位。本书从生产、消费、文化三个角度谈谈技术审美价值实现的途径。

1. 面向技术审美的产品设计

在生产领域，技术审美价值的实现主要通过设计来完成。产品设计过程中涉及的技术美的价值问题也很复杂，一般认为自然美、艺术美、社会美共同制约着技术美。但很多学者们认为功能美的考虑才是主要制约因素。尽管技术美是物质生产领域审美和文化的本体，但在生产中所涉及和考虑的技术美，并不是一种抽象技术美形式，人们要考虑到产品的功能、产品的形式美、产品的结构美、产品的使用过程和心理感受等。我国设计美学学者徐恒醇对技术美和功能美进行了学理上的区分，他认为“技术美是从其审美价值的本源和构成形态上做出的界定，功能美是从其审美价值的表现和效益形态上做出的界定。前者是以合理性（善）为中介对其合规律性（真）的观照，后者则是以合规律性（真）为中介对其合理性（善）的观照。”这种学理上的区分具有指导产品设计的现实意义。实际上，设计过程不仅要考虑顾客和消费者的心理，还要考虑美学方面的规律。按技术美学的话说，就是要把技术美的因素和功能美的因素分别加以考虑。

2. 面向感性的技术消费与技术享乐

技术给人类带来的满足集中体现于经济方面和实用方面，这是易于理解的。因此，人们把技术当成消费享受的对象。实际上，一切技术的消费和享受都与人的精神需求相联系，表现为物质享受的消费（衣、吃、住），最后都必定有精神性的满足为条件。

美学家叶朗指出：“‘感性’是一种感性的直接性（直觉），是人的精神在总体上所起的一种感发、兴发，是人的生命和创造力的升腾洋溢，是人的感性的充实和完满，是人的精神的自由和解放。‘感性’这个概念比起‘审美感受’‘审美经验’‘美感’等概念更能包容和概括审美心理的多方面的特点。”在当代生活中，人们对于技术消费和技术享乐表现一种感性状态，随着媒体文化的发展，出现各种感性的形式。人们对以信息技术为主的文化失去了往日的朴素和清闲，人的感性的欲望借助媒体技术而愈演愈烈。这种情况不是一个地区性的问题，而是由技术引起的全球性问题。虽然，我国的技术消费和技术享乐的程度还未达到十分高的程度，但人们对于感性的渴求是明显的。有学者针对这一点从文化史的视角分析了20世纪末审美文化的危机，主要反映是：性意识的泛滥、平庸、无聊、拜金主义、文化垃圾。这种危机实际上反映了当时人们感性追求方面的不良特点。我们认为，对于感性方面的追求是人类健康发展的重要一面，不能依靠限制人的感性追求去实现人类社会的文明发展。技术文明的出现绝不是件坏事，问题在于如何以健康的感性追求引导技术消费和技术享乐，而“感性”一方面指向感性的快乐，一方面又指向人性的自由。因此，我们有理由相信，指向于“感性”的技术审美价值是现实的选择。鸟巢便是技术与感性创造力的美的统一体（图2-14）。

3. 通向诗意生存的技术交往

以“感性”为指向的技术审美价值实际上对人提出了两个方面的要求：一是要求在对技术进行审美的关照时，保持一个感性的自然本性；二是要求在精神上达到自由的境界。有了自然本性就能有“感”，有了自由境界就能有“兴”。中国古代文学讲诗歌可以

图2-14 鸟巢

"兴""观""群""怨",于是,如果对于技术的审美达于"兴",那不就是做到了诗意永存了吗?在这个技术交往的时代,人们能够实现诗意生存的梦想吗?在技术交往的时代,审美文化方面表现了许多前所未有的特征。有学者认为人类进入了技术信息占统治地位的时代,要在自然信息、文化信息、技术信息之间保持平衡。也有学者提出"文化媒介化"的概念,认为"文化的媒介化"是当代中国文化发展的一个趋势,也是一个国际性的文化现象。文化的媒介化扩展了文化的空间,改变了文化生产、流通和接受的形式,甚至改变了文化产品的意义构成方式,其积极的方面是毋庸置疑的。但是,文化的媒介化又带来一些负面影响,这是需要加以厘定分析的课题。文化的媒介化也可以表述成另一个命题,即技术对文化的影响。无论是"技术信息时代"还是"文化媒介化"都说明,进入技术交往的时代,技术的审美价值问题已经直接和我们的生产、生活、生存,乃至于生命紧紧地联系在一起,不能盲目地跟着技术的感觉走,而应该保持感性和理性的张力,追求诗意生存。

诗意生存是一些哲学家倡导的生活理想。但是,中西方哲学家对于诗意生存的理解是不同的(如庄子和海德格尔的诗意生存观点);同一个国家,不同时代及相同时代的哲学家们对于诗意生存的观点也是不同的。那目前该如何理解诗意生存呢?在当前的技术信息时代,人们的交往都笼罩于技术的天网中,人们交往的目的、内容、方式、方法、时间、地点、范围等方面都已技术化。在这样一个大背景下,人们想要诗意生存,其基本的意向是清楚的,即挣脱技术的摆布,向往自由的生活。从技术审美的角度来看诗意生存,大概有下面的意味:① 新与旧的自然保持和谐的关系;② 控制物欲的增长,发展审美意识;③ 追求精神的自由,实现真、善、美的统一。技术审美价值的研究具有理论意义和现实意义,对技术认识论、技术审美价值的研究都会拓展其对象和内容,丰富其研究方法,使其研究由抽象到具体,并因此具有实践价值。

1. 产品技术美的三个基本原则是什么？
2. 自然美的成因是什么？有什么样的意义？
3. 简述自然美、技术美和艺术美的区别。
4. 商店里别致的花瓶、马路上流线型的汽车，公园里漂亮的盆景都流露着美的信息，艺术品和非艺术品的界限似乎日益模糊，请结合实际谈谈艺术品与非艺术品的区别和联系。
5. 列举一个你熟悉的汽车品牌或型号，谈谈技术审美价值的实现形式和实现途径有哪些。
6. 什么是精神美？如何在技术美中发现精神美的价值？

第三章

结构艺术

结构艺术是指运用思维方法，利用思维结构元素进行排列组合，形成一定结构的思维过程。具体来说，结构艺术是指利用概念、数、数列、图形、图像、拓扑、数学模型等思维结构元素，运用形象思维、抽象思维、数象思维和象数思维等方法，形成一定的空间结构，并用效果图和实物模型等形式进行呈现的艺术形式。现代结构的主要呈现方法是数字化技术运用，通过数字化设计和制造技术，来形成效果图、实物模型或事物。

例 3-1　快鼠的设计

第一步是制订目标：设计一款能够语音输入的鼠标（形象思维）。第二步是分析结构：至少分为两部分，一部分是传统鼠标的构成系统（形象思维），另一部分是声音的感知、处理和输出系统（形象思维、抽象思维、数象思维）。第三步是造型设计：既要考虑外形要像什么、采用什么线型才最时尚美观（形象思维），又要考虑使用之手的舒适方便（抽象思维）。第四步是表面设计：采用什么颜色区分区块和零部件（形象思维），文字采用什么语言、字体、字号等等（抽象思维）。第五步是环境设计：鼠标垫、包装盒或包装袋的设计（形象思维、抽象思维）。第六步是手绘设计，运用电脑软件或纸笔画出效果图（形象思维、抽象思维）。第七步是运用软件根据效果图制作数字模型（形象思维、抽象思维）。第八步是运用数字化的方法，根据数字模型数据制作实物（形象思维、抽象思维、数象思维）。

第一节　结构思维

结构思维由低级到高级，包括形象思维、抽象思维、数象思维和象数思维，本节从低阶到高阶，对结构思维逐步展开分析。

人类思维活动主要是从形象思维开始的。婴幼儿一出生主要从脸型轮廓上辨认母亲。那是因为幼儿的思维，一开始只能简单地从形象上反映事物一般的特性，不能抓住事物的本质特点。如说“爸爸像一头大灰狼”，就是典型的形象思维。随着年龄的增长，人们开始凭借日常生活经验或日常概念进行思维，这种思维是人类抽象思维的早期形式，称为经验思维。如“鸟是会飞的动物”“果实是可食的植物”“妈妈是天底下最好的妈妈”等等，就是典型的抽象思维。人们通过学习，熟练掌握形象思维和抽象思维之后，逐渐学会混合运用两种思维方式考虑复杂问题，出现了用形象元素来思考抽象问题，以及用抽象元素来思考形象问题，由此出现了数象思维和象数思维两种高级思维方式。

一、形象思维

（一）定义

形象思维是用直观形象和表象解决问题的思维。表象是指基于知觉在头脑内形成的感性形象。形象思维是指人们在认识世界的过程中，对事物的表象进行取舍时形成的，只用直观形象的表象解决问题的思维方法（图3–1）。形象思维是在对形象信息传递的客观形象体系进行感受、储存的基础上，结合主观的认识和情感进行识别，并用一定的形式、手段和工具（包括语言符号、线条色彩、音响节奏旋律）创造和描述形象的一种基本思维形式。因此在文学艺术发展过程中被广泛运用，对推动艺术的发展发挥了重要作用。

图3–1　形象思维

（二）作用

一切创造性的生产劳动和科学实验都离不开形象思维。形象思维并不仅仅属于艺术家，它也是科学家进行科学发现和创造的一种重要的思维形式。如物理学中所有的形象模型——电力线、磁力线、原子结构等，都是形象思维的产物。即使在数学领域，数学家也善于使思维形象化，习惯于借助各种形象来理解数学范畴，如几何图形、函数图像、集合映射等。数学形象包括实物形象和符号形象。其中，符号形象包括显形象和潜形象，显形象包括数形象和形形象，潜形象包括模型形象和模式形象等。形象思维也是教师传道、授业、解惑的必要工具，一切培养人、教育人的工作都离不开形象思维。在企业经营中，高度发达的形象思维，同样是企业家在激烈而又复杂的市场竞争中不可缺少的取胜条件。同样，任何组织机构，高层管理者离开了形象思维，他所得到信息就可能只是抽象的、间接的甚至不确切的，就难以做出正确的决策。

工业产品设计就更加离不开形象思维。云计算、物联网、大数据、人工智能都离不开形象思维，特别是大数据和人工智能。云计算应用程序，如安卓设备，几乎对所有的图片、文档、图书、音乐和电影都可方便地搜索和选择；物联网感知、传输和处理的信息，包括物体、图像、图形和符号信息；大数据可视化技术，要利用图形、图像处理、计算机视觉以及用户界面，对数据加以可视化解释；人工智能更应该具备人的形象思维能力。

（三）特点

形象思维的基本特点包括形象性、非逻辑性、粗略性和想象性等。形象思维过程中思维主体能够感知图形、图像、符号，具有跳跃性，但往往不具备逻辑性，对问题的反应也是粗线条的，对问题的把握也是大体的。形象思维的过程也是思维主体运用已有的形象形成新形象的过程，具有想象的特点，因而使用形象思维具有创造性的优点。怎样才能获得一个完美的形象思维过程？答案是可以通过模仿、想象、组合、移植等方法获得，即采用模仿原型产生新事物；抛开某事物的具体情况，想象反映其本质的理想化的形象；将两种或以上事物的要素重组；将一个领域的事物形象移植到另一个领域中去，等等（图3–2）。

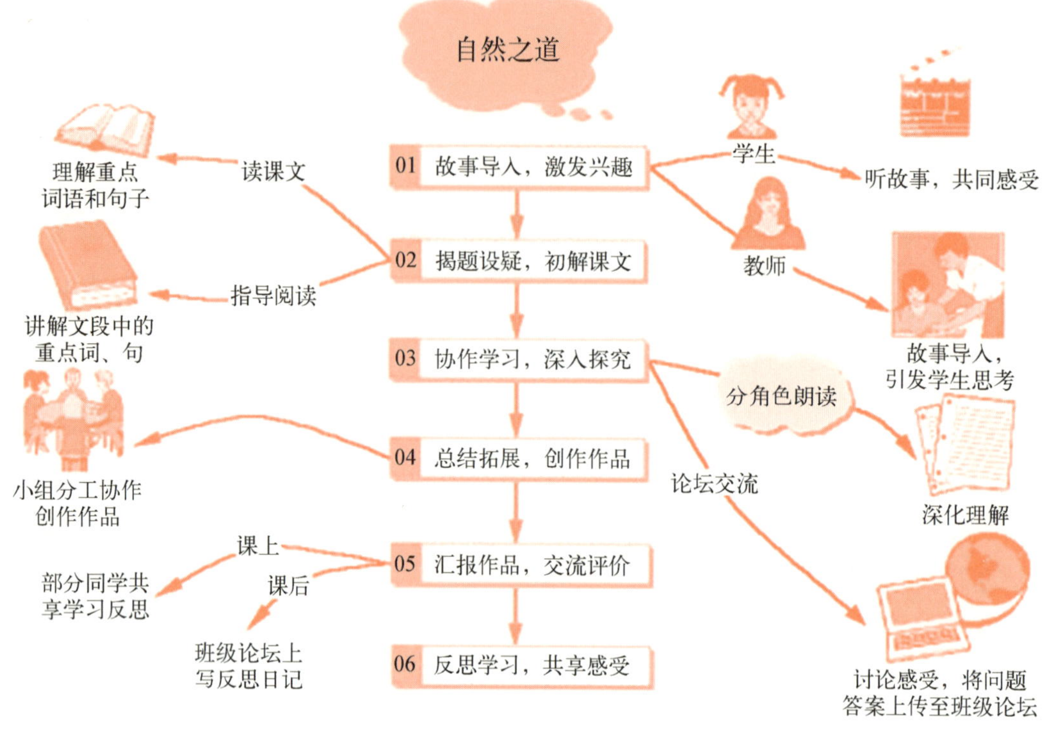

图 3–2　形象思维过程

形象思维作为一个思维过程，由于逻辑性比较差，因而不够严密科学；又因具有想象性、跳跃性，导致经常忽略时间与空间的存在；还因为具有粗略性、整体性，难以准确把握事物的本质，这正是形象思维的局限性。

（四）方法

培养和运用形象思维的方法主要有以下几种。

1. 模仿

模仿是以某种原型为参照，在此基础之上加以变化产生新事物的方法。很多发明创造都建立在对前人或自然事物模仿的基础上，如模仿鸟发明了飞机，模仿鱼发明了潜水艇，模仿蝙蝠发明了雷达。

2. 想象

想象是在脑中抛开某事物的实际情况，而构成深刻反映该事物本质的简单化、理想化的形象的方法。直接想象是现代科学研究中广泛运用的进行思想实验的主要手段。

3. 组合

组合是从两种或两种以上事物中抽取合适的要素重新组合，构成新的事物或新的形象的创造技法。常见的组合技法一般有同物组合、异物组合、主体附加组合、重组组合四种。

4. 移植

移植即将一个领域中的原理、方法、结构、材料、用途等借用到另一个领域中去，从而产生新事物的方法，主要有原理移植、方法移植、功能移植、结构移植等类型。

目前广泛用于生产、教学和科研的大数据可视化思维和技术，就是综合运用上述各种形象思维方法。数据可视化，是关于数据视觉表现形式的科学技术研究。这些技术方法允许利用图形、图像处理、计算机视觉以及用户界面，通过表达、建模以及对立体、表面、属性以及动画的显示，对数据加以可视化解释（图3-3）。

二、抽象思维

（一）定义

抽象思维是人们在认识活动中运用概念、判断、推理等思维形式，对客观现实进行间接的、概括的反映的过程。人们运用分析、综合、归纳、演绎方法来形成概念并确定概念与概念之间演绎的关系、概念外延的数量属性关系、概念内涵的数量属性关系。有些概念有较精确的数量属性，有些概念有较模糊的数量属性。这样的一套通过概念和概念间的关系来考察事物和把握事物变化规律的思维方法就是抽象思维方法。

与抽象思维的定义密切相关的是分析、综合、归纳、演绎的概念；分析是把事物分解为各个部分并加以区别的方法；综合是把事物的各个部分进行整合的思维过程；归纳是找出不同事物的共同性的方法；演绎是从事物的一般性返回到事物的个别性的方法。

抽象思维是思维的高级形式，又称为抽象逻辑思维或逻辑思维。抽象思维法就是利用概念，借助言语符号进行思维的方法。其主要特点是通过分析、综合、抽象、概括等基本方法协调运用，从而揭露事物的本质和规律性联系。从具体到抽象、从感性到理性认识必须运用抽象思维方法。

（二）作用

抽象思维是人类特有的思维形式，抽象思维法是人类思维的基本方法。在日常学习生活和工作中，人们大量地使用抽象思维判断和解决各种问题。

抽象思维可分为经验思维和理论思维。由于生活经验的局限性，经验思维易出现片面性，从而得出错误的结论。理论思维是根据科学概念和理论进行的思维。这种思维活动往往能抓住事物的关键特征和本质。学生应该努力掌握科学概念，培养和发展理论思维。

抽象逻辑思维还可以分为形式逻辑思维与辩证逻辑思维。所谓形式逻辑思维就是凭借概念和理论知识，并按照形式逻辑的规律进行思维活动的思维方式。这种思维的形式是概念、判断和推理。在学习中，形式逻辑思维的作用是十分重要的。任何一门学科中的公式、定理、法则、规律，都必须通过形式逻辑思维才能把握，其运用和解决作业任务等也都离不开形式逻辑思维。所以，一定意义上说，掌握知识的过程，就是运用形式逻辑思维掌握概念、判断和推理的过程。所谓辩证逻辑思维就是凭借概念和理论知识，按照辩证逻辑的规律进行思维活动的思维方式。思维是客观现实的反映；而客观现实有其相对稳定、不大变化的一面，也有其不断运动和不断发展变化的一面。形式逻辑思维是对相对稳定、不大发展变化的客观事物的反映；辩证逻辑思维是对不断发展变化的事物的反映。因此，辩证逻辑思维的形式即概念、判断和推理都具有辩证性。牛顿的三定律属形式逻辑思维；爱因斯坦的相对论属于辩证逻辑思维范畴。辩证逻辑思维更进一步摆脱了直观性、具体性。

要遵守逻辑思维的规则，不能仅局限于形式思维，还要发展辩证思维，因为客观事物是处于相互联系和不断发展变化之中的，只有用辩证思维才有可能获得新的理论、发现新的学科。许多交叉学科、边缘学科都是通过辩证思维总结出来的。各类学科的学习也离不开辩证思维。一个人的辩证思维（也有人称之为求异思维）比较发达，那么其智力水平也比较高，创造能力较强，学习也必然会有效得多；如果不断发展和坚持运用辩证思维，那么其思维水平就会发展到更深层次。

（三）应用

产品设计和制作是一个复杂的思维过程，经常要用到抽象思维。我们要把抽象思维作为产品设计和制造的一项基本能力，平常要注意训练和运用，常见的训练方法有以下几种。

1. 打好基础

在学习和运用抽象思维时要注意以下五点：① 要掌握和运用科学概念、理论和概念体系；② 要掌握好和用好语言系统；③ 要重视科学符号的学习和运用；④ 与思维的基本方法密切配合运用；⑤ 与抽象记忆法、理解记忆法及其派生的方法联合训练，可以起到互相促进的较佳效果。

2. 加强学习

抽象思维是大脑左半球的主要功能。学校的各门课程学习活动，需要大量地进行读、写、算，即阅读、写作、计算、分析、逻辑推理和言语沟通等，其过程主要是以语言、逻辑、数字和符号为媒介，以抽象思维为主导。这些活动都着重于左脑功能的发展。

3. 强化训练

平常我们在思考问题时，要注意通过综合和概括，借助概念把握事物整体及其发展的全过程。要注意把大量的事实综合在一起形成科学概念，再把更多的概念、事实和观察概括为内涵更集中的概念，并用清晰而简洁的符号加以标识。例如乔布斯的领导思维（图3-3）。

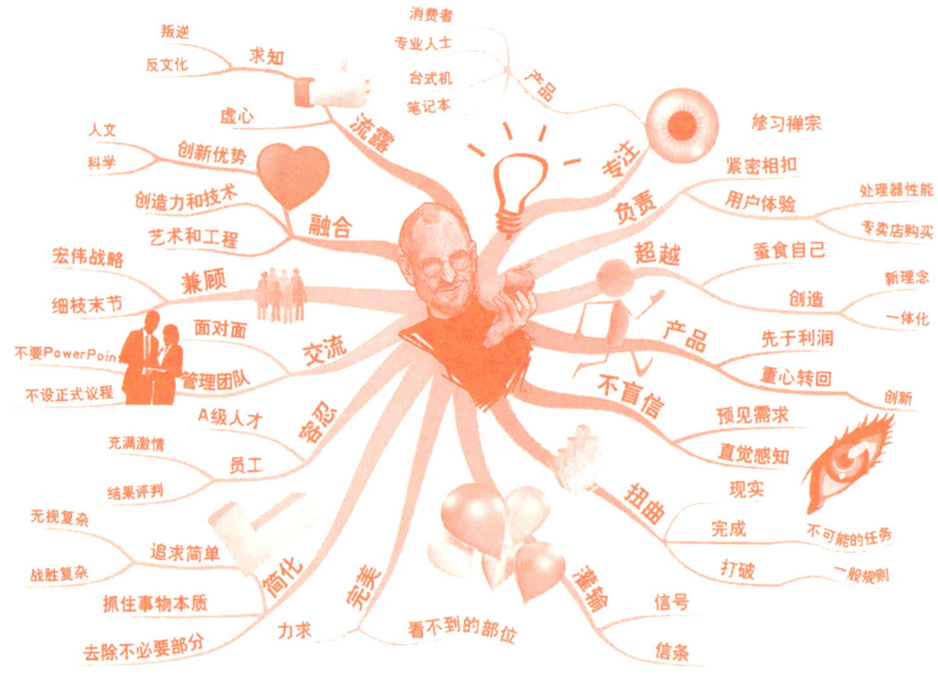

图3-3 乔布斯的领导思维导图

（四）表达

抽象思维也可以形象地表达。随着信息科学、图形学技术和思维可视化技术的不断发展，形象地表达抽象思维的方式方法越来越多，应用的领域也越来越广泛。思维可视化运用一系列图示技术把本来不可视的思维（思考方法和思考路径）呈现出来，使其过程清晰可见。被可视化的“思维”更有利于理解和记忆，可以有效提高信息加工及信息传递的效能。

实现“思维可视化”的技术主要包括两类：图示技术，如思维导图（图3-4）、模型图、流程图、概念图等；生成图示的软件技术，如Mindmanager、mindmapper、FreeMind、Sharemind、XMIND、Linux、Mindv、imindmap等工具。随着“思维可视化”技术的发展，其在各领域的应用也越来越广泛，越来越深入，如在商业领域出现的“可视化思考”会议，在教育领域出现的“思维可视化教学”，在科研领域出现的“思维可视化研究”等。

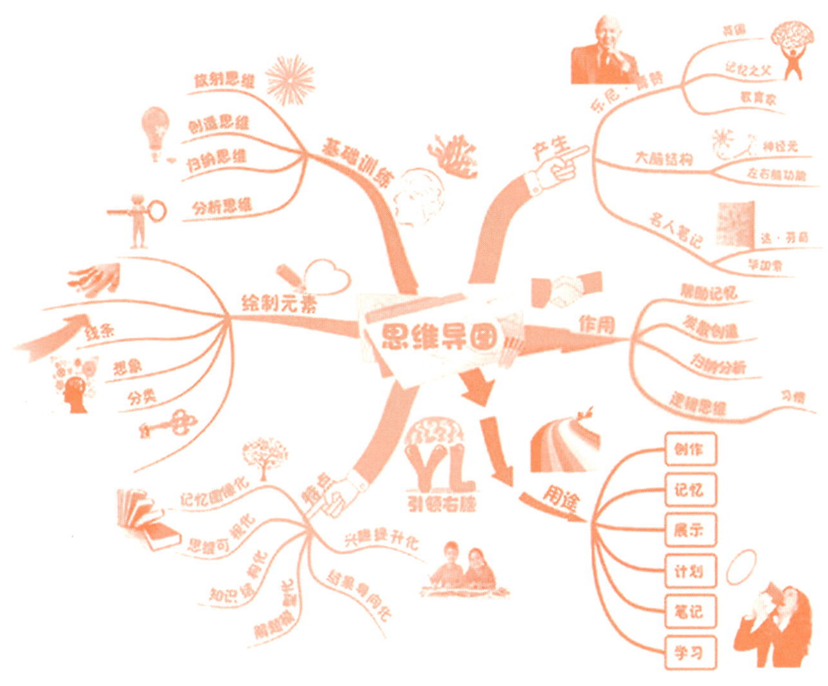

图3-4 图示思维导图示例

根据近几年的教学统计，抽象思维在教学中的应用为形象思维的几十倍，抽象思维在教学中占有绝对优势。这一方面说明抽象思维在学习科学知识中的重要作用，或者说离开抽象思维就无法进行科学知识的学习，要搞好学习必须发展大脑左半球的功能，重视言语思维能力，学会并善于运用抽象思维方法，这也是学习成功的基本条件；另一方面，这也反映了人们对形象思维和创造能力重视不够，忽略了大脑右半球功能的开发，这也是目前教育中的严重不足。

三、数象思维

数象思维，又叫数学形象思维，是形象思维和抽象思维的综合运用，是人类思维的更高阶段。它是以数学形象为主要材料，运用数学语言及思维方式进行的思维活动。它包含具体形象思维的内容，主要属于抽象形象思维。数象思维是数形思维的更高层级，数形思维是数象思维的基础。

（一）数学形象

数学形象在目前可以是数学的符号、数字、图形、图像、模型、算法、模式等，这是经过了几千年来的不断发展的。最初的数学有数形象和形形象。在原始社会里，人类以狩猎、采集为生，过着群集的生活，为满足饮食的需要，碰到人数、工具和收获物多少等问题，以手指或绳结来标记它们，即结绳记事。手指或绳结就是第一代数形象。再后来，数字的诞生。数字是第二代数形象。数的概括也就诞生了。

形形象的产生也有一个艰难曲折的过程。古代人类在长期观察岩石、树木、日月等客观形象的过程中，对形有了初步认识，并逐渐学会制作具有各种形状的形象，如工具。但是这时所形成的形的观念，还没有脱离具体事物。最初，人们用拉直的绳索表“直线”，用光滑的桌面表“平面”，这时的绳索或桌面就是第一代形形象。后来，人们逐步发现，某些事物兼有同类形状的共同特点，如一根笔直木条的边缘兼有桌边和拉直的弦的特点。这样，尺规就产生了。尺规的产生，使得形形象大规模的诞生。

数形象和形形象产生之后，数学渐渐作为一种理论发展起来。数学理论的发展，又使得数学形象丰富和复杂。数学形象的存在有两种最基本的方式：一是存在于数学理论之中，二是由此向人类其他文化领域渗透。从目前来看，不仅科学离不开数学形象，一般人的生活也离不开数学形象；不仅自然科学离不开数学形象，社会科学也越来越多地采用数学的思维方式和运算方法，这都是数学形象。

数学形象还可依据其结构的层次性，分为简单数学形象和复合数学形象，等等。下面具体来看一下数学形象的几种分类。

1. 数形象

数形象包括数、数集、式、式组等与数式有关的形象。

2. 形形象

形形象包括各种图形、图像、图表等（图3-5）。

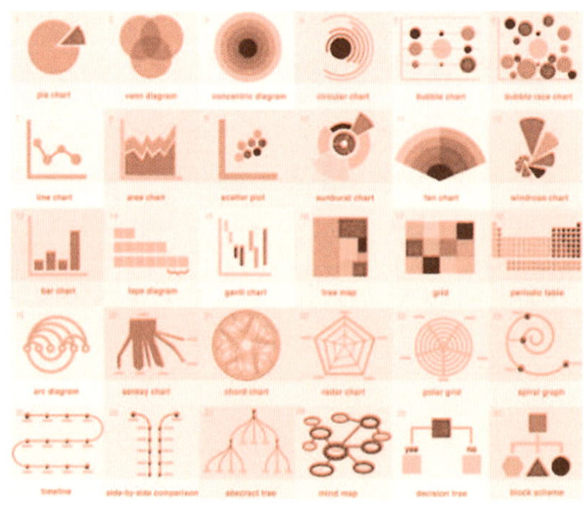

图3-5 形形象

3. 模型形象

每一个数学模型都存在一个独特的结构形象。有的结构形象甚至可以根据一定的方法,转化为可视的图像或图形。随着信息技术的不断发展,思维可视化和图形学水平不断提高,数学模型的可视化越来越多、越深、越广。数学模型的种类繁多,下面通过几个事例来认识一下常见的模型形象。

(1)规律模型。万有引力定律是牛顿在1687年于《自然哲学的数学原理》上发表的。牛顿的普适的万有引力定律表示如下:任意两个质点通过连心线方向上的力相互吸引。该引力大小与它们质量的乘积成正比,与它们距离的平方成反比,与它们的化学组成和其间介质种类无关(图3-6)。

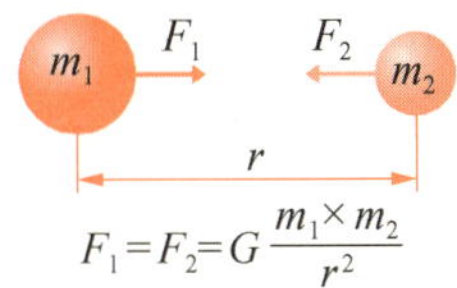

图3-6 万有引力定律数学模型

该模型就是典型的运用数学形象模型来表达自然科学的案例。

(2)空间模型(图3-7)。约在公元前300年,古希腊数学家欧几里得建立了角和空间中距离之间联系的法则,现称为欧几里得几何。欧几里得首先开发了处理平面上二维物体的“平面几何”,他接着分析三维物体的“立体几何”,所有欧几里得的公理已被编排到二维或三维的抽象数学空间中。这些数学空间可以被扩展来应用于任何有限维度,而这种空间叫作n维欧几里得空间(简称n维空间)或有限维实内积空间。此外,用来表达宇宙空间的模型罗氏空间,用来表达量子空间的模型黎曼空间都是数学空间模型在其他学科的应用表达。

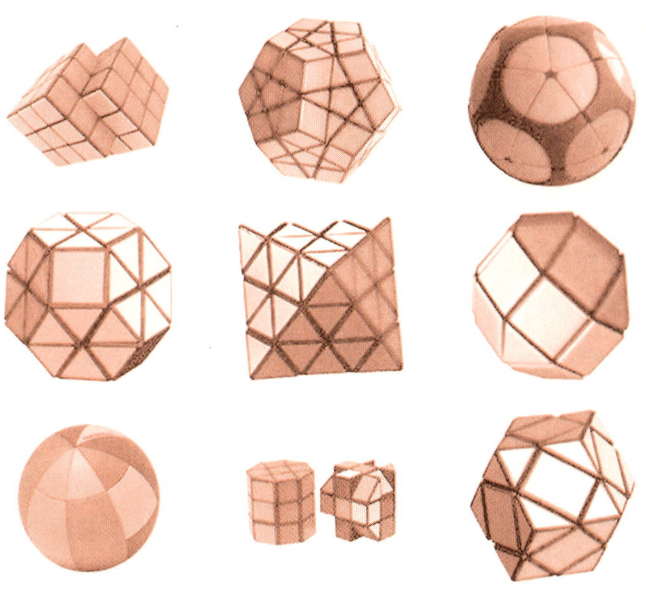

图3-7 常见空间模型

(3)语言模型。计算机语言为人类语言的数学模型。计算机语言指用于人与计算机之间通信的语言。计算机语言是人与计算机之间传递信息的媒介。计算机系统最大特征是指令通过计算机语言传达给机器。为了使电子计算机进行各种工作,就需要有一套用以编写计算机程序的数字、字符和语法规划,由这些字符和语法规则组成计算机各种指令(或各种语句),这些就是计算机能接受的语言(图3-8)。

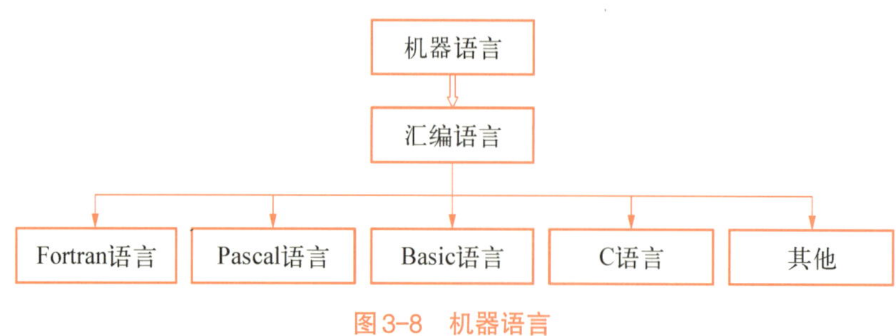

图3-8 机器语言

(4)数字模型。数字化双胞胎是一种物理对象的数学模型。"数字化双胞胎"是指以数字化方式复制一个物理对象,模拟对象在现实环境中的行为,对产品、制造过程乃至整个工厂进行虚拟仿真,从而提高制造企业产品研发、制造的生产效率。数字化双胞胎包括产品数字化双胞胎、生产工艺流程数字化双胞胎和设备数字化双胞胎,各自的专业技术集成为一个数据模型,并将PLM(全生命周期管理软件)、MES(制造执行系统)和TIA(全集成自动化)集成在TEAM CENTER数据平台下,供应商也可以根据需要被纳入平台,实现价值链数据的整合。

4. 模式形象

模式是主体行为的一般方式,是理论和实践之间的中介环节,具有一般性、简单性、重复性、结构性、稳定性、可操作性的特征。数学模式作为一种形象结构,不仅在数学学科和数学思维活动中广泛存在,在实际把数学作为工具的一切领域都广泛存在,而且在越是高级、复杂的思维活动中被运用得越多。有的甚至可视。常见模式形象有思维模式和算法模式。

(1)思维模式。常见抽象思维(逻辑思维)模式有四种:

①"执反求正"的反证模式。反证法的逻辑原理是逆否命题和原命题的真假性相同。反证法首先提出命题,肯定题设而否定结论,经过推理导出矛盾,从而证明原命题。既然反命题为假,原命题便是真的。具体地讲,反证法就是从反命题入手,把命题结论的否定当作条件,使之得到与条件相矛盾,肯定了命题的结论,从而使命题获得了证明。运用反证法证明命题的第一步是:假设命题的结论不成立,即假设结论的反面成立。在这一步骤中,必须注意正确反设,这是正确运用反证法的基础、前提。

②"执异求同"的同一模式。在符合同一法则的前提下,代替证明原命题而证明它的逆命题成立的一种方法叫做同一法。如果一个命题的题设和结论都是唯一的,那么它和它的逆命题同时有效,这称为同一法则。用同一法证明的一般步骤是:a. 不从已知条件入手,而是从结论入手,作出符合结论的判断;b. 证明判断符合已知条件;c. 推证出判断与已知为同一结论。

③“执因索果”的综合模式。综合法是把事物或现象的各个部分、各个方面和各种因素联系起来，从总体上认识和把握事物现象的方法。其实质在于抓住事物在总体上相互联结的矛盾的特殊性，研究这一矛盾如何决定事物的各种属性，如何在事物的运动中表现出整体的特性。它能够揭示事物在分割状态下无法显露出来的特性。在认识事物的过程中，综合与分析是辩证统一的。综合必须以分析为基础，分析也要以先前综合的成果为指导，而且在一定条件下，综合与分析可以互相转化。以综合法解决问题时，先选择两个已知变量，并通过这两个已知变量解出一个问题，然后将这个解出的问题作为一个新的已知条件，与其他已知条件配合，再解出一个问题……一直到解出问题所求解的未知变量。运用综合法解决问题时，应明确通过两个已知条件可以解决什么问题，然后才能从已知逐步推到未知，使问题得到解决。这种思考方法适用于已知条件比较少，数量关系比较简单的问题。此外，综合法的优点还在于将多个分解的问题组合成一个综合型问题，使解法更加简单。

④“执果索因”的分析模式。分析法是把复杂的事物或现象分解成许多简单组成部分，分别进行研究的方法。其实质是通过调查研究，找出事物的内在矛盾，并对矛盾的各个方面进行深入研究，剔除那些偶然的、非本质的东西，抽象出必然的、本质的因素，并由此得出一些反映本质的简单规定，以把握矛盾的各个方面的特殊性。分析法所提供的只是对于事物现象的片面理解，它还不能从总体上、从各个部分之间的相互联系上来把握。因此，在分析的基础上，还必须运用综合的方法，使分析得到的各个方面的本质规定，按照事物现象内在的逻辑联系，形成有机的体系，这样才能全面、深刻地认识事物现象，提出解决问题的有效办法。

（2）算法模式。算法是指解题方案的准确而完整的描述，是一系列解决问题的清晰指令，算法代表着用系统的方法描述解决问题的策略机制。运用算法模式，能够对一定规范的输入，在有限时间内获得所要求的输出。如果一个算法有缺陷，或不适合于某个问题，执行这个算法将不会解决这个问题。不同的算法可能用不同的时间、空间或效率来完成同样的任务。一个算法的优劣可以用空间复杂度与时间复杂度来衡量。

算法中的指令描述的是一个计算，当其运行时能从一个初始状态和（可能为空的）初始输入开始，经过一系列有限而清晰定义的状态，最终产生输出并停止于一个终态。一个状态到另一个状态的转移不一定是确定的。随机化算法在内的一些算法，包含了一些随机输入。

算法的要素包括：数据对象的运算和操作。计算机可以执行的基本操作是以指令的形式描述的。一个计算机系统能执行的所有指令的集合，成为该计算机系统的指令系统。一个计算机的基本运算和操作有如下四类：① 算术运算，加、减、乘、除等运算；② 逻辑运算，或、且、非等运算；③ 关系运算，大于、小于、等于、不等于等运算；④ 数据传输，输入、输出、赋值等运算。

算法的控制结构指一个算法的功能结构不仅取决于所选用的操作，还与各操作之间的执行顺序有关。

具体算法包括递推法、递归法、穷举法、贪心法、分治法、动态规划法、迭代法、分支限界法、回溯法等，每一种算法都代表一个数学模式。

“数学模式论”是我国影响最大的数学哲学理论，这一理论对数学的真理性问题做了深入的探讨。人们往往会对这样的事实感到惊奇——人的抽象思维活动所产生的数学模式，甚至抽象度极高的模式，似乎总能找到和现实世界中的事物关系相一致的结构。那是由于人脑抽象思维形式和客观世界中的关系结构形态具有同构关系的缘故。但是，为什么主观世界、客观世界之间能够存在这种美妙的同构关系呢？对此就只能用反映论的基本原理来作出解释了：上述同构关系之所以存在，归根结底是由宇宙中物质运动规律的统一性所决定的。事实上，人脑之所以能够用抽象思维形式能动地反映事物关系结构规律，是因为人脑本身就是遵循物质运动的普遍规律进化而成的。最高物质组成形式如此，由它所表现出来的思维运动规律必然对应地符合宇宙世界中的具有统一性的普遍运动规律。当然，这一论点尚有待更加严密科学的论证。量子理论、信息理论等科学的高速发展，一定会推动哲学及现代科学的发展，古老的哲学思想也一定会焕发出新的活力。

（二）数象思维

1. 含义

数象思维是指把数学形象作为思维元素的一种思维方式。它不同于抽象思维把概念作为思维的基本元素，也不同于形象思维用形象作为思维元素，它是把数学形象作为思维元素，因此，数学思维既有别于抽象思维，又不同于形象思维。但是，由于数象思维的基本元素“数学形象”，与抽象思维的基本元素“概念”都是经过抽象形成的，数象思维也可以看成抽象思维的高级形态。同样，由于数象思维是以数学形象为基本思维元素，形象思维也是以形象为基本思维元素，所以数象思维也可以看成形象思维的高级形态。数象思维是抽象思维和形象思维在高级思维空间的结合。

2. 特点

数象思维作为思维的一种，仍然具有思维的一般特点，即具有目标性、概括性、间接性、层次性、生产性、直觉性、情感性、逻辑性和形式化。

（1）目标性。目标性是指思维总是指向解决某个问题。现实生产中的任务和目标，以及数学理论本身，往往会抽象或概括成一个个问题，人们通过解决这些问题而达到目标。数象思维的目标性表现在如下方面：① 在现有数学形象的基础上创造新的数学形象；② 发现数学形象的某种特征；③ 寻求数学形象之间的某种联系；④ 发现数学形象发展变化的规律。

（2）概括性。概括性是指：① 思维的材料——数学形象的形成离不开概括；② 思维的辅助材料——数学概念也离不开概括；③ 概括也是数象思维活动的速度、灵活迁移程度、深度和广度、创造性等智力品质的基础。

（3）间接性。间接性是指：① 数象思维凭着知识经验，能对没有直接作用于感觉器官的数学形象及其属性或联系加以反映。② 思维凭着知识经验，能对根本不能全面感知的数学形象（如潜形象）及其属性或联系进行反映。③ 思维凭着知识经验，能在对现有形象认识的基础上进行蔓延式的充分的扩展。假设或猜想，都是以这种间接性为基础的。

（4）层次性。层次性是指从具体的思维到抽象的思维的若干阶段。这种层次性由思维表象的层次性所决定。从实物形象到潜形象，层次逐渐增高，实物形象思维到潜形象思维也就由低层到高层递增。研究表明，数学形象思维的层次越高，越需要丰富的知识经验系统作为“思维之源”。

(5) 生产性。生产性是指数象思维能创造产品。数象思维创造的产品一般可分为三类：① 发明性产品，如实物、模型、模式的创立、符号体系的产生和完善，概念的提出及扩充、公理体系的建立，等等。② 发现性产品，如原理的提出，规律的发现，解答过程的探求，等等。③ 猜想性产品。如各种假说和猜想。

(6) 直觉性。直觉性是指思维过程中，主体对形象的特征、属性或关系能作出一种迅速识别、敏锐而直接的理解和综合的整体的判断。这种直觉判断产生的原因，是形象信息具有无限的、自由的及动态的特征。

(7) 情感性。情绪是人从事某种活动时因为形象而产生的某种兴奋心理状态，是一种原始的、简单的情感。数学形象在不同的时空不同的条件下，也会使人产生爱好、快乐、厌恶、愤怒、欲求、恐惧、好奇以及沮丧等情绪。这是由数学形象引起，在思维过程之中存在的基本情感。数象思维过程中存在着一种特殊的情感——美感。

(8) 逻辑性。逻辑性主要指数象思维接受抽象思维的逻辑调节。

(9) 形式性。形式性是指思维形式经常以抽象思维和形象思维的形式予以体现。

3. 数象思维应用举例

(1) 数学归纳法中的数象思维。数学归纳法是一种数学证明方法，通常被用于证明某个给定命题在整个（或者局部）自然数范围内成立。数学归纳法要满足两个条件：① $n=1$ 时命题成立；② 当 $n=m+1$ 时命题也成立。这种方法的原理在于：首先证明在某个起点值时命题成立，然后证明从一个值到下一个值也成立。这个命题就是多米诺骨牌效应的数学模型。两个条件分别代表：一是第一张能推倒；二是每一张之间的距离是前面一张倒的时候能推倒后一张的合适距离。

除了自然数外，广义的数学归纳法也可以证明一般的良基关系，如集合论中的树，也可以广泛地应用于数学逻辑和计算机科学领域，称作结构归纳法。

(2) 直线式的数象思维。如科幻电影《流浪地球》的剧情具有现实主义的科幻色彩：电影中，科学家们发现太阳急速衰老膨胀，短时间内包括地球在内的整个太阳系都将被太阳所吞没。为了自救，人类提出一个名为“流浪地球”的大胆计划，即倾全球之力在地球表面建造上万座发动机和转向发动机，推动地球离开太阳系，用2 500年的时间奔往新家园——4.2光年外的比邻星。

《流浪地球》的剧情建立在科学基础上的直线式的数象思维的运用上：太阳急速老化，不断膨胀→太阳系不适合人类生存→人类为地球选一个新家园→将地球推离到比邻星→制造行星发动机脱离太阳引力→速度不够，借助木星的“引力弹弓”→脱离太阳系。可以看到一条明显的科学的逻辑主线，将一些桥段和场景连接起来，贯穿影片始终。如果没有这条直线式的数学形象作支撑，很难设想《流浪地球》这一艺术作品能够产生40多亿元的票房价值。《流浪地球》是技术美学的发展的又一扛鼎力作，是抽象思维与形象思维互通、技术与艺术共融的典范作品，是数象思维的成功运用。

四、象数思维

象数思维，是以物象为基础，从意象出发类推事物规律，以“象数”为思维模型解说、推衍、模拟宇宙万物的存在形式、结构形态、运动变化规律的一种思维方式。象数思维运用带有直观、形象、感性的图像、符号、数字等象数工具来揭示和认知世界的本质规律，通过类比、象征等手段把握认知世界的联系，从而构建宇宙统一的思维模式。

象数思维将宇宙自然、社会历史、生命人心的规律看成是合一的、相应的、类似的、互动的，借助五行、八卦、六十四卦、天干地支等象数符号、图式构建万事万物的宇宙模型。“象数”不是单一的、单纯的人或事物的符号模型，而是涵括了天、地、人即宇宙万事万物的符号模型，具有鲜明的整体性、全息性。象数思维对宇宙、社会、历史、人生、人心、生命等做宏观的、整合的、动态的研究，具有很大的普适性、包容性。

象数思维对中国古代自然科学、天文学，尤其是对中医学产生了极为深刻的影响。

（一）象数的概念及内涵

“象”原本指万事万物表现出的形象，《周易》说：“见乃谓之象，形乃谓之器”。“象”大体有现象、物象、事象、形象、意象、法象等含义，这些含义大体可分为两个层面，一是符号之象，即人为之象，又称“意象”（包含法象）；二是事物之象，即自然之象，又称“物象”（包含事象、形象、现象）。符号之象主要指卦象、爻数、阴阳五行、天干地支等，其作用是概括、说明宇宙自然万事万物所表现的状态和特性，模拟、象征、推演宇宙万事万物的运化规律。事物之象指万事万物具体的形象，包括一切实测数量、次序关系。符号之象与事物之象之间有密切关系，符号之象是事物之象的概括形式，事物之象是符号之象象征、比拟的对象；符号之象来源于事物之象，事物之象表现为符号之象。

《周易》还说：“在天成象。易者，象也。象也者，象也。”表达了取象思维，简称象思维。象思维就是一个由“物象”提炼“意象”，再由“意象”反推“物象”的过程。象思维通过取象比类的方式，在思维过程中对被研究对象与已知对象在某些方面相同、相似或相近的属性、规律、特质进行充分关联类比，找出共同的特征、根本的内涵，以“象”为工具进行标志、归类，以达到模拟、领悟、认识客体为目的的方法。象思维带有很大的具体性、直观性和经验性，它以“象”为中介把握事物的内在本质及与它事物隐含的关联关系，宏观地探讨事物的性质和变化规律，消融主、客观对立产生的割裂看待事物的片面性与孤立性，这在认识论上有独到的意义。

“数”分为两种，一种是实测的、定量的数，一种是表象的、定性的数。象数思维方法中的“数”侧重于定性表象，这种“数”实际上就是一种特殊的“象”。定性表象的“数”又指“易数”，如：阴阳奇偶数、五行之数、八卦次序数、大衍之数等。数是特殊的象，数将象形式化、简约化，因此也可看作是意象的一种。这一特点与数学形象是一致的。

“象”“数”对称，最早见于《左传·僖公十五年》：“龟，象也；筮，数也。”

象与数的统一是象数思维的重要特点。象、数密不可分，象中含数，数中蕴象。《周易》六十四卦每一爻，阴爻称六，阳爻称九，爻象中蕴含着数；八卦布列八方，乾一兑二离三震四巽五坎六艮七坤八，八卦中蕴含着数。《易传》中的天数为奇为阳、地数为偶为阴，将数与阴阳之象联系了起来。《尚书·洪范》中“五行：一曰水，二曰火，三曰木，四曰金，五曰土”将数与五行之象联系了起来。“数”与“象”都是表述事物功能、属性、关系及其变化规律的符号。

（二）象数思维的概念及内涵

象数思维是象思维和数思维的合称，通过卦爻、阴阳五行、天干地支以及奇偶数字等象数模型来认识宇宙万物的存在方式、变化规律，推演宇宙自然变化大道。象数思维涉及天人之理、万物之理、性命之理等，是中华民族古老、实用的一种思维方式。象数思维方法实际上就是通过象和数进行比类的思维方法。

借助象数模型推测、演绎出同类事物的变化、生成之“理”。这就是“取象运数，比类求理”的方法。

象数思维归类的方法不同于逻辑归纳法与演绎法，它是归纳与演绎的合一，把纷纭繁杂的事物归为有限的几类，是一种归纳法；而依据象数模型去推测同类中其他事物的情况，则又是一种演绎法。“象数”是一个媒介，有双向功能，既有将万事万物纳入自己这个框架的功能，又有以自己这个框架去类推、比拟万事万物的功能。“取象”“运数”的方法，将看似互不关联的、毫无相通之处的事物有机地联系在一起，建立起意象与物象、物象与物象之间的普遍联系，把原本复杂的事物加以整合，使之系统化、简约化。

（三）象数思维的应用

象数思维对环境艺术设计具有深远影响，如在建筑选址上的运用。堪舆，即临场校察地理的方法，中国古代用来选择宫殿、村落选址、墓地建设等的方法及原则。殷周时期，已有卜宅之文，如周代公刘迁豳，他亲自勘察宅茔，“既景乃冈，相其阴阳，观其流泉”（《诗经·公刘》）。

（四）象数思维的特点

象数思维和数象思维本质上具有相同的特点，但也有不同的特征。相同的方面表现在，思维的过程中都有象和数的参与，都是运用带有直观、形象、感性的图像或抽象的符号、数字等数工具来进行研究。但也有本质上的不同。象数思维主要是以数为思维工具，运用数的思维方法研究，侧重于用数研究象；数象思维主要是以数象为思维工具，运用象的思维方法研究，侧重于用象研究数。象数思维是运用带有直观、形象、感性的图像、符号、数字等数工具，主要通过联想、想象、类比、象征等手段把握认知世界的联系，揭示认知世界的本质规律，从而构建宇宙统一模式的思维方式。而数象思维是运用数字、符号、图形、图像、模型和模式等象工具，主要通过概念、判断、推理等手段把握世界的联系。随着信息技术的高速发展，数象思维的可视化、形象化程度越来越高，数象思维变得更加高效、方便和快捷，极大地推动了对世界的认知和改造。相较而言，由于一些历史的和文化的原因，象数思维的运用和发展则相对缓慢。

技术美学是关于技术和艺术融合发展的科学。产品设计从简单到复杂，离不开形象思维、抽象思维、数象思维和象数思维。技术美学思维是多种思维方式的综合运用。技术、艺术的产生、运用和发展，都离不开抽象思维、数象思维和象数思维关于概念、模型、模式和象数的判断和推理，同样也离不开形象思维、数象思维和象数思维关于模型、模式、造型、数象、物象和意象等结构表象和形象意象的运用。自觉的、熟练地运用四种思维，是作品生产者的基本要求，也是技术与艺术融合，推动技术美学蓬勃发展的前提条件。

第二节 结构方法

一、手绘效果图

(一) 定义

传统的效果图，就是通过手绘做一些产品的模拟图，目的就是看一下建成后的效果。设计是把一种计划、规划、设想通过视觉的形式传达出来的活动过程，效果图是设计方案的一种。

手绘效果图技法是工业设计与艺术专业、环境艺术设计专业、建筑设计专业、室内设计专业一门必修专业基础课。这门基础课对帮助学生掌握基本的设计表现技法，提高其理解设计、深化设计、提高设计的能力有重要作用。效果图是设计师与非专业人员沟通最好的媒介，对决策起到一定的作用，因此，长期以来受到专业设计与教育界的重视。它是设计师艺术地完整地表达设计思想的最直接有效的方法，也是判断设计师水准最直接的依据。近些年来随着现代科技的发展，表现效果图运用电脑制作手段较多一些，但从艺术效果上看，远远不如手绘效果图生动。因此，我们要注意手绘效果图的学习，在理论方面明确手绘效果图技法课程的相关知识。切合实际，手绘效果图的学习对于学生在今后设计创作的实践中，不断增强完善设计方案的能力具有十分重要的意义。

在日益发达的计算机效果图面前，手绘能够更直接地同设计师沟通。它是衡量设计师综合素质的重要指标，同时对设计专业的大学生毕业、就业都具有很大的影响。手绘效果图内容是将设计内容用手绘的方式，以较为接近真实的三维效果展现出来（图3-9）。

图3-9 手绘效果图示例

(二) 分类

手绘效果图可分为手绘效果图和电脑手绘效果图。所谓电脑手绘效果图是一种新型的手绘方式，随着计算机技术的快速发展，各种硬件设备也是日新月异、层出不穷。在输入设备中，为了满足手写文字与绘图输入的需求，出现了各种手写绘图输入设备，包括手写板、绘图板、数位板等（也称板绘）。

板绘和在纸上绘画的区别是借助设备直接输入电子设备端，再转而输出到纸面或以数码格式保留。板绘的结果有的无限接近手绘，有的则借助数码优势表现出全新的风格和效果，但优秀的画师一般都具有在纸上手绘的基本功，板纸同源。

（三）方法

在手绘效果图时，应该将重点放在造型、色彩和质感的表现上，另外还应注意设计思路、构图布局。

1. 构思造型

构思造型首先可以运用透视规律来表现物体的结构，搭建空间框架，然后再运用艺术性的手法表现明暗、色彩、质感，最终完成空间表现图，从而体现设计者的意图。在绘制造型过程中，重点在于透视的表现，单是以单线来表现立体感还不够充分，为了加强立体效果还必须用明暗关系来处理。在表现手绘效果图中，素描中的三大面五大调的运用可根据设计效果的需要进行概括和简化。在实际设计表现中，要根据效果图的不同用处，来选择复杂与概括的表现方法，以便更清楚地表达设计者的构想。

2. 把握色彩

一般效果图的色彩应力求简洁、概括、生动，减少色彩的复杂程度。为增强艺术效果，有的色彩效果图可以运用有色纸做底色来表现，这样处理一是色彩均匀，二是节省涂色时间，三是可以很好地进行色彩统一，增强绘画性、趣味性。

用色彩表现效果图时，不仅要表现色彩的关系、物体明暗关系，还要注意表现出不同材质的质感效果。要根据不同表面材质的特征使用相应的运笔方式。如有的表面肌理不显著，运笔可保持同一方向，涂色用笔要有速度，干净利落；而暗部涂色可采用有变化的笔触，使色彩有冷暖的差别。

3. 追求质感

在艺术中把对不同物象用不同技巧表现的真实感称为质感。质感的表现方法在室内手绘效果图中有很大的作用。研究表现技法的目的是使设计成果的效果图更真实，更具说服力。不同的物质，其表面的自然特质称为天然质感，如空气、水、岩石、竹木等物质；而经过人工的处理的表现感觉则称人工质感，如砖、陶瓷、玻璃、布匹、塑胶等物质。不同的质感给人以软硬、虚实、滑涩、韧脆、透明与浑浊等多种感觉。手绘效果图常见表现质感有以下几种。

（1）表现金属质感。金属质感明暗过渡柔和，在光的照射下对比强烈。在表现光泽度较强的表面时，要注意高光、反光和倒影的处理，笔触应平行整齐，可用直尺来表现。

（2）表现透明材料质感。透明材料如玻璃（有色、无色）要掌握好反光部分与透过光线的多角性关系的处理。透明材料基本上是借助环境的底色，施加光线照射的色彩来表现。

（3）表现木材质感。木材质感主要是木纹的表现，根据木材品种的不同有所变化。在表现时首先平涂一层木材底色，然后再徒手画出木纹线条，木纹线条先浅后深，使木材质感自然流畅。

（4）表现石材质感。石材在室内应用比较广泛，其质地坚硬，光洁透亮，在表现时先按照石材的固有色彩薄薄地涂一层底色，留出高光和反光，然后用勾线笔适当画出石材的纹理。

（5）表现皮革与塑料质感。皮革与塑料表面光滑无反射，介于玻璃和木材之间，没有玻璃那样光亮，与木材相比又有光泽，明暗过渡比较缓慢，涂色时要自然均匀。

4. 思路布局

正确地把握设计的立意与构思、深刻领会设计意图，是学习表现图技法的首要着眼点。为此，设计者必须把提高自身的专业理论知识和文化艺术修养、培养创造思维能力和深刻的理解能力，作为重要的培训目的，贯穿学习的始终。

构图是任何绘画中都不可缺少的最初表现阶段，装饰设计表现图当然也不例外。所谓构图就是把众多的造型要素在画面上有机结合起来，并按照设计所需要的主题，合理地安排在画面中适当的位置上，形成既对立又统一的画面，以达到视觉心理上的平衡。

作为未来的装饰设计师，手绘效果图是专业的语言。与电脑制图相比，它效率高，表现力强，所以它并不是计算机能代替的，是不能丢弃的创造技法。手绘技法应该继续保持和发展下去，并且更应侧重手绘草图、创意表现分析图等方面的经验积累。另外，设计师与计算机绘图者交流的媒介亦在于草图，这是必不可少的。随着客户对象的审美水平、文化修养的不断提高，直接用草图汇报或是交流创意的时期已为时不远。因此，手绘的艺术特点和优势决定了其在表达设计中的地位和作用，其表现技巧和方法带有纯天然的艺术气质，在设计理性与艺术自由之间对艺术美的表现成为设计师追求的目标。设计师的表现技能和艺术风格是在实践中不断磨炼，在积累中成熟的，所以，对技巧妙义的理解和方法的掌握是表现技法走向艺术成熟的基础。手绘表现的效果能达到形神兼备的水平，是艺术赋予环境、形象以精神和生命的最高境界，也是艺术品质和价值的体现。

（四）要点

1. 设计的立意构思是效果图的灵魂

绘画者无论采用何种技法和手段，运用哪种绘画形式，画面所塑造的空间、形态、色彩、光影和气氛效果都是围绕设计的立意与构思所进行的。正确地把握设计的立意与构思，在画面上尽可能地表达出设计的目的、效果，创造出符合设计本意的最佳情趣，是学习效果图技法的首要着眼点。

在绘图的过程中，有些同学往往容易对形体透视的艺术和色彩的变化过于修饰，而忽略设计原本的立意和构思。这种缺少灵魂的效果图犹如橱窗里的时装模特，平淡、冷漠，既不能通过画面传达设计师的感情，也不能激发观者的情绪，因而在参与投标的过程中，往往处于劣势甚至被淘汰。

2. 准确的透视是效果图的形体骨骼

设计构思是通过画面艺术形象来体现的，而形象在画面上的位置、大小、比例、方向的表现都是建立在科学的透视规律基础之上的。违背透视规律，违背形体与人的视觉平衡，画面就会失真，也就失去了美感的基础。因而，必须掌握透视规律，并应用其法则处理好各种形象，使画面的形体结构准确、真实、严谨、稳定。

除了对透视法则的熟练与运用之外，还必须学会用结构分析的方法来对待每个形体的内在构成关系和各个形体之间的空间联系，这种联系就是构成画面的纽带和筋腱。学习结构分析的方法主要依赖于结构素描（也称设计素描）的训练，特别要以正方体作感性的速写练习，以便更加准确、快捷地组合起这副骨骼。

3. 明暗色彩是效果图的血肉

在透视关系准确的骨骼上赋予恰当的明暗与色彩，可完整地体现一个具有灵魂和有血有肉的空间形体。人们就是从这些外表肌肤的色光中感受到形的存在，感受到生命的灵气。一位画师必须在色与光的处理上施展所有的技能和手段，以极大的热情去塑造理想中的形态。作为训练的课题，要注重"色彩构成"基础知识的学习和掌握；注重色彩感觉与心理感受之间的关系；注重各种上色技巧以及绘图材料、工具和笔法的运用。

此外，要画好室内设计效果图，也必须学会透视原理、素描基础知识、色彩基础知识及作图工具和技法的运用。有规律地组织、排列线条，学会利用其他辅助工具画出理想的效果。

二、电脑效果图

（一）定义

电脑效果图，是设计师通过一些设计常用软件，比如3DMAX、Ps等设计软件，配合一些制作效果软件（V-Ray、Lightscape等）来表现出设计师在设计项目实现前的一种理想状态下的效果表现。现代产品效果图是通过计算机三维仿真软件技术来模拟真实环境的高仿真虚拟图片，在工业、建筑等细分行业来看，效果图的主要功能是将平面的示意图或效果图三维化、仿真化，通过高仿真的制作来检查设计方案是否存在细微瑕疵，以进行项目方案的修改或调整。

（二）常用软件

随着科技发展，更多人使用电脑设计软件处理图像。先用AutoCAD来布置平面图，然后再安排建模，建模的工具主要有3D MAX。建好模后，再渲染，渲染工具有Lightscape、V-Ray等。渲染后的图就可以使用，当然，一般会经过后期处理，采用Ps软件进行后期处理很方便，再导出提交给客户。比较常用的设计软件有如下几种。

1. AutoCAD

CAD即计算机辅助设计（computer-aided design），利用计算机及其图形设备帮助设计人员进行设计工作，简称CAD。在工程和产品设计中，计算机可以帮助设计人员担负计算、信息存储和制图等项工作。

AutoCAD之所以成为一个功能齐全、应用广泛的通用图形软件，首先因为它是一个可视化的绘图软件，许多命令和操作可以通过菜单选项和工具按钮等多种方式实现；AutoCAD还具有丰富的绘图和绘图辅助功能，如实体绘制、关键点编辑、对象捕捉、标注、鸟瞰显示控制等，它的工具栏、菜单设计、对话框、图形打开预览、信息交换、文本编辑、图像处理和图形的输出预览为用户的绘图带来很大方便。其次，它不仅二维绘图处理成熟，三维功能也更加完善，可方便地进行建模和渲染。

2. Ps

Photoshop（Ps）是知名的图像处理软件之一，是集图像扫描、编辑修改、图像制作、广告创意、图像输入与输出于一体的图形图像处理软件，深受广大平面设计人员和电脑美术爱好者的喜爱。

从功能上看，Photoshop可分为图像编辑、图像合成、校色调色及特效制作部分。

图像编辑是图像处理的基础，可以对图像做各种变换如放大、缩小、旋转、倾斜、镜像、透视等，也可进行复制、去除斑点、修补、修饰图像的残损等。这在婚纱摄影、人像处理制作中有非常大的用场，图像编辑可以去除人像上不满意的部分，对人像进行美化加工，得到让人非常满意的效果。

图像合成则是将几幅图像通过图层操作、工具应用合成完整的、传达明确意义的图像，这是美术设计的必经之路。Photoshop提供的绘图工具可以让图像与设计者的创意很好地融合，使图像的合成天衣无缝。

校色调色是Photoshop中最强大的功能之一，可方便快捷地对图像的颜色进行明暗、色编的调整和校正，也可在不同颜色进行切换以满足图像在不同领域如网页设计、印刷、多媒体等方面应用。

特效制作在Photoshop中主要由滤镜、通道及工具综合应用完成，包括图像的特效创意和特效字的制作，如油画、浮雕、石膏画、素描等常用的传统美术技巧都可借由Photoshop特效完成。

3. 3D Studio Max

3D Studio Max，常简称为3ds Max或3DMAX，是Autodesk公司开发的基于PC系统的三维动画渲染和制作软件。其前身是基于DOS操作系统的3D Studio系列软件，最新版本是3DMAX 2021。在Windows NT出现以前，工业级的CG制作被SGI图形工作站所垄断。3D Studio Max + Windows NT组合的出现一下子降低了CG制作的门槛，首选运用在电脑游戏中的动画制作，之后更进一步参与到影视片的特效制作中。

三、模型

（一）定义

模型是通过设计师主观意识借助实体或者虚拟表现构成客观阐述产品形态结构的一种表达目的的物件。

模型是设计形象的进一步具象化。当设计师头脑中的产品意象成为效果图后，为了进一步让设计委托方全面认识设计形象，设计师动手制作可视、可触、可控制的具象模型，以便表达设计师在设计中所考虑的一切问题。

模型也是设计形象的艺术形态。产品设计模型绝不是纯功能形态，也不是几何形象游戏式搭配，它是设计师要设计产品新品质而展现出的美感形态；同时模型作为未来产品的样品也是大规模生产的保证。它还有助于验证产品功能，体现设计师才能。

（二）要求

1. 创新性

设计模型要能够体现出设计师的艺术构思、制作技术及材料加工等方面，同时要能体现出与众不同，又为大多数人接受的“新”“奇”“异”“特”的形态特征。

2. 完整性

设计模型体现出自身内、外各个功能件、结构件、搭配件的组合特征，是一个功能完整的结构形态。

3. 真实性

设计模型具有与实际产品无法辨别的特征，一定程度上就是产品的雏形。

4. 实用性

实用是设计模型真正价值所在，充分体现出能被携带或能启动、能操作的特征。

（三）分类

模型有多种分类方法，根据是否是实体，可分为实体模型和虚拟模型。实体模型又可根据其动力系统分为静态模型（本身不具有动力系统，不需外部作用能表现自身结构及形态的完整性）、助力模型（借助外界动能作用）以及动态模型（可通过自身进行能量转换）。虚拟模型又可分为虚拟静态模型、虚拟动态模型、虚拟幻想模型等。

产品设计常用的模型既有实体模型、也有虚拟模型，常见模型有如下几种：

1. 结构模型

结构模型主要反映产品的结构特点和因果关系。结构模型中的一类重要模型是图模型。结构模型是研究复杂产品的有效手段，如房屋模型（图3-10）。

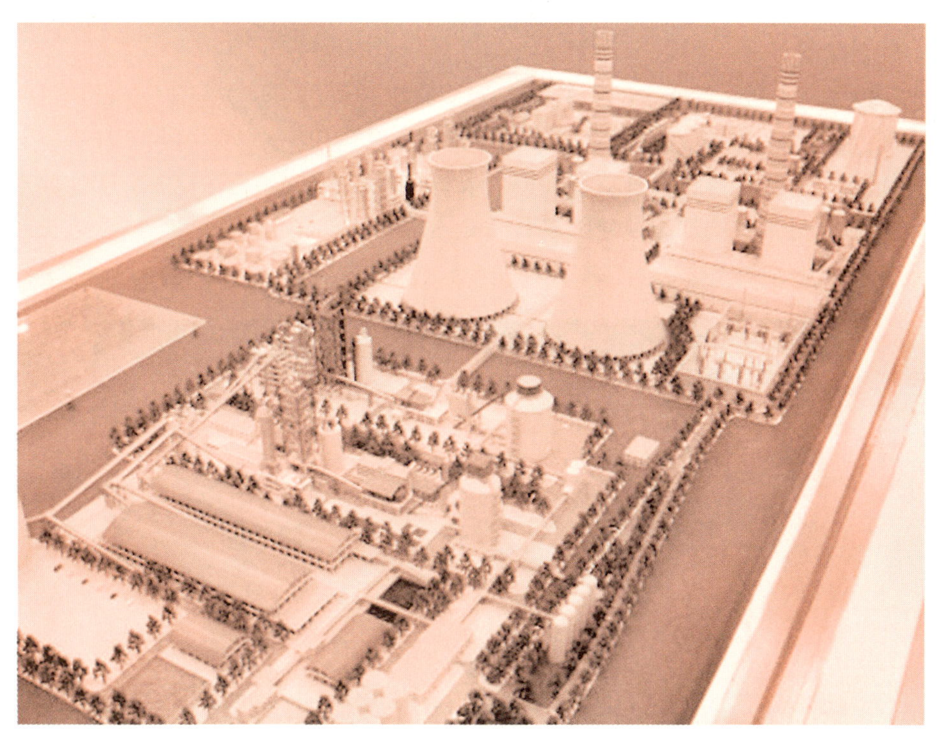

图3-10 房屋模型

2. 实物模型

根据相似性理论制造的、按原产品比例缩小（或放大、等比例）的实物，如飞机模型（图3-11）、水利基础设施模型。

3. 首板模型

首板模型又称快速成型，主要制作方法有CNC加工、激光快速成型和硅胶模小批量

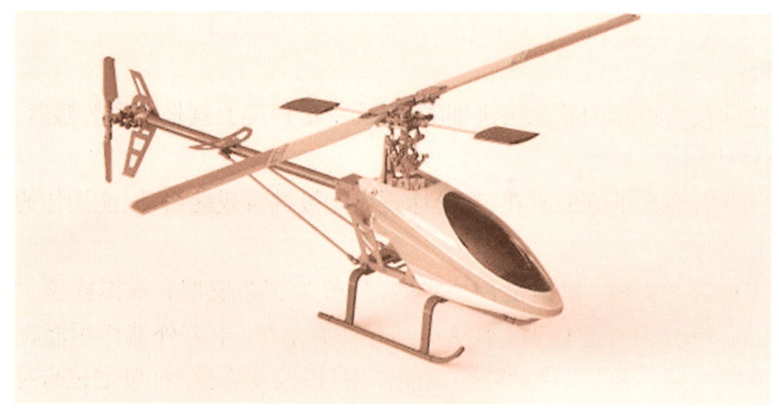

图3-11 飞机模型

生产，广泛用于新产品研发阶段，有利于设计师进行产品外观确认和功能测试。

4. 仿真模型

仿真模型是通过数字计算机、模拟计算机或混合计算机运行的程序表达的模型。采用适当的仿真语言或程序，数字模型、结构模型或物理模型一般能转变为仿真模型。

5. 数字模型

数字模型又称数字沙盘、多媒体沙盘等，它是以三维的手法进行建模，模拟出一个三维的建筑、场景、效果，可以在数字场景中任意游走、无所限制（图3-12）。数字模型通过声、光、电、像和三维动画以及计算机程控技术与实体模型相融合，可以充分体现展示内容的特点，达到惟妙惟肖的动态视觉效果。

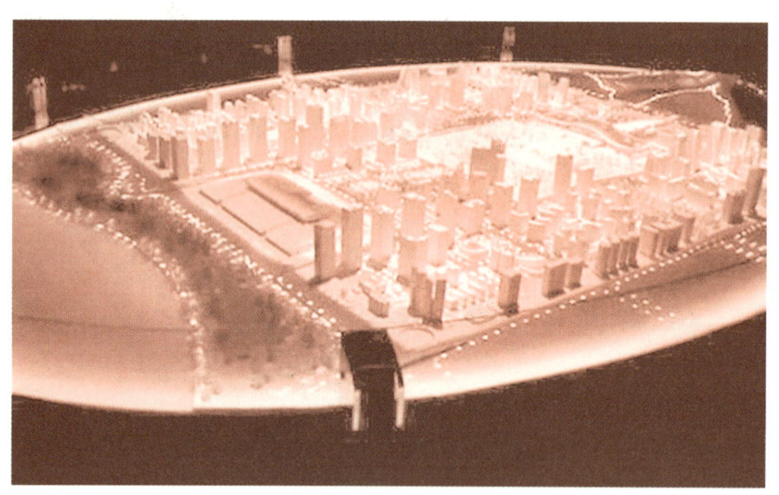

图3-12 数字模型

6. 3D模型

在3DMAX、MAYA等软件中，可以制作出3D模型，可应用于室内设计、三维影视、三维游戏等领域，3D模型是由顶点、顶点之间连成的三角形和四边形组成，并最终由无数个多边形构成复杂的立体模型（图3-13）。

图3-13 3D模型

第三节 设计制造

现代产品主要通过数字化进行设计和制造。

数字化设计就是将许多复杂多变的信息转变为可以度量的数字、数据，再以这些数字、数据建立起适当的数字化模型，把它们转变为一系列二进制代码，引入计算机内部，进行统一处理，这就是数字化的基本过程。具体来说，数字化是指将任何连续变化的输入如图画的线条或声音信号转化为一串分离的单元，在计算机中用0和1表示，通常用模数转换器执行这个转换。计算机技术的发展，使人类第一次可以利用极为简洁的“0”和“1”编码技术，来实现对一切声音、文字、图像和数据的编码、解码。各类信息的采集、处理、贮存和传输实现了标准化和高速处理。

数字化制造就是指制造领域的数字化，它是制造技术、计算机技术、网络技术与管理科学的交叉、融合、发展与应用的结果，也是制造企业、制造系统与生产过程、生产系统不断实现数字化的必然趋势（图3-14）。数字化制造的内涵包括三个层面：① 以设计为中心的数字化制造技术；② 以控制为中心的数字化制造技术；③ 以管理为中心的数字化制造技术。

一、数字化设计制造的历史

（1）NC机床（数控机床）的出现。1952年，美国麻省理工学院首先实现了三坐标铣床的数控化，数控装置采用真空管电路。1955年，数控机床第一次实现批量制造，当时主要是针对直升机旋翼等自由曲面的精度加工。

（2）CAM处理系统APT（自动编程工具）出现。1955年，美国麻省理工学院伺服机构实验室公布了APT（automatically programmed tools）系统。其中的数控编程主要是发展

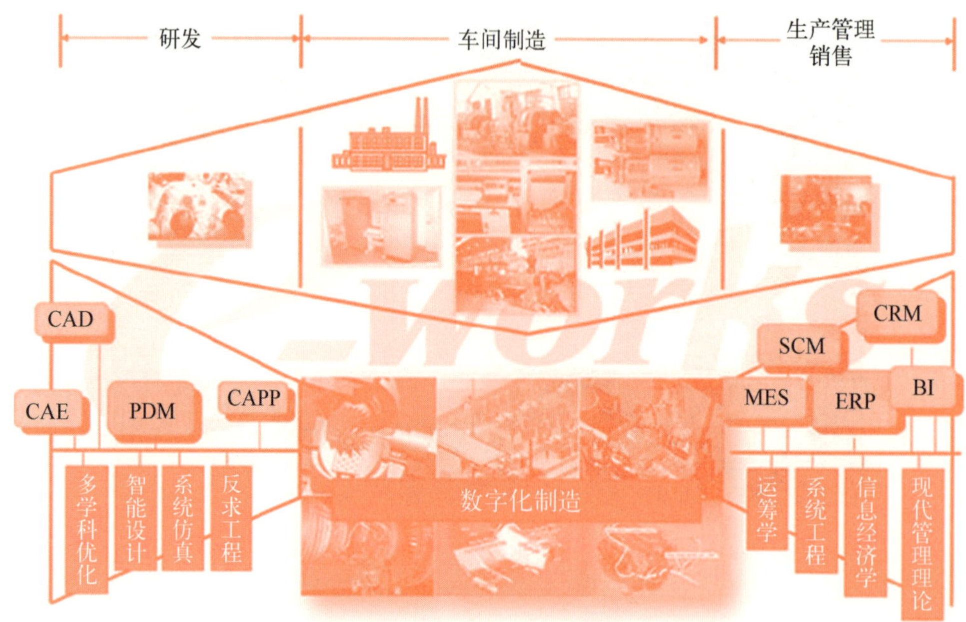

图3-14 数字化制造流程

自动编程技术，由编程人员将加工部位和加工参数以一种限定格式的语言（自动编程语言）写成所谓源程序，然后由专门的软件转换成数控程序。

（3）加工中心的出现。1958年美国K&T公司研制出带ATC（automatic tools change，自动刀具交换装置）的加工中心。同年，美国UT公司首次把铣钻等多种工序集中于一台数控铣床中，通过自动换刀方式实现连续加工，成为世界上第一台加工中心。

（4）CAD（计算机辅助设计）软件的出现。1963年，美国出现了CAD的商品化的计算机绘图设备，进行二维绘图。20世纪70年代，出现了三维的CAD表现造型系统，中期出现了实体造型。

（5）FMS（柔性制造系统）的出现。1967年，美国实现了多台数控机床连接而成的可调加工系统，即最初的FMS（flexible manufacturing system）。

（6）CAD与CAM（计算机辅助设计与计算机辅助制造）的融合。进入20世纪70年代，CAD、CAM开始走向共同发展的道路。由于CAD与CAM所采用的数据结构不同，在CAD/CAM技术发展初期，主要工作是开发数据接口，沟通CAD和CAM之间的信息流。不同的CAD、CAM系统都有自己的数据格式规定，都要开发相应的接口，不利于CAD/CAM系统的发展。在这种背景下，美国波音公司和GE公司于1980年制定了数据交换规范IGES（initial graphics exchange specification），从而实现CAD和CAM技术的融合。

（7）CIMS（计算机集成制造系统）的出现和应用。20世纪80年代中期，CIMS（computer integrated manufacturing systems，计算机集成制造系统）出现，波音公司将其成功应用于飞机设计、制造和管理，将原需八年的定型生产缩短至三年。

（8）CAD/CAM软件的空前繁荣。20世纪80年代末期至今，CAD/CAM一体化三维软件大量出现，如：CADAM、CATIA、UG、I-DEAS、Pro/E、ACIS、Mastercam等，并应用到机械、航空航天、汽车、造船等领域。

二、数字化设计制造的方法

数字化设计制造包括辅助设计、工程分析、辅助制造、工艺规划、数据库管理等多方面，主要是利用计算机软件辅助进行。

（一）计算机辅助设计

CAD在早期是英文computer-aided drawing（计算机辅助绘图）的缩写，随着计算机软、硬件技术的发展，人们逐步认识到单纯使用计算机绘图还不能称为计算机辅助设计。真正的设计是整个产品的设计，它包括产品的构思、功能设计、结构分析、加工制造等，二维工程图设计只是产品设计中的一小部分。于是CAD的缩写由computer-aided drawing改为computer-aided design（计算机辅助设计），CAD也不再仅仅是辅助绘图，而是协助创建、修改、分析和优化的设计技术。

（二）计算机辅助工程分析

CAE（computer-aided engineering）通常指有限元分析和机构的运动学及动力学分析。有限元分析可完成力学分析（线性、非线性、静态、动态），场分析（热场、电场、磁场等），频率响应和结构优化等。机构分析能完成机构内零部件的位移、速度、加速度和力的计算，机构的运动模拟及机构参数的优化。

（三）计算机辅助制造

CAM（computer-aided manufacture）是计算机辅助制造的缩写，能根据CAD模型自动生成零件加工的数控代码，对加工过程进行动态模拟、同时完成在实现加工时的干涉和碰撞检查。CAM系统和数字化装备结合可以实现无纸化生产，为CIMS（计算机集成制造系统）的实现奠定基础。CAM中最核心的技术是数控技术。通常零件结构采用空间直角坐标系中的点、线、面的数字量表示，CAM就是用数控机床按数字量控制刀具运动，完成零件加工。

（四）计算机辅助工艺规划

世界上最早研究CAPP（computer aided process planning，计算机辅助工艺规划）的国家是挪威，始于1966年。1969年，世界上第一个CAPP系统AuToPros正式推出，1973年正式商品化。美国是在20世纪60年代末开始研究CAPP的，并于1976年由CAM-I公司推出颇具影响力的CAP-I’s automated process planning系统。

（五）产品数据管理

随着CAD技术的推广，原有技术管理系统难以满足要求。在采用计算机辅助设计以前，产品的设计、工艺和经营管理过程中涉及的各类图纸、技术文档、工艺卡片、生产单、更改单、采购单、成本核算单和材料清单等均由人工编写、审批、归类、分发和存档，所有的资料均通过技术资料室进行统一管理。自从采用计算机技术之后，上述与产品有关的信息都变成了电子信息。简单地采用计算机技术模拟原来人工管理资料的方法往往不能从根本上解决先进的设计制造手段与落后的资料管理之间的矛盾。要解决这个矛盾，必须采用PDM技术。

PDM（product data management，产品数据管理）是从管理CAD/CAM系统的高度上诞生的先进的计算机管理系统软件。它管理的是产品整个生命周期内的全部数据。工程技术人员根据市场需求设计的产品图纸和编写的工艺文档仅仅是产品数据中的一部分。PDM系统除了要管理上述数据外，还要对相关的市场需求、分析、设计与制造过程中的全部更改历程、用户使用说明及售后服务等数据进行统一有效的管理。PDM关注的是研发设计环节。

（六）企业资源计划

企业资源计划系统，是指建立在信息技术基础上，对企业的所有资源（物流、资金流、信息流、人力资源）进行整合集成管理，采用信息化手段实现企业供销链管理，从而达到对供应链上的每一环节实现科学管理的管理方式。

ERP（enterprise resource planning，企业资源计划）系统集中信息技术与先进的管理思想于一身，成为现代企业的运行模式，反映时代对企业合理调配资源、最大化地创造社会财富的要求，成为企业在信息时代生存、发展的基石。在企业中，一般的管理主要包括三方面的内容：生产控制（计划、制造）、物流管理（分销、采购、库存管理）和财务管理（会计核算、财务管理）。

（七）逆向工程技术

逆向工程技术指对实物做快速测量，并反求为可被3D软件接受的数据模型，快速创建数字化模型（CAD）；进而对样品进行修改和详细设计，达到快速开发新产品的目的，属于数字化测量领域。

（八）快速成型技术

RP（rapid prototyping，快速成型）技术是20世纪90年代发展起来的，被认为是近年来制造技术领域的一次重大突破，其对制造业的影响可与数控技术的出现相媲美。RP系统综合了机械工程、CAD、数控技术、激光技术及材料科学技术，可以自动、直接、快速、精确地将设计思想物化为具有一定功能的原型或直接制造零件，从而可以对产品设计进行快速评价、修改及功能试验，有效地缩短了产品的研发周期。

三、数字化设计制造的发展

（一）技术

利用基于网络的CAD/CAE/CAPP/CAM/PDM集成技术，实现产品全数字化设计与制造。在CAD/CAM应用过程中，利用产品数据管理PDM技术实现并行工程，可以极大地提高产品开发的效率和质量。企业通过PDM可以进行产品功能配置，利用系列件、标准件、借用件、外购件以减少重复设计，在PDM环境下进行产品设计和制造，通过CAD/CAE/CAPP/CAM等模块的集成，实现产品无图纸设计和全数字化制造。

（二）总体构架

CAD/CAE/CAPP/CAM/PDM技术与企业资源计划、供应链管理、客户关系管理相结合，形成制造企业信息化的总体构架。CAD/CAE/CAPP/CAM/PDM技术主要用于实现产品的设计、工艺和制造过程及其管理的数字化；企业资源计划ERP是以实现企业产、供、销、人、财、物的管理为目标；SCM（supply chain management，供应链管理）用于实现企业内部与上游企业之间的物流管理；CRM（customer relationship management，客户关系管理）可以帮助企业建立、挖掘和改善与客户之间的关系。上述技术的集成，可以整合企业的管理，建立从企业的供应决策到企业内部技术、工艺、制造和管理部门，再到用户之间的信息集成，实现企业与外界的信息流、物流和资金流的顺畅传递，从而有效地提高企业的市场反应速度和产品开发速度，确保企业在竞争中取得优势。

（三）发展方向

虚拟设计、虚拟制造、虚拟企业、动态企业联盟、敏捷制造、网络制造以及制造全球化，将成为数字化设计与制造技术发展的重要方向。虚拟设计、虚拟制造技术以计算机支持的仿真技术为前提，形成虚拟的环境、虚拟设计与制造过程、虚拟的产品、虚拟的企业，从而大大缩短产品开发周期，提高产品设计开发的一次成功率。特别是随着网络技术的高速发展，企业通过国际互联网、局域网和内部网，组建动态联盟企业，进行异地设计、异地制造，然后在最接近用户的生产基地制造成产品已成趋势。

（四）应用

以提高对市场快速反应能力为目标的制造技术将得到超速发展和应用。瞬息万变的市场促使交货期成为竞争力诸多因素中的首要因素。为此，许多与此有关的新观念、新技术在21世纪将得到迅速的发展和应用，其中有代表性的是并行工程技术、模块化设计技术、快速原型成形技术、快速资源重组技术、大规模远程定制技术、客户化生产方式等。

（五）特点

先进的制造工艺、智能化软件和柔性的自动化设备、柔性的发展战略构成未来企业竞争的硬件、软件资源；个性化需求和不确定的市场环境，要求克服设备资源沉淀造成的成本升高风险，制造资源的柔性和可重构性将成为21世纪企业装备的显著特点。将数字化技术用于制造过程，可大大提高制造过程的柔性和加工过程的集成性，从而提高产品生产过程的质量和效率，增强工业产品的市场竞争力。

1. 请分别举例说明形象思维和抽象思维在产品设计中的应用。
2. 什么是模型形象和模式形象？二者有何区别和联系？请分别举例说明二者在产品设计中的运用。
3. 什么是象数思维和数象思维？二者有何区别和联系？请分别举例说明二者在产品设计中的运用。
4. 什么是技术美学思维？它与抽象思维、形象思维、象数思维和数象思维等是什么关系？
5. 效果图具有什么样的作用和价值？模型设计常用的软件有哪几种？
6. 简述数字化设计与制造的主要方法。

第四章

造型艺术

产品造型，指创造出产品的物体形象。造型美是指物质产品的形态之美。产品的造型美是人类社会实践发展到一定阶段的必然要求。产品的造型美，除了要求符合结构美的一般要求，还要符合整齐、匀称、均衡、主题突出、变化、线条、虚实、节奏等形式美的一般规律，符合产品的功能原则、价值原则及审美原则。

产品的造型艺术是指以空间为基础，以视觉为中心，利用一种或多种材料，以造型元素点、线、面、体，特别是三原形（正三角形、正方形和圆）以及三原体（正四边形、正方体和球）等元素，通过运用比例、变形、节奏变化等方式优化组合，有机排列，形成美的形态，构成美的造型。

第一节　产品造型美学的基本内容

一、产品造型的基本原则

（1）符合产品结构要求。

产品的结构要符合产品功能、价值和美感三原则，因此，产品的造型要严格按照产品的结构来进行。

（2）协调好人与产品的关系。

产品是为人使用而创造的。产品造型要协调好人的需求、人与产品的关系，有些产品还要符合人体结构特征。

（3）在现有材料与技术条件的基础上开展。

材料与技术条件是造型实现的物质基础。造型要求工艺、结构技术和材料特点紧密结合。

（4）产品的造型必须建立在标准化基础上，适合工业化大生产。

二、产品造型美学功能的内容

产品美学功能表现为多方面，概括起来主要有以下几个方面。

（一）艺术功能

艺术功能又称为外观功能。它是把产品作为艺术审美对象，或者为强化产品审美联想效果而存在的。现代机器产品大多都有这种功能，尤其是轻工产品和家庭消费品。其作用就是使产品不仅为能够完成使用功能的实用物品，同时又是能够装饰空间、美化环境、陶冶情趣、增添愉悦的艺术制品，成为文化与情感的补充。

（二）招徕功能

招徕，就是招之使来的意思，沿用于表示商业上招揽顾客。这里所指的就是产品美学功能中，起吸引用户、能够诱导用户的情感联想，激发用户的购买欲望，达到促销目的的功能。它对产品作为商品，能否在市场上迅速实现其价值成为企业财源，具有很大的影响。

企业要想在激烈的竞争中独树一帜，就必须注重塑造产品的“市场魅力”，重视对产品美学功能中招徕作用的研究。

（三）工效功能

工效功能又可称工效学功能。它是产品内在美的功能体现 。工效学（或工程心理学）是20世纪 50年代前后产生和发展起来的，是运用生理学、心理学和其他有关知识使机器与人相适应，创造舒适和安全的环境条件，从而提高工效的一门新兴学科。工效学研究的内容主要有：人机工程学、环境与效率、机器怎样适合于人的使用、动作与时间等。

工效功能就是产品特别是机器设备要满足人机系统总体设计的原则，适合人的使用和操作，即与最有利的工作条件包括卫生学、生理学、心理学以及美学的要求相吻合，从而达到减轻疲劳，杜绝错误，防止事故发生，保证人体安全、健康和提高工效的目的。

（四）社会功能

社会功能是指美学功能中能够体现和显示民族风俗或宗教信仰的文化特征，以满足民族或宗教审美情趣与审美心理需要的功能。风俗是人类文化重要的组成部分。它与国家、民族或地区的物质生活、经济水平和科学文化的发展密切相关，它一经形成就强有力地影响着民族的一切。产品美学功能中的社会职能，就是使产品能够符合不同国家或地区、不同民族风俗习惯，使产品更富有人情味。它对树立产品良好形象、开拓产品市场，发展外向型经济，具有其他因素不可比拟的力量。

三、产品造型美学功能的要素

美学功能是以抽象形式存在于产品中的，它必须由具体的手段来实现。能够表现美学功能的产品系统要素一般有以下几个方面。

（一）人机工程

所谓人性化产品，就是包含“人机工程”的产品，只要是“人”所使用的产品，都应在“人机工程”上加以考虑，产品的造型与“人机工程”无疑是结合在一起的。我们可以将它们描述为：以心理为圆心，生理为半径，以建立人与物（产品）之间和谐关系的方式，最大限度地挖掘人的潜能，综合平衡地使用人的机能，保护人体健康，从而提高生产率。仅从工业设计这一范畴来看，大至宇航系统、城市规划、建筑设施、自动化工厂、机械设备、交通工具，小至家具、服装、文具以及盆、杯、碗筷之类各种生产与生活所创造的“物”，在设计和制造时都必须把“人的因素”作为一个重要的条件来考虑。若将产品分为专业用品和一般用品的话，专业用品设计时会更多考虑人机工程，比较偏重于使用者生理学的层面；而一般性产品则更多兼顾心理层面的问题，需要更多地符合美学及潮流的设计，即产品以满足人性化的需求为主。

那么，如何来评价一件产品是否符合人机工程学规范呢？以德国Sturlgart设计中心为例，在评选每年优良产品是否符合人机工程时，所设定的标准有：① 产品的尺寸、形状及用力与人体是否配合；② 产品是否顺手和好使用；③ 产品是否具备防止使用人操作产生意外伤害和错用危险的机能；④ 产品各操作单元是否实用，各元件在安置上能否使其功能意义毫无疑问地被辨认；⑤ 产品是否便于清洗、保养及修理。

一般情况下，设计教育中常常较为强调上述第③ 项；而消费者在购买商品时，则是以产品的视觉效果、价值及商场气氛来决定购买行为。但作为一名好的设计师，应为产品长期使用的效果及舒适性负责，避免伤害与防止危险更是设计时不得不考虑的因素。如在操作计算机的上机姿势中，在现行的上机条件下，操作员常常是手臂向前悬空着来操作键盘和鼠标的。手臂的悬空形成了肩颈部的静态疲劳，使得操作员不得不将背部靠在椅子靠背上作业（后靠姿势会加大悬空的手臂的前伸程度，从而增大肩部所需要的平衡力矩，加快肩颈部的疲劳），而当操作员脱离靠背又手臂悬空时，体重就全部需要由脊柱来承担，其结果要么是腰背疲劳酸痛，要么是腰肌放弃维持直坐姿势而塌腰驼背，或是把手腕抵在桌沿引发腕管综合征。想要解决此类问题，设计师就必须充分考虑人机工程学的因素。

究竟什么样的产品需要人机工程呢？在设计上如何表现，才能成为符合人机工程学的产品呢？

工业设计师指出，就电脑的相关部件和设备而言，如键盘、鼠标等输入装置，因使用者可能长时间利用其从事工作或娱乐，接触的时间较长，在使用时也可能十分投入，人机工程学就成了此类产品设计上最主要考虑的因素。

人机工程学的显著特点是，在认真研究人、机、环境三个要素本身特性的基础上，不单纯着眼于个别要素，而是将使用“物”的人和所设计的“物”以及人与“物”所共处的环境作为一个系统来研究。在人机工程学中将这个系统称为“人—机—环境”系统。这个系统中，人、机、环境三个要素之间相互作用、相互依存的关系决定着系统总体的性能。人机系统设计理论，就是强调要科学地利用三个要素间的有机联系来寻求系统的最佳参数的设计理论。

系统设计的一般方法，通常是在明确系统总体要求的前提下，着重分析和研究人、机、环境三个要素对系统总体性能的影响，如系统中人和机的职能如何分工、如何配合，环境如何适应人，机对环境又有何影响等问题，经过不断修正和完善三要素的结构方式，最终确保系统最优组合方案的实现。人机工程学为工业设计开拓了新思路，并提供了独特的设计方法和有关理论依据。

例 4-1

思考：图 4-1 这款鼠标是如何体现人机工程学的？

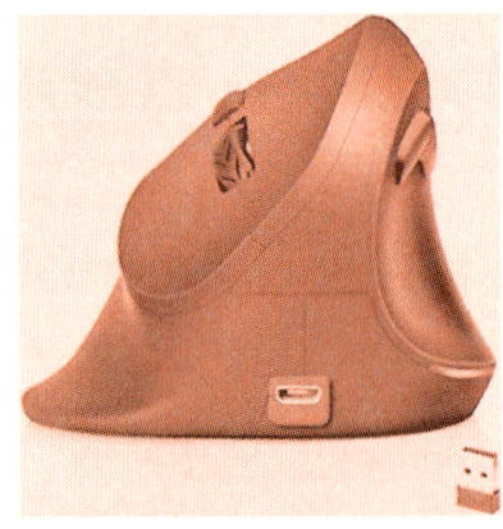

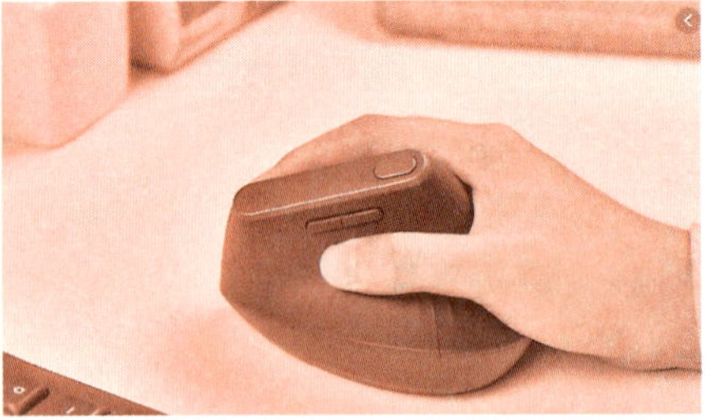

图 4-1　鼠标设计

（二）形状

形状在产品美学功能中起着多方面的表现作用，因为人对任何一种物体的视觉反映，最先感受到的就是它的形状。产品的艺术形象很大程度上是由它的形状决定的。具有艺术特色的美观的造型，可使人得到极大的审美满足。形状是产品价值独特而不可分割的标志。实用、合适的产品概念是与其完整而合理的形状相关的。产品的各种形状都具有一定的特性，如深度、长度、空间性、立体性、几何结构、重量特性和强度特性等。利用形状的对称、非对称、比例、重复、对比等细微差别，可以使产品结构产生不同的印象——紧凑的、稳固的、和谐的、静止的或动态的，从而产生不同的情感情绪与思维联想效果。

（三）色彩

色彩在产品美学功能中亦起着许多不同的作用，这是因为颜色对人具有微妙而显要的影响。不同色彩能使人产生不同的心理和生理反应，一般而言，红色令人感到温暖，白色引起凉爽与洁净的感觉，浅灰色的物体看起来显得轻巧，而深灰、深紫的色调则会使物体显得沉重与神秘。另外，有试验发现，颜色不仅对人的视觉器官有较强影响，对心脏血管工作、内分泌功能、中枢末梢神经系统活动以及感觉器官也产生促进或抑制的效果，如红色会加大眼压，绿色则相反，淡蓝色或粉红色有降低心率功能。

色彩在工业设计的许多方面有着广泛的应用。现代产品尤其是生产装备类产品，色彩主要被用来强化其功能效果和帮助操作者正确操纵与观察。如风扇、冰箱用湖绿、乳白等冷色，增强了清凉感；医疗与食品业器械多用白色，可使环境更显洁净、素雅及卫生；大型农业机的主色调普遍为黄色或墨绿，充分突出自然的气氛和效果；工业设备中的危险或警示部位局部涂以红色或橙色，作为标志引人注意，从而提高人的工作可靠性；车间内色彩的合理配置，可以创造舒适的环境，提高工效等。

色彩还具有象征的作用。如红色是火的颜色，可象征生命、活力；黄色是成熟的颜色，可象征高尚、丰收；蓝色是现代科学的颜色，可象征智慧、力量。更为重要的是，人们对色彩的感受和爱好会随时间而变化，色彩的象征意义也会因国家、民族以及宗教信仰不同而产生差异，所以色彩对树立企业与商品形象，传递信息和激发用户的情感联想以及取得良好的促销效应具有显著的意义 。

（四）图案

图案广泛用于产品包装与商标中。它与形状、色彩一样，是表现美学功能重要的系统要素。图案常与形状、色彩配合，利用各种错觉现象，增强了产品的美学效果。图案不仅是艺术的表现形式（如陶瓷器具上的图形纹样，作为一种装饰艺术，在传统文化中有其独特地位与悠久历史），同时还具有显著的社会与象征作用。不同民族的人有自己喜爱和禁忌的图案，如乌龟在日本代表长寿，但在许多地区却被当作丑恶的象征；中国人喜欢孔雀，法国人却视为祸鸟。所以在国际市场上，图案的设计如不注意‘入乡随俗’，则要吃大亏。此外，合理的图案设计还可充分展示企业和产品的特色。好的图案，对建立产品优美形象、提高产品自身价值至关重要。

第二节　产品造型的艺术特征

工业产品的造型和其他艺术作品一样，也是通过一定的手段和形体形象，来反映一定的思想内容和社会现象的；同样能够以一种艺术的感染力，对人产生精神层面的作用。所以，它在艺术规律上有相同的特征。同时，因为工业产品与艺术产品的审美程度不一样，工业产品的艺术含量小于艺术品，因此具有一些不同的特征。

一、产品造型的主要艺术特征

产品造型除了其特有的实用性特征外，还兼有以下的艺术特征。概括起来有思想性、创新性和时代性。

产品的造型，一般不仅具有反映人们物质生活要求的特征，还能通过本身的物质外观形象，对人的心理上产生某种作用。这种作用是精神层面的，是抽象的、感性的，有时甚至是理性的，具有思想性特征。比如，产品可以体现简单主义、唯美思想等。

产品的造型要根据时代要求的变化而变化，要及时反映时代精神和时代特征。因为人的需求是随着时代的变化而变化的，具有鲜明的时代性，而产品是人们物质文化需求的载体，所以同样要反映时代特征。产品的时代性具体反映在“时尚性”上。

产品造型是功能与材料、技术与艺术的综合体，抽象地说，产品本身是功能、材料、技术、艺术的函数。功能随着人的需求改变而变化，材料随着科学技术水平的提高而改善，技术水平随着社会生产力水平的提高而提高，艺术随着现代化技术手段的介入而加速发展，这些变量最终都影响产品造型，都要通过产品造型体现。所以产品造型必须通过创新主动适应这些要求。

二、产品造型艺术特征的应用

杰出的当代设计师们是如何在产品的艺术造型特征中体现其价值的，请看几个具体的案例。

（一）迪特·拉姆斯

迪特·拉姆斯是20世纪最具影响力的工业设计师之一，他的作品有着标志性的地位。拉姆斯早年在德国威斯巴登的实用艺术学校学习建筑设计及室内设计，后作为职业工业设计师从事设计活动。20世纪50年代中期，拉姆斯等一批年轻设计师受聘于当时默默无闻的博朗公司，组建设计部，同时期建立起与乌尔姆造型学院的产学合作关系，1961年晋升为百灵首席设计师，在这个职位上工作直到1995年退休。在博朗公司期间，他和他的团队设计了超过500个产品（图4-2），类型包括收音机、唱机、电动剃须刀、厨房电器等。他设计的现代家用电器是那个时代的标杆，哪怕放到今天再看也是毫不过时。拉姆斯也因此被称为博朗先生。均衡、简练、无任何多余装饰，色彩上多用黑、白、灰等色调，这些一致性的设计语言构成了博朗产品的独有风格。

图4-2 迪特·拉姆斯设计的产品

1. 迪特·拉姆斯的设计理念

迪特·拉姆斯的设计理念把自己的设计解释为“Less, but better”(少,但是更好)。在20世纪70年代,他提出了可持续发展的设计概念,并认为“Obsolescence being a crime in design”(容易过时的设计是犯罪)。迪特·拉姆斯由此向自己提出了“什么是好的设计”这个问题,于是产生了他的设计观“ten principles of good design”(设计十诫):

好的设计是创新的(Good design is innovative);

好的设计是实用的(Good design makes a product useful);

好的设计是唯美的(Good design is aesthetic);

好的设计让产品易于理解(Good design helps a product to be understood);

好的设计是谦虚的(Good design is unobtrusive);

好的设计是诚实的(Good design is honest);

好的设计坚固耐用(Good design is durable);

好的设计执着细节(Good design is thorough to the last detail);

好的设计是环保的(Good design is concerned with the environment);

好的设计是极简的(Good design is as little design as possible)。

2. 迪特·拉姆斯设计思维的影响

现今大多数工业设计产品都遵循着迪特·拉姆斯的设计十诫原则,苹果系列产品就是严格按照‘设计十诫’的原则进行设计的,如图4-3所示。① 博朗计算机与苹果计算机的颜色、体量、模拟按键。博朗的极简化设计带给苹果诸多设计灵感,iPhone3中的计算机

图4-3 博朗设计与苹果系列产品参照

交互界面（UI）设计也是完全致敬了当年拉姆斯为博朗公司设计的电子计算机。② 博朗电子音箱与苹果一体电脑的造型趋势、材质搭配、人机交互。人机交互在工业设计中也是不可忽略的重要设计点，拉姆斯在1960年设计的这款博朗音箱用最简洁的造型语言以及带有倾斜角度的斜面进行人机交互，这也是苹果一体电脑一直沿用至今的造型设计思路。③ 博朗唱片播放机与苹果音乐播放器的功能构成、造型分割、整体色调。博朗唱片机将主要交互按钮以及唱片播放的位置集中在产品上半部分，音箱则放置在下端，两者形成一种功能上的整体统一性，而随着工业生产技术的发展，苹果公司的音箱沿用了这种分割式的设计语言，但工艺模型和倒角已经变得更加精致。

（二）飞利浦·斯塔克

飞利浦·斯塔克（一译菲利普·斯塔克），世界上最负盛名的设计师之一。他的作品随处可见：从纽约别致的旅馆到FF4900邮购商行，从法国总统的私人住宅到欧洲最大的废物处理中心，从全球各地的咖啡馆及家庭中广泛使用的座椅和灯具到浴室中的牙刷。飞利浦·斯塔克的设计表现了使物与人关系变得更融洽的一种设计方式。

斯塔克有自己明确的设计观，有自己明确的造型世界，活跃在各个领域，从书桌、椅子、皮艇到朝日大厦，再到室内设计和服装设计。他之所以能做到这一点正是因为他的设计哲学。如果设计师只在特定的领域搞创作的话，那么他必然不能在没有涉及的领域有所建树，斯塔克认为这样是很严重的渎职。

1. 飞利浦·斯塔克的设计理念

（1）民主环保的理念。飞利浦·斯塔克总是把自己当作一名普通的设计人员，他一直贯彻民主化、大众化的设计思想，让人们平等地享受设计带来的果实。他没有专注在令人刺激和昂贵的奢侈品设计上，而是专注于日常生活用品，他更倾向于大批量生产商品的设计工作并强调将其市场化。

（2）跨界思维概念。飞利浦·斯塔克从一开始就没有把自己设计的工作内容限定在某个具体的范围之内，他认为设计是相通的。所以他不仅是位杰出的产品设计师，室内设计也是他擅长的领域，他是一位全能型的设计师。跨界设计的思维使得飞利浦·斯塔克作品不仅仅有简单的生活用品，如榨汁机，也有遍布全球的室内设计项目。

2. 飞利浦·斯塔克设计赏析

（1）2019，Autodesk Unveil A. I. project urdesignmag。此设计是利用现代人工智能技术，集合多重数据，如人机工程学、结构力学等数据，自动生成的一款座椅设计，是当下“未经过人脑生成的设计”之一。见图4-4（a）。

（2）2011，Bra un Alarm Clock。此设计是专注于室内空间的色彩构成而设计的环保材料椅，将座椅结构继续精简后生成的设计造型。见图4-4（b）。

（3）2002，Louis Ghost Chair。路易幽灵椅，造型灵感来源于法国路易三世皇宫座椅，其设计具有很强的文化底蕴，将皇宫内浮夸装饰的座椅，以极简工业化的形式制作，进入千家万户。见图4-4（c）。

（4）1999，Boxinbox Collection。1999年，飞利浦·斯塔克设计的这款箱中箱囊获了多项工业设计大奖，运用透明有机玻璃材料在现有产品的基础上，开拓出了全新的设计语言，灵感来源是室内设计中的色彩构成。图4-4（d）。

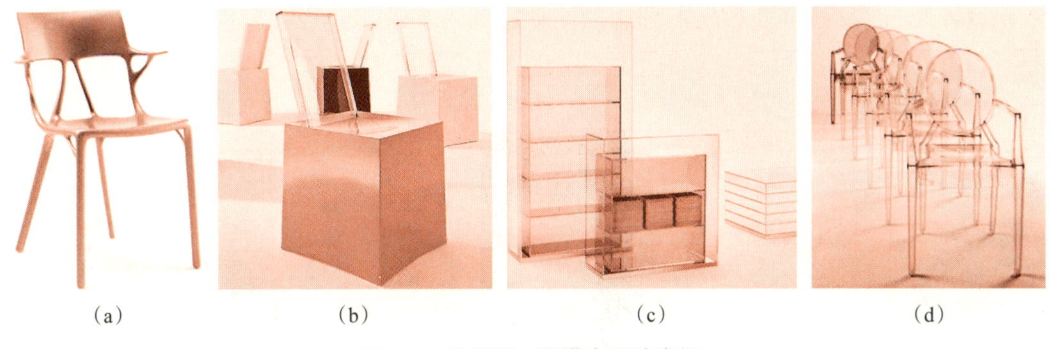

(a) (b) (c) (d)

图4-4 飞利浦·斯塔克设计赏析

(三)扎哈·哈迪德

扎哈·哈迪德,1950年出生于巴格达,伊拉克裔英国女建筑师,2004年获普利兹克奖。

扎哈在中国的第一个作品是广州大剧院,北京银河SOHO建筑群、南京青奥中心、香港理工大学建筑楼和北京大兴国际机场等也都出自她手。

1. 扎哈·哈迪德的设计理念

(1) 解构主义(简单方式理解,解构就是拆解原有物体,重组新物体的过程)。扎哈通过解构主义的原理形成了独具特色的现代主义风格建筑。其风格的形成,首先是使用了新的结构方式创作,扎哈反对极简主义,提倡对线条和块面的充分使用;其次是运用新观点设计作品,扎哈摒弃旧的设计观念,提倡用心、用眼去发现和创造;最后是现实现代主义的表达,扎哈对现存造型进行重新组合,从而产生独一无二的扎哈式现代解构主义风格。

(2) 设计手段:参数化设计。扎哈·哈迪德及其团队通过大量参数化设计,对建筑的结构、造型、工程模型进行拆解,以数字化的方式建造参数化模型,在设计过程中可以通过基础数据的调整,控制整个设计的外观造型。

2. 参数化设计及其应用

参数化设计是指用数字技术将建筑设计的各个部分转化成变量,通过改变参数,人们能够得到不同的设计方案。扎哈是最早实现参数化设计实践的建筑师之一,为当代建筑的发展注入全新的设计理念。

工业设计与艺术设计的造型,往往受限于现代生产技术,参数化设计虽然不是现代最新的设计理念,但是参数化造型进入人们的视野与生活的主要原因是现代生产技术的不断提高。参数化造型的外观往往是复杂的,通过传统的铸造和注塑技术往往很难一体成型,随着技术的进步,3D打印技术的基础普及,这些参数化设计也逐渐进入了人们的生活。图4-5展示一些参数化设计及其应用。

(1) 3D打印鞋子。利用3D打印技术,生产出传统加工生产行业无法制作的造型,并且通过结构力学和人机工程学,制作出更加贴合每一个人脚面的设计,为今后个性化产业开拓道路。见图4-5(a)。

(2) 陶瓷容器。3D打印技术不仅可以制作出人工难以完成的参数化造型,同时也可以提供更加廉价的基础磨具,效率高、方便。见图4-5(b)。

(3) 交通工具外观造型机理。交通工具行业,也在不停地寻找更多的设计语言,参数化设计流行后，大量参数化机理逐渐地运用到了交通工具表面和内饰设计中。见图4-5(c)。

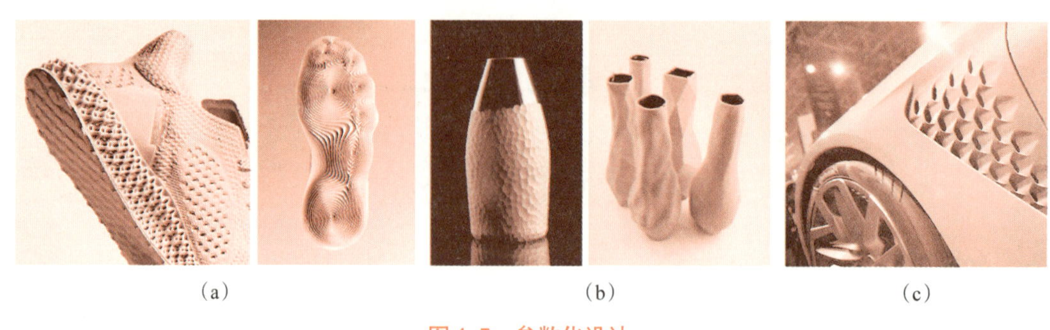

(a) (b) (c)

图4-5 参数化设计

第三节 产品造型的基本方法

在造型设计中，点、线、面、体和形状、大小、位置、方向等是构成产品的几何要素和视觉元素，同样也是产品艺术设计的基本要素，被称为美学元素。产品的艺术手段和方法，正是通过这些元素的排列组合、调整变化去实现的。艺术设计与普通设计的区别在于更注意研究这些元素形态的变化和组织，以及视觉要素的张力和能量等。

一、平面要素的感觉和表情

平面要素在不同的情况下给人不同的感觉，这种感觉给人以反复体验，沉淀下来，变成了平面要素的表情。

(一)点

几何学中的点只有位置，没有大小和形状；点具有相对性，与周围相对而言，如墙上的开关，仪表面板上的旋钮；点具有抽象性，不受其本身形状限制，物体有时候均可看作一个点。

当面上只有一个点时，有焦点感，构成视觉中心；有两个等大的点时，有张力感；有两个不等的点时，有运动和方向感；有三个点，有三角形存在，有稳定感；等等。这些感觉形成了点的不同性格和表情，在设计元器件布局或提示符号时，往往会用到点的这一特性。

点同时也是视觉可见的最小的形式单元、最简洁的设计形态。点在几何学上被界定为没有面积只有位置的集合图形。但在产品设计中的点，作为最简洁的设计形态，是具有一定形状和面积等要素。

点在不同产品形态中可以作为功能点、肌理点、装饰点、标志性点等，通过不同运用形式如重复出现、渐变、对比等变化手法可以构成生动活泼的节奏和韵律。

1. 点元素在产品形态设计中的应用

点元素是形态设计中最基础的元素，是形态中的最小单位，也是必不可少的单元。在造型设计中的点，具有一定的形体（即形态、体积或形状和量感）。线的端点或交叉，必然构成点，所以相对小单位的线或小直径的球，被认为是最典型的点。只要形体与周围其他造型要素比较时具有凝聚视线的作用，都可以称为点。点的特性（吸引视线、占据空间）和由点的排列组合构成的虚线、虚面和虚体，使得点的表现变得相当丰富。这些都在现实的产品形态设计中运用得非常广泛。

2. 功能点

在产品形态设计中，点元素承载了某种使用功能的时候，我们把其称为功能点。在产品造型设计中主要表现为功能性按键、具有提示和警示功能的灯等（图4-6），如手机的按键、电脑机箱的开关等。这些点承载了重要使用功能，在设计中，我们需注意清晰表达这些产品功能点所承载信息，通过点的不同造型，提高功能点的认知准确度。也就是说，功能点的造型要考虑提供必要的信息冗余度，以免在受干扰时无法辨认而导致错误。电源按钮除了色彩特殊以外，还会加上国际通用的符号，或者干脆写上 POWER（电源）或 ON /OFF（开 / 关）。产品通过对功能点的造型设计，实现按钮操作方式的准确认知，比如向下按的按钮需适当突出或低于它所在的界面（触摸屏除外）。

图4-6 功能点（如音箱孔和灯光开关）

3. 肌理点

所谓肌理，词典中的解释为皮肤的纹理。设计领域中的肌理指的是“形象表面的纹理”。肌理本指物质材料的性质、质感，是艺术家造型时留下的操作痕迹。概括地说，肌理是由材料表面的组织结构所引起的纹理，这种纹理可以是天然形成的，也可以是通过人为加工而产生的某些表面效果。“肌理点”是指这种表面的纹理效果以点形成的虚 面的方式呈现，并且在产品的设计中具有一定的功能性。也就是说，在产品形态设计中，其形态的表面因功能需要而设计出具有一定功能的、密集的点状元素，在触觉上已 产生接触感，在这里通称为肌理点。肌理点介于功能点和装饰点两者之间。

肌理点因形态不同分为凸形点、凹形点和镂空点。凸形肌理点表现为防滑的功能性时，主要出现于使用者手接触的地方，如手柄或需要抓、拉的区域。凹形、镂空性的肌理点表现为散热、透音和防滑的功能性时，这些点的布置主要与产品的内部功能构件位置相对应，根据产品形态设计的需要，如产品大小和形状等，进行局部图案或整体渐变点阵设计。这些产品的形态通过点的阵列或渐变有序的排列，在产品表面形成一定的肌理效果，或呼应产品局部造型，或表现产品的工整感、精密感（图4–7）。

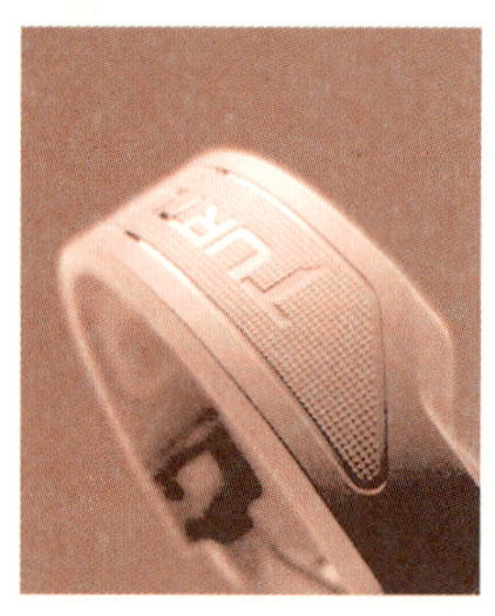

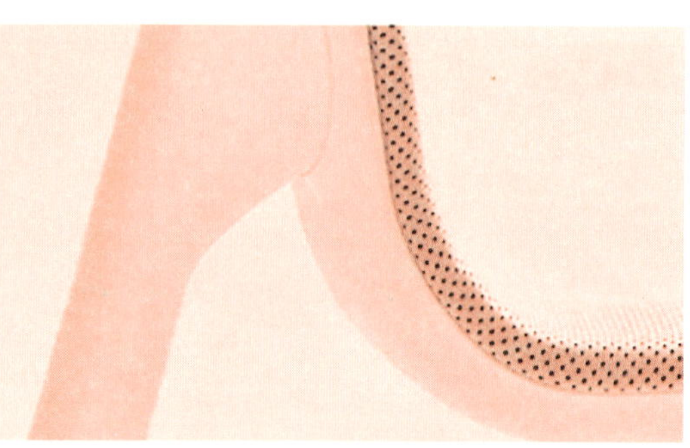

图4–7 机理点（如耳机散热横线以及座椅透气网孔）

4. 装饰点

通过点阵排列，打破产品中过于呆板、简单的表面，起到装饰美化产品表面的点，被称为装饰点（图4–8）。这些点的使用有助于产品传达设计目的，丰富观者的视觉经验。设计产品上的装饰点时，要求遵循形式美原则。成线的点排列在产品的界面边缘上，可以突出轮廓，加强产品俯视面的一维性。

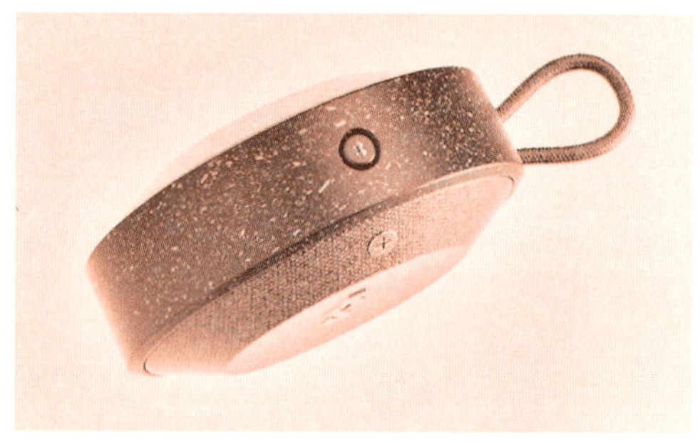

图4–8 装饰点（如白色点状装饰）

5. 标志性点

标志性点主要表现为产品界面上的品牌标志、产品的品名、型号等增加产品识别性的点状元素（图4–9）。这种标志既有二维的（平面），也有三维的（立体）的。无论这些点性元素在产品界面中呈现二维还是三维，其所处界面中的位置、大小、色彩都对产品的形态产生重要影响。例如苹果公司的品牌标志造型圆润且具有很强的张力，时尚而典雅。

图4–9 标志性点（如智能手机品牌标志）

(二)线

线是点运动的轨迹。线是一切形象的基础,是决定形态基本性格的重要因素。自然界种种线形可以归纳为直线和曲线。不同的线形具有不同的情感色彩,曲线柔和,直线则刚硬,曲直相间的线形富有节奏感,体量变化表达律动,由线生成面,由面生成体。线具有丰富的表达语言,产品的内在功能保持不变的情况下,可以通过线形变化形成总体感官不同的风格。

1. 线条在产品造型美学中的功能

水平线有稳定、平衡感;垂直线有上升、端正感;斜线有滑动、不安定之感;曲线有活泼、自由、奔放感;圆弧、抛物线、双曲线都有律动和对称美感等,形成了线的不同造型美感。

2. 线是一种形象语言

在产品设计中,不同产品的功能特征可以通过不同的线形组合关系表达,如可以用刚挺的直线、微妙的大弧度线条、饱满的弧面交替表达电子产品的精密感;可以用直挺的切面、有机的弧面、吻合的手感曲面交叉表达机械工具的精密构造;家用轿车的现代速度感还可以用线面的流畅、主体面的多变、线形的交替以及渐消面的过渡表达速度感。

3. 线的变化组合与连接

在产品设计中、要注重单根线条的个性,注重以线延展形成的转折变化,还要注重在大面积和结构上运用适当的线条表现出一定的起伏关系。在产品外壳的连接处运用线条能够表现出生动的变化,会给产品增加活力和动感。现在许多电子产品的造型都会充分运用线条来表现产品的视觉特征和美感。

4. 不同背景下的线形特征

电子技术的空前发展,形成了一些具有规范化符号特征的象征性线形。例如在崇尚休闲生活品质的潮流下,产生了一些随意交织表达个性的线形;精密加工技术的发展,带来了微妙渐变以及细腻过渡的线形风格。设计者要善于借鉴每一个产品系统中的成功线形表达的原理,在此基础上,线形的表达力才会更加凝练。

5. 线在产品造型美学中的表现形式

构成产品的线条千变万化,有些线条可以勾画出产品的轮廓,有些线条的相互穿插可以构成线条的视错觉等。在产品造型美学中,线条的表现形式可以分为以下四种:构成中的线、有形的线与无形的线、有机的线与无机的线、产品分模线。

(1)构成中的线。几何学中的线是点移动的轨迹;在空间里,线是有长度和位置,但没有宽度的形态。它存在于面的边缘、交界的位置。不同工具绘制的线条,变化万千,粗细、轻重、疏密、方向各不相同,绘制的速度、角度、力度都影响着线条的形成,最终导致线形的千变万化。如:直线直接、锐利、理性,一般有垂直线、水平线、斜线、折线四种形象:① 垂直线具有力量、伸展感,上升、下降有很强的运动感;② 水平线,平静、安定,有中年人的特点,有稳定感;③ 斜线具有运动、方向、不安定的特点,平面呈45° 的斜线最具动势;④ 折线分为锯齿状、垛子装、齿轮状、阶梯状、松带状五种形象。而徒手绘制的线的个性特征有自如、随意、舒展等,更具亲和力,线条更人性化,更自由流畅,生动丰富。图4-10、图4-11、图4-12展示了几种构成中的线形。

图4-10　平面构成中的线

图4-11　埃舍尔手下的线条

图4-12　福田繁雄的海报设计

（2）有形的线与无形的线。有形的线更多的是通过材质、色彩、机理、拼接的组合方式来营造；而无形的线更多的是通过投射、视知觉与视错觉的运用，以及正负形的运用等方式来营造。营造手法的不同决定有形的线会在视觉上更加强烈与确定，而无形的线则更加谦和与隐晦。有形的线如：图4-13佳能镜头上的红圈象征着专业与高端；图4-14红旗H5的前进气格栅的平行竖直线条，象征着庄严与持续，体现产品的商务感；图4-15万国表表面线条构筑出的迷人的日内瓦纹；图4-16运动鞋撞色相间的流线，呈现出青春洋溢的速度感。

图4-13　佳能相机镜头

图4-14　红旗H5

图4-15　万国手表

图4-16　运动鞋设计

无形的线如：图4–17博朗设计，空的边缘与上部分有明显的视觉分割；图4–18安藤忠雄的光之教堂，有光线带来了线条，使得环境更富有神圣感。

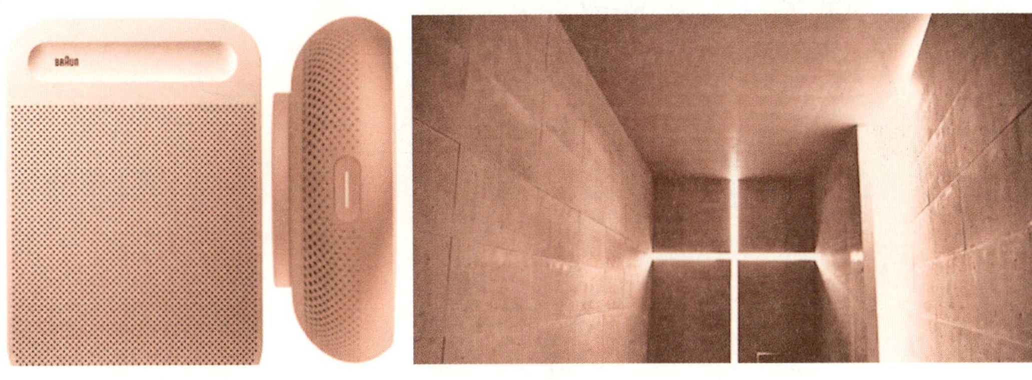

图4–17　博朗设计　　图4–18　光之教堂

（3）有机的线与无机的线。

有机曲线又叫自然曲线，简单理解为由自然中产生的线条，非简单的数理图形可以描述，如树叶的纹路与边缘、海岸线的走向、云朵的轮廓等。有机曲线柔软、自由、优雅、具有女性的柔美感。

无机曲线可以简单理解为几何曲线，即我们可以通过数学模型简单描述线条，无机曲线具有弹性、韧性、机械性以及规范感、典雅感、现代感和准确的节奏感。包豪斯工业设计席卷全球，其极简化的设计风格以及“Less is more”这句话背后所表达的就是通过几何曲线的运动来体现的。

有机的线条如：交通工具中，线条的相互穿插与随机性构成了车身的基础视觉线条（图4–19）；扎哈·哈迪德与2013年设计的城市雕塑椅，运用了柔和的自然线条构筑座椅造型，使人的视觉感受更加自然柔和（图4–20）；柳宗里设计的舞蝶椅，运用扭曲的线条构成的型面，组合成自然的形态（图4–21）；西班牙设计师Ross设计的一款灯具，如云朵一般（图4–22）。

无机的线条，如：戴森的风扇设计，全部由几何形态构成（图4–23）；大众家族化前脸设计，横向直线的大量平行处理，增强稳定感（图4–24）；现代智能手机的外观造型设计，由无机的线条构成，凸显其科技感（图4–25）。

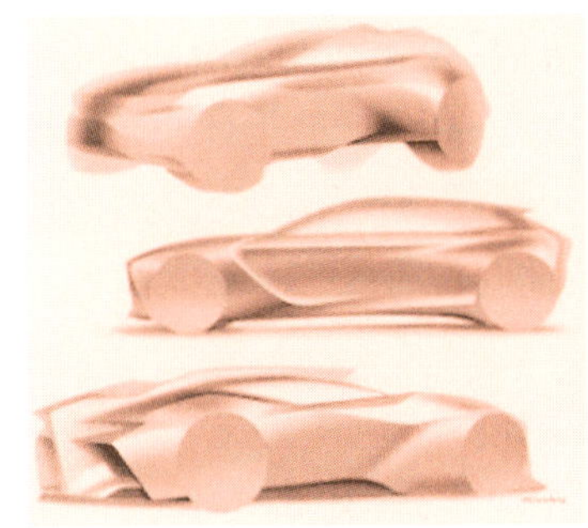

图4–19　车身线条

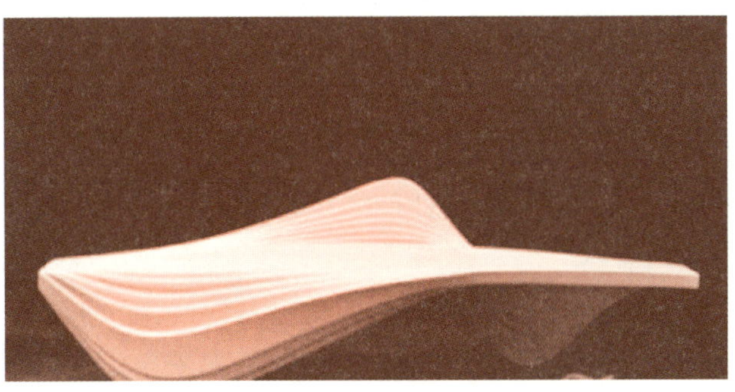

图4–20　雕塑椅

图4-21 舞蝶椅

图4-22 云朵灯设计

图4-23 戴森风扇

图4-24 大众汽车前脸

图4-25 智能手机

（4）产品分模线。产品制造时，进行灌注使用的模具大多有几部分拼接而成，而接缝处的位置不可能做到绝对的平滑，会有细小的缝隙。在灌注的配件产出时，该位置会有细小的边缘突起，即产品分模线。

产品分模线的设计往往会在零件边缘倒角的地方或者是零件的最高点，以便能够脱模和美观，而分模线的位置也常常是两个零件交界的地方，设计师可以通过零件的色彩、材质来变化其设计。

产品分模线在设计当中不只是充当便于脱模留下的壳体交合线，同时也可以起到分割产品的功能模块、造成视错觉、增加产品细节等作用。

举例来看产品分模线的功能：图4-26X box精英手柄通过分模线实现功能区域的划分，增加产品细节；图4-27咖啡机的设计，通过结构性分模，增加产品细节；图4-28加湿器设计中，分模线加入构成，灯光等元素提高自身特色与价值、按键功能区域的划分；图4-29鼠标设计中，分模线与产品LOGO相分，平衡视觉中心，一高一低的设计让产品自身富有特色；图4-30笔记本电脑设计中，笔记本电脑注重体积轻便，通过减少不必要的体积与使用有弧度的分模线，让产品看起来更小巧，且便于预留插孔位置。

（三）面

在几何学中，面是线移动的轨迹，具有长度宽度，而无厚度。其形态主要有规则面和不规则面。常见规则面中，正三角形稳重、安定；倒三角形不稳定，具有方向指向；正方形端正、稳定；正梯形稳定，倒梯形活泼；圆形圆润、丰满和动感；椭圆横放有重感和动感，

图4-26 游戏手柄

图4-27 咖啡机

图4-28 加湿器

图4-29 鼠标

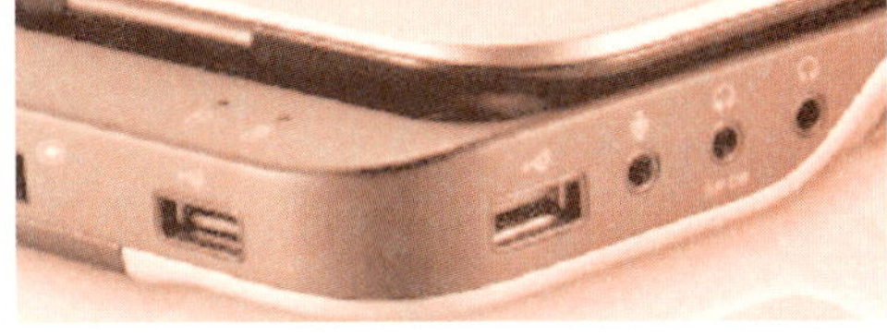

图4-30 笔记本电脑

但感觉上比圆“更安详”，直放则有极强的不稳定感。

1. 面的造型

在工业生产中，面的造型变化跟材料的工艺有关，产品设计中的面在工业生产中的实现形式主要有钣金冲压和注塑成型。

（1）钣金冲压。

钣金，一种加工工艺，钣金至今为止尚未有一个比较完整的定义。一般可以认为：钣金是针对金属薄板（厚度通常在6 mm以下）一种综合冷加工工艺，包括剪、冲、切、复合、折、铆接、拼接、成型（如汽车车身）等（图4-31）。其显著的特征就是同一零件厚度一致。

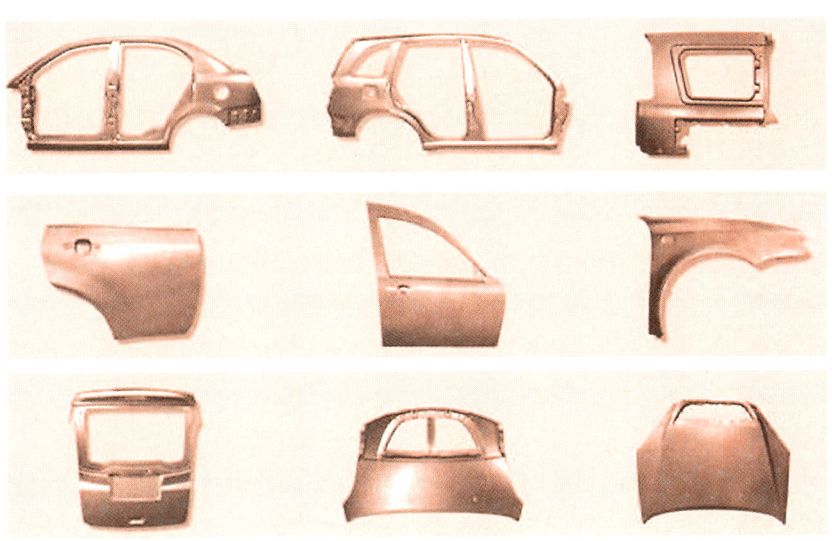

图4-31 钣金加工工艺

钣金冲压具有以下特点。面的造型光滑、可靠，型面造型可弯折，可穿插，但是转折面过于扭曲或者出现反曲面；一次性冲压不能成型，需要多块组合；冲压过后的型面边缘需要后期加工处理。图4-32展示了一些使用钣金冲压工艺的设计。

图4-32 钣金冲压工艺设计

(2)注塑成型。

注塑成型又称注射模塑成型，它是一种注射兼模塑的成型方法(图4-33)。注塑成型工艺的优点是生产速度快、效率高，操作可实现自动化，花色品种多，形状可以由简到繁，尺寸可以由大到小，而且制品尺寸精确，产品易更新换代，能成形状复杂的制件。注塑成型适用于大批量生产以及形状复杂产品等成型加工领域。

图4-33 注塑成型

注塑成型的特点：面的表面光滑，形体整体完整，基本不需要修剪加工，可选用的材质多种多样，具有丰富的可塑性。图4-34展示了一些采用注塑成型工艺的设计。

图4-34 注塑成型工艺设计

2. 面的图案与肌理

在工业生产中通过印刷和注塑都可以在转折的面上赋予相应的纹理。产品表面的肌理与视觉感受同样也是通过工业化生产的方式制造而成的，其表面的处理工艺包括：表面改性技术、表面转化膜技术、表面涂(镀)层技术等。每种不同技术下的表面肌理与视觉感受都不一样。

(1)表面改性技术。

表面改性技术通过物理、化学等方法，改变材料表面的形貌、相组成、微观结构、缺陷状态、应力状态是为表面改性技术。表面改性技术并不改变材料表面化学组成。表面改性技术有如下技术手段。

① 咬花。咬花指将所需花色以化学蚀刻的技术，将模仁（大多为母模面）进行蚀刻的工艺方法。与其他方法的差异是，咬花是对模具的加工，而其他表面处理方式则是直接对半成品加工。咬花处理可以增进塑料零件的外观质感，使产品呈现更多变化（图4-35）。

图4-35　咬花设计

② 喷砂。喷砂处理是利用高速喷射出的砂粒或铁粒，对工件表面进行撞击，以提高零件的部分力学性能和改变表面状态的工艺方法（图4-36）。

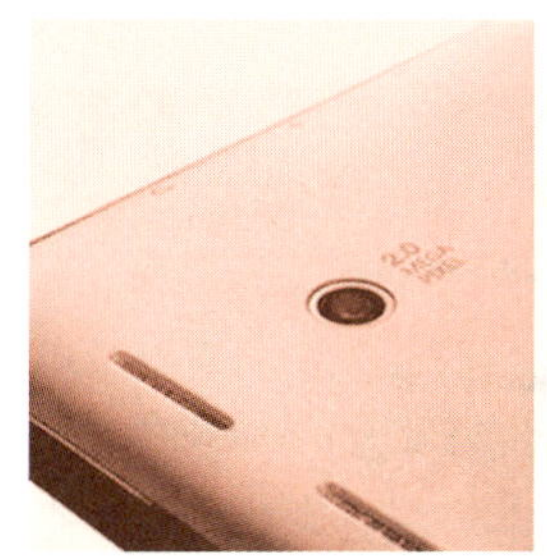

图4-36　喷砂设计

③ 滚压。滚压是在常温时用硬质滚柱或滚轮施压于旋转的工件表面上，并沿母线方向移动，使工件表面塑性变形、硬化，以获得准确、光洁和强化的表面，或特定花纹的处理工艺（图4-37）。

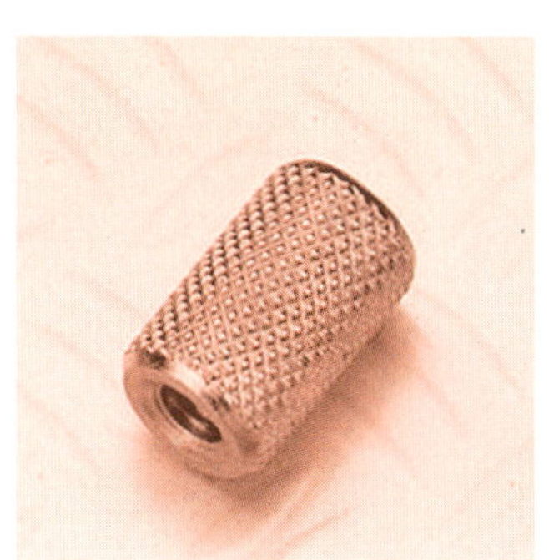
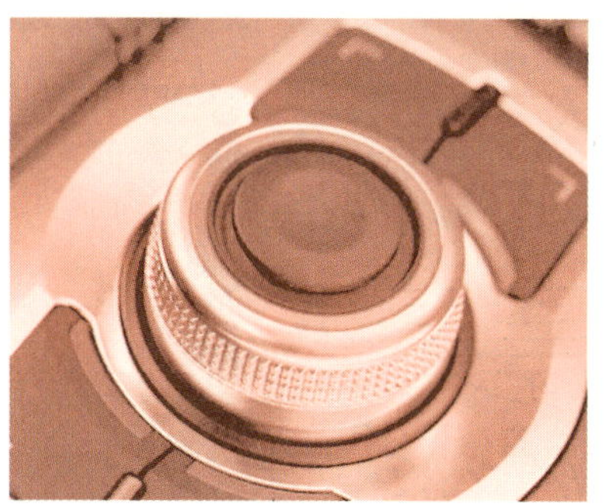

图4-37　滚花设计

④ 拉丝。在外力作用下使金属强行通过模具，金属横截面积被压缩，并获得所要求的横截面形状和尺寸的技术加工方法称为金属拉丝工艺。使改变形状、尺寸的工具称为拉丝模。拉丝可根据装饰需要，制成直纹、乱纹、波纹和旋纹等几种（图4-38）。

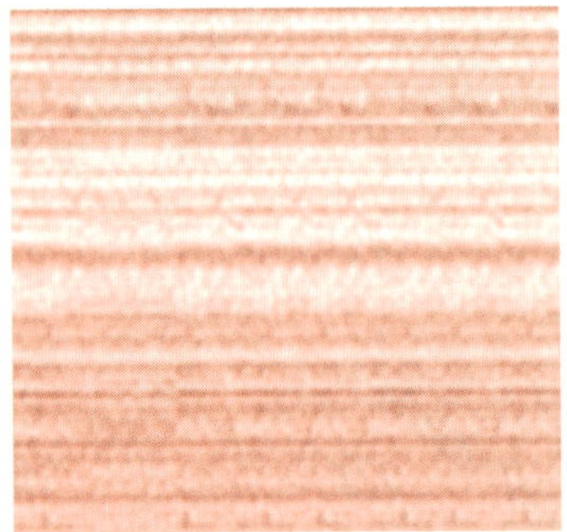

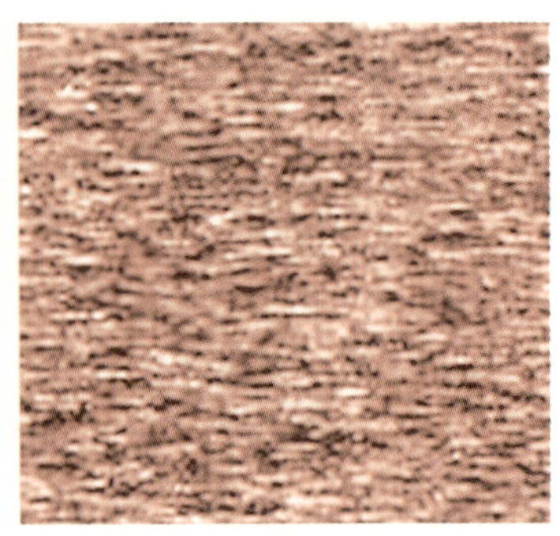

图4-38 拉丝纹

⑤ 抛光。抛光工艺是指利用柔性抛光工具、磨料颗粒或其他抛光介质对工件表面进行的修饰加工方法（图4-39）。抛光不仅能增加工件的美观程度，清除痕迹缺陷，还能够改善材料表面的耐腐蚀性、耐磨性；抛光后的工件也便于后续的注塑加工，使塑料制品易于脱模，能减少生产注塑周期。抛光一般只能得到光滑表面，不能提高工件的尺寸精度或几何形状精度。抛光以得到光滑表面或镜面光泽为目的，有时也用以消除光泽。

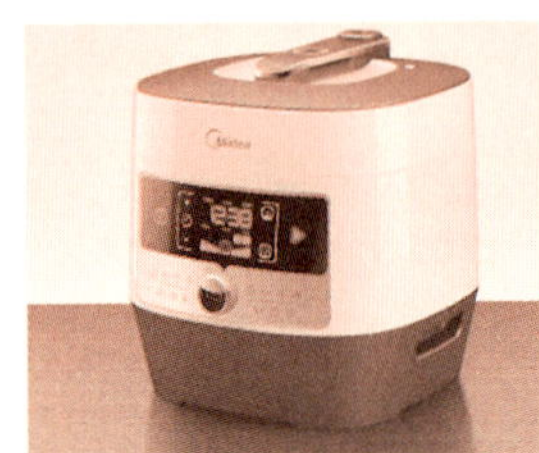
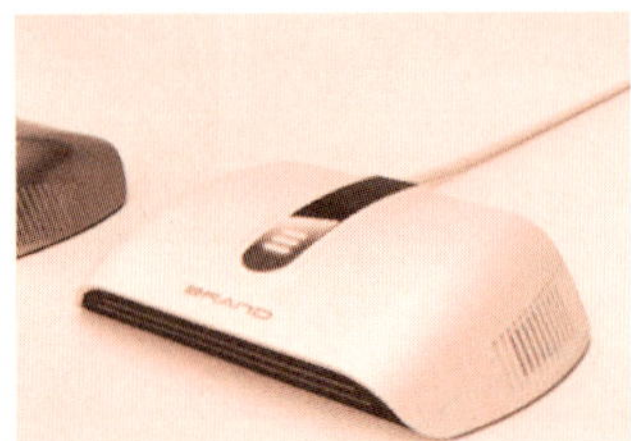

图4-39 抛光工艺在产品上的应用

⑥ 激光雕刻。激光与普通光明显不同，具有高相干性、高强度性、高方向性。激光通过激光器产生后，由反射镜传递并通过聚集镜照射到加工物品上，使加工物品（表面）受到强大的热能而温度急剧增加，使该点因高温而迅速融化或则汽化，配合激光头的运行轨迹从而达到加工的目的（图4-40）。

图4-40 激光雕刻在产品上的应用

⑦ 钻切。钻切指预先在金属板材上冲压出凸包结构，而后再经过钻刀铣削加工的机械加工方法，一般用于产品的铭牌与LOGO制作（图4-41）。

图4-41　钻切在产品上的应用

（2）表面转化膜技术。

表面转化膜技术是指通过物理方法，使添加材料进入基体，形成合金化层的工艺。该技术的典型工艺，就是金属的渗碳、渗氮处理。通常是将金属与渗剂同放置于密闭的腔体内，采用加热、真空等措施，活化金属表面，经分解、吸收、扩散过程，使碳、氮进入金属基体。该工艺通过化学方法，使添加材料与基体发生化学反应，形成转化膜。其处理方法包含：钢铁的发黑与磷化处理、不锈钢着色、铜及铜合金着色、铝及铝合金的氧化与着色处理。

① 钢铁的发黑与磷化处理，过程及原理见表4-1，处理成品如图4-42所示。

表4-1　钢铁的发黑与磷化处理

名称	处理条件	颜色	膜特性	耐腐蚀性	应　用
发黑	浓碱溶液中煮沸，生成四氧化三铁氧化膜	蓝黑色	膜厚0.5～1.6 um，吸附性好，可浸油或填充处理	差	膜薄，不影响零件的装配尺寸；对表面光洁要求高或抛光的精密件，发蓝后表面既亮又黑，可防护和装饰
磷化	磷酸盐溶液中化学处理，生成结晶型磷酸盐膜	灰色或灰黑色	膜厚3～20 um，吸附性好，可浸油或填充处理	一般	磷化主要用于钢铁制件（如枪炮）耐蚀防护和喷漆前处理，以增加漆膜与钢铁工件的附着力及防护性

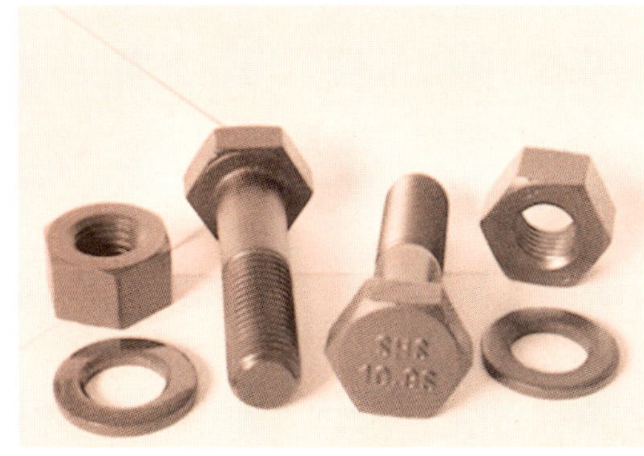

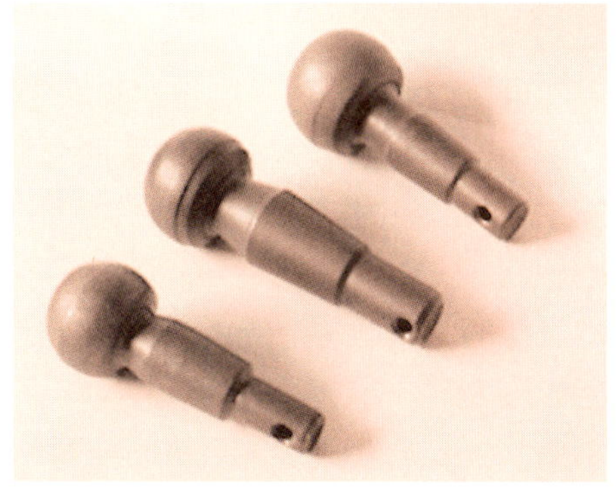

图4-42　钢铁的发黑与磷化

② 不锈钢着色。随着不锈钢的应用普及，不锈钢着色工艺需求逐步得到重视，目前不锈钢不仅可以着黑色，还可以得到蓝色、绿色、褐色、橙色等颜色（图4-43）。

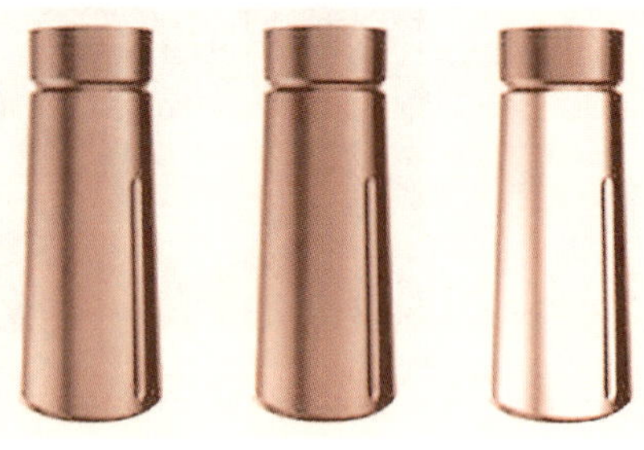

图4-43 不锈钢着色工艺应用

③ 铜及铜合金着色。铜的着色主要应用在装饰品与美术品上。其颜色有：绿色（碳酸铜）、黑色（硫化铜或氧化铜）、蓝色（碱性铜氨络合物）、红色（氧化亚铜）。

④ 铝及铝合金的氧化与着色处理。铝的表面处理方法最普遍的是氧化和着色。氧化主要有化学氧化和阳极氧化。为了提高铝材的表面性能，在铝材氧化膜上还要进行着色处理。

（3）表面涂（镀）层技术。

表面涂（镀）层技术是指通过物理、化学方法，使添加材料在基体表面形成镀、涂层的工艺。基材不参与涂层的形成。其技术分热喷涂、电镀、印刷、涂装（喷涂与喷塑）几种。

① 热喷涂。热喷涂是将金属或非金属材料加热熔化，靠压缩气体连续吹喷到制件表面上，形成与基体牢固结合的涂层，从制件表层获得所需要的物理化学性能的加工工艺（图4-44）。

图4-44 热喷涂技术在锅具上的应用

② 电镀。电镀是一种电化学和氧化还原过程。电镀指借助外界直流电的作用，在溶液中进行电解反应，使导电体的表面沉积一金属或合金层。以镀镍为例：将金属制件浸在金属盐的溶液中作为阴极，金属镍板作为阳极，接通直流电源后在制件上就会沉积出金属镀镍层。

③ 印刷。印刷是指使用印版或其他方式将原稿上的图文信息转移到承载物上的工艺过程，常用的技术有丝印、移印、转印。丝印是在丝网上涂一层感光材料，利用其感光前后可溶性的不同，经过感光后将不需要的部分洗去，从而控制何处能透过油墨，何处不能透过。塑料件的丝印，是塑料制品二次加工（或称再加工）中的一种。丝网印刷是孔版印刷术中的一种主要印刷方法。印版呈网状，印刷时印版上的油墨在刮墨板的挤压下从版面通孔部分漏印至承印物上。丝印适用于非常大的平面或者曲面的印制。移印指先将设计好的图案蚀刻在印刷钢板上，然后把蚀刻板涂上油墨，利用硅橡胶材料制成的曲面移

印头将其中的大部分油墨转印到被印刷物体上的印刷技术。移印适合于需要将油墨印到不规则承印物上的场景（如仪器、电气零件、玩具等）。移印的速度较快。转印是一项融合了复杂的化学及水压原理而形成的一种印刷技术。此技术是针对一般传统印刷以及热转印、移印、网印（丝印）等表面涂装不能克服的复杂造型及死角问题所研发出来的一种革命性的印刷技术。

④ 涂装（喷漆与喷塑）。涂装指通过喷枪或碟式雾化器，借助于压力或离心力，分散成均匀而微细的雾滴，施涂于被涂物表面的涂装方法（图4-45）。涂装具有防护性和装饰性两大功能。防护性体现在产品经喷涂后，涂料附着在其表面形成一层牢固、连续的图层，会使其与热、光、氧、水、湿气、气体、盐雾及腐蚀介隔离，增加抗紫外线、抗辐射、防静电以及耐化学腐蚀性能，从而阻止或减缓损坏程度。

装饰性体现在运用涂料颜色的多样性和喷涂技巧，可使产品经过喷涂消除产品本身表面粗糙、光泽不佳、表面有伤痕的缺陷，从而获得不同色彩、光泽，满足装饰需求。

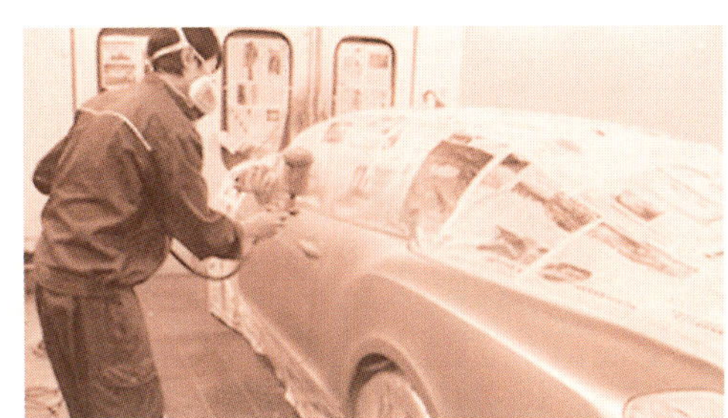

图4-45 涂装技术在产品上的应用

二、空间要素的变化和组织

空间要素常用的基本形有正四面体、长方体、球体、棱锥、棱柱、圆锥、圆柱等。要素的变化可以分为变形、重复和渐变。变形是指空间要素变成相似或成比例的形态；重复是指基本形组成序列；渐变是指一种相似的基本形，显示出很强的规律性。要素的组织，是指把基本形按一定的关系组织起来，依据产品的结构，形成产品的骨骼或基本形态。在产品的实际成型操作中，可以分为对基本要素进行变形、积聚和分割三种方式，比如制造业分为等材制造、增材制造和减材制造三种方式。

（一）空间设计的基本方法

产品设计中空间设计的基本方法有切割、叠加和扭曲（图4-46）。运用切割的方法对产品形态进行创造性表现，常具备几何形，给人简洁的视觉效果（图4-47）。运用重构的方法对产品单元形态进行组合，形成基本形，特征规律一般与产品功能相互契合，产品造型更为简洁多样（图4-48）。运用弯折、扭曲的方法对单元进行变形表现，可以使其具备丰富的曲线，给人圆润的视觉感受（图4-49）。

（二）产品设计中的空间要素

产品设计最终的效果落脚于三维视觉，产品的立体感与体量感是物体本身会带给人们的直观感受。产品空间感的塑造方法是在设计产品的过程中，将产品的基础形态进行

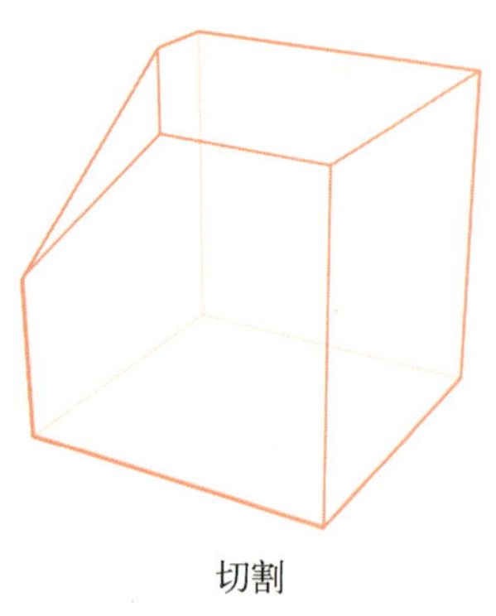
切割

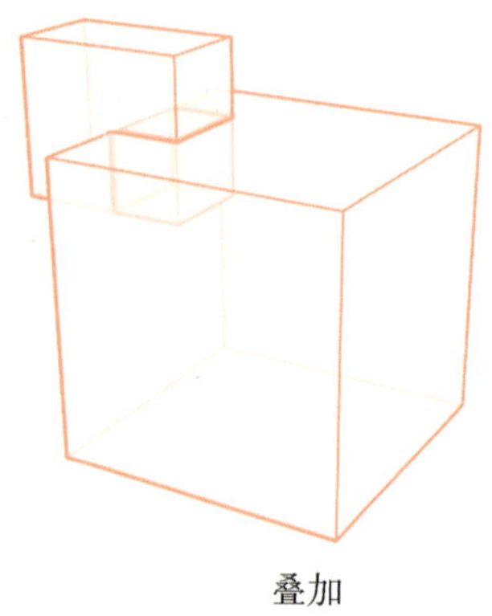
叠加

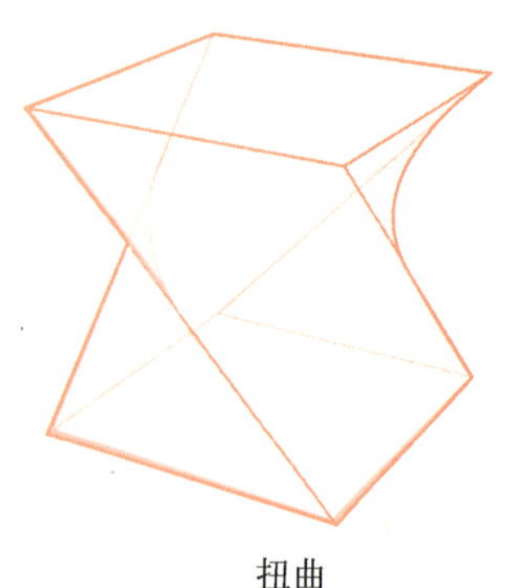
扭曲

图 4-46　空间设计的基本方法

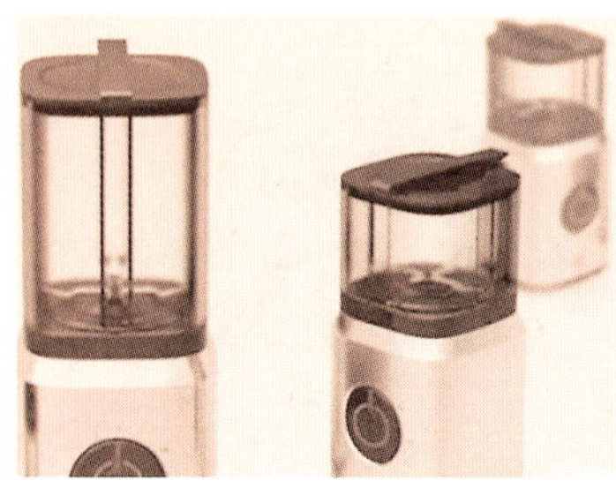

图 4-47　切割方法在产品形态上的应用

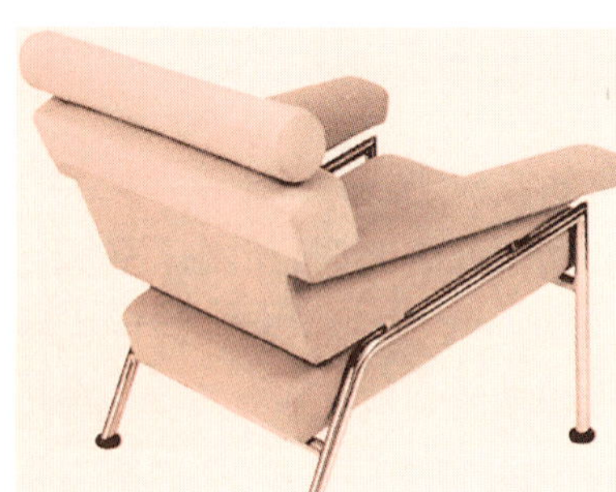

图 4-48　重构方法在产品形态上的应用

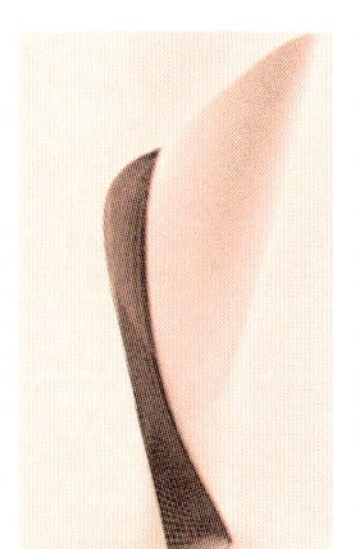
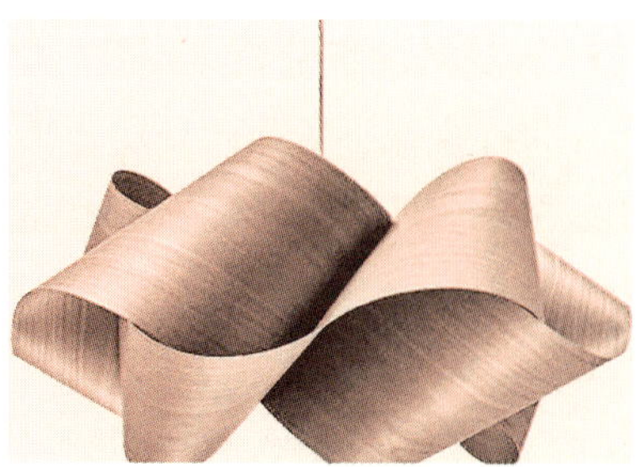

图 4-49　扭曲方法在产品形态上的应用

变形、重复、渐变，朝着不同方向塑造，营造出不一样的视觉感受。

三、视觉要素的张力和能量

产品的视觉要素是指形状、大小、色彩、肌理、位置和方向六个方面。一个形状，不论大小，它都会占有一个位置，与周围空间形成一种关系，这种关系表现为一种有方向的运动感，谓之张力。这种张力和形状及其大小、色彩、肌理组合累积，形成能量。我们通常所说的量感（重量感、体量感）、对抗感、生命感、破坏感，都可用张力和能量来解释。产品形状构成要注意对这种张力、对抗状态和能量的研究。这种抽象审美的研究广泛适用于现代技术和现代艺术领域，促进了各种设计门类的发展，同时也促进了艺术的发展。

（一）视觉张力的概念

设计中视觉张力和物理学中的张力在力的方向和力的作用上有些相似，所以我们将物理学上的力的方向和作用的原理应用到外观设计中。在工业产品设计中，形态的内部和外部不同程度地作用于视觉，使视觉产生连续、缩小、放大、放射的感觉。这种感觉即产品形态中暗含的在某个方向上集中、扩散、倾斜的视觉心理的力。我们称其为"视觉张力"。视觉张力在产品造型设计上的应用能产生强烈或震撼的视觉效果。

（二）产品设计中视觉张力的作用

消费者希望产品好看、新奇、个性化，对产品造型设计的要求也越来越高。如果设计的产品毫无视觉张力，则显得平淡无奇。具备视觉张力的作品，不但可以吸引潜在用户的注意力，而且能架起与消费者沟通的桥梁，使消费者能充分理解设计意图，让消费者感受到产品的生命力，从而接受该产品。

（三）视觉张力的生长与终止

视觉张力的生长，就像一棵大树一样不断向上；视觉张力的阻力就像残酷的外部自然环境抑制大树生长，两个力相互作用。如图4-50所示，向外扩散的力表示视觉力不断向上生长，向内扩散的力表示外部的阻力阻止生长。向外扩散的力在向上生长过程中受到了来自外界的阻力，从而使生长力产生分叉。但是分叉后，两个独立的生长力又遇到相反方向的阻力，于是它们继续分叉，这样往复循环。在不断生长不断细分后最终达到了一个平衡。

图4-50 视觉张力

例 4-2

汽车造型丰富多彩。从测试方向上看，汽车首尾是一个横向扩张的形态，在设计时需要在两头使用反方向阻力来阻止形态的生长。所以我们可以在首尾两头设计一个凹陷的形态，以形成一个视觉力生长和阻力的视觉冲突，丰富汽车的效果。如图4-51所示，雪佛兰的

图4-51 汽车造型

科迈罗汽车首尾设计就是运用这样的原理。在建筑设计、视觉传达设计中，也有视觉力的生长与阻力的应用。

(四)视觉张力在产品设计中的应用

例 4-3

如图4-52所示，这款手电钻可以分为三个部分。电钻的使用方向是左侧的钻头部分。在进行电钻设计时，要强调钻头的方向，以突出其强劲的力量感，这是电钻设计的重点，也是其第一部分。第一部分虽然与工作方向一致，但其在材质和细节上的处理与水平视觉方向相违背了。第二部分是一个上下方向的形态，与水平方向的视觉力不符，需要进行削弱，使其产生横向的视觉力。从第一部分来看，它的形态有左右横向的视觉力，但钻头部分收缩的造型，已经对左边形态视觉力产生了阻力，横向形态生长被约束。所以钻头部分形态已经先天形成。那么我们可以直接对右侧形态进行设计。右侧的造型可以从外部形态的设计和形态内部视觉张力设计入手。我们可以把右侧轮廓由直线变成曲线，或者倒角，也可以演化成更多的造型。这两种形态视觉力效果大小和形式都不一样，但都能阻止右侧视觉力的生长，形成了冲突。

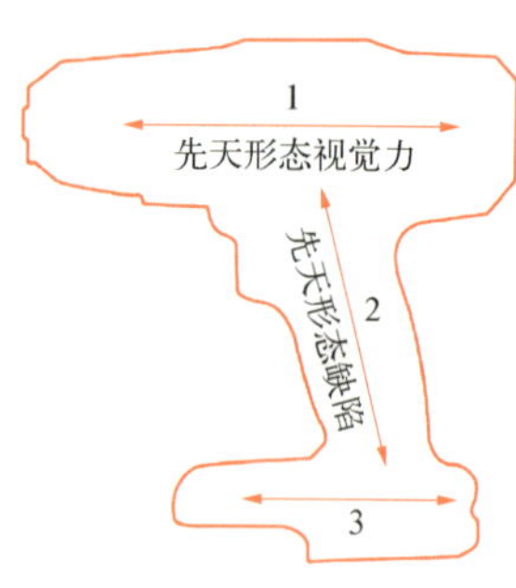

图4-52 手电钻设计

第二部分的手柄是一个上下方向的形态，也是跟我们水平方向视觉力不统一，属于一个产品的先天形态缺陷，需要进行削弱改进，使其产生横向的视觉力。这样的设计，削弱了手柄的纵向的力，加强了横向的力，使手柄与电钻形态在视觉力的方向上更加统一，突出强调水平的钻头方向的视觉效果。符合凸显产品横向的视觉力的目的。设计师可以根据类似的设计思维，设计出各式各样的形态和视觉张力相互冲突的效果。

第四节 产品造型的美学法则

产品造型的美学法则是在产品造型设计和技术审美过程中发现的基本原则或客观规律，但这些原则或规律不是绝对的，它随着技术或艺术的发展而发展。运用美学法则的目的是要把艺术中的美的元素，恰当地运用到产品的技术设计和结构中去，以增强产品的艺术感染力。产品造型的美学法则包括统一法则、变化法则、均衡法则和稳定法则等。

一、统一法则

统一法则是指造型要素包括平面要素、空间要素及视觉要素之间，具有明显的统一性或趋同性。产品的造型形式、尺寸比例和艺术格调等都具有统一性。

统一是指组成事物整体的各个部分之间具有呼应、关联、秩序和规律性，形成一种一致的或具有一致趋势的规律。在造型艺术中，统一起到治乱、治杂的作用，增加艺术的条理性，体现出秩序、和谐、整体的美感。但是，过分的统一又会使造型显得刻板单调，缺乏艺术的视觉张力。因为人的精神和心理如果缺乏刺激则会产生呆滞，先前产生的美感也会逐渐消逝，因此统一中又需要有变化。

（一）统一法则的基本要求

1. 形式和功能的统一

造型是产品形式和功能的有机统一，不能脱离产品功能而单纯追求形式上的统一，也不能只强调功能而不顾形式的统一性。离散和零乱的要素组合是不美的。

功能是决定形式的必然条件，然而，当我们从现代社会市场经济的角度去观察这两者的关系时，或许可以惊奇地发现形式在产品的市场经营中以及人们的消费观念中占据着主导作用。产品的形式以及产品的外在形态，是我们看得见、摸得着的，它作用于内在的使用功能，从而实现产品的使用价值。产品的形态、色彩、材料及人机工程学的有机组合，使其以特有的形式迎合消费者的心理满足和精神需求。不同层次的消费者，以其年龄、性别、职业各异而产生不同的消费欲念，是功能与形式组合的起点。

功能与形式在造型设计中是协调统一、相辅相成的。好的产品设计可以改善和提高人们的生活质量。人们在使用产品的过程中，会使劳动变得轻松得意，生活变得舒适愉快，产品的功能与形式通过人的使用达到了人—物—环境的有机结合，从而使我们的生活更加美好。

2. 比例和结构的统一

比例和结构是取得造型美感的重要手段。完美的造型，其形体比例尺寸和总体结构一定是和谐统一的。

圣·奥古斯丁说："美是各部分的适当比例，再加上一种悦目的颜色。"比例是指事物中整体与局部或局部与局部之间的大小、长短、高低、分量的比较关系，在产品造型设计中，比例主要表现为造型的长、宽、高之间的和谐关系。良好的比例关系符合使用的需要，更符合审美的需求。

（1）几何法则。美的规律是人们对繁杂无序的事物进行归纳总结后发现的，美的事物的边线、体积、周长都受到一定数值的制约，而这种制约越严格则形体越肯定，人们的视觉记忆力也越强。比例关系可运用几何学的规律来表现，如正方形、三角形、圆形、黄金分割比等均有严格的比例关系。

（2）黄金分割比（1 ∶ 0.618）是公认的一种美的比例法则，最初由毕达哥拉斯学派提出，1854年德国数学家蔡沁做了几何学的作图证明（图4-53）。

（3）平方根矩形。在造型设计中所使用的V2，V3，V5等矩形，其短边与长边之比

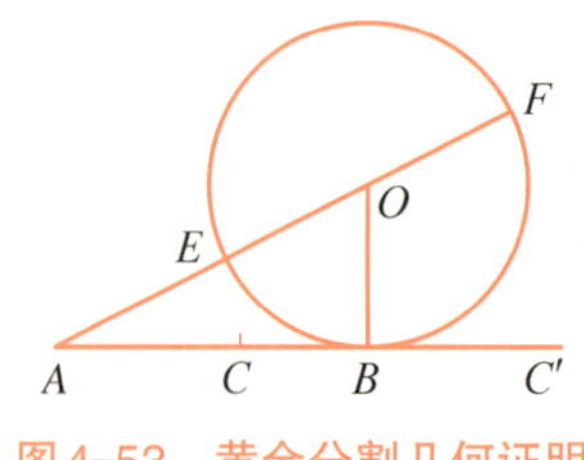

图4-53　黄金分割几何证明

1 ：$\sqrt{x}$（x为大于2的正整数），平方根矩形的画法有下列三种（图4-54）：

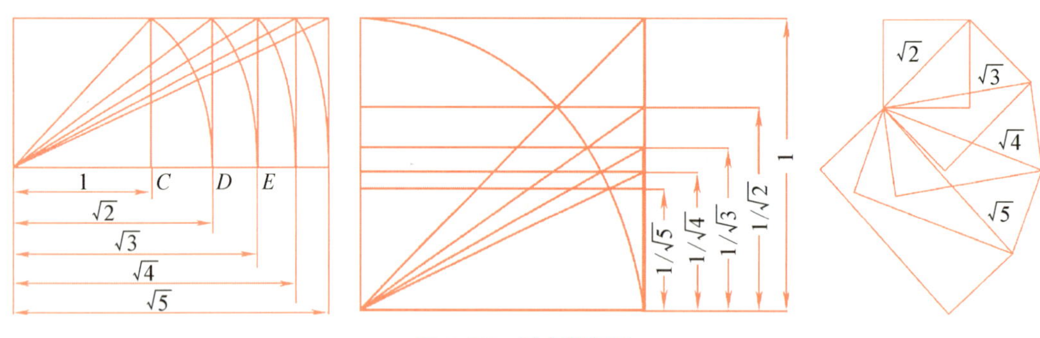

图4-54　平方根矩形

3. 风格和基调的统一

风格是指各要素、各部分的特性，基调是整个产品的特点。产品设计要充分调动功能、材料、结构、工艺等方面的美学元素的特征，求同存异，使形、色、质取得协调，形成统一的格调。

（二）实现统一的方法

实现统一的方法包括：调和统一、韵律统一、过渡统一和主从统一等。

1. 调和统一

造型时，使同一要素各个组成部分差异减小并逐渐趋同，称为调和，主要调和方法包括：

（1）比例调和。形体各部分之间的比例关系应尽量相等或相近。

（2）轮廓线型调和。整体和面部之间的线型，其曲直、粗细、长短、虚实、间距应同一或趋同。

（3）形状及大小的调和：各单元形状及大小应相等或相似。

（4）方向调和。形状和线型在方向、斜度上应保持一致。

（5）材质调和。同一造型中，应选用相同或类似的材质。

（6）色彩调和。用大面积、低纯度的色彩统一全局，用小面积、高纯度的色彩来增加变化，采用中性色过渡。

2. 韵律统一

在有规律的重复基础上，进行有节奏的变化，称为韵律。艺术造型的韵律形式主要有：

（1）连续韵律。造型要求有规律地重复排列，具有静止、秩序感。

(2)渐变韵律。造型要求按某种规律逐渐变化,具有动感。

(3)交错韵律。造型要素按某种规律交错组合,韵律感很强。

(4)起伏韵律。造型要求按起伏形式作增减变化,具有流畅活泼的运动感。

3. 过渡统一

在造型设计中,设计者使不同部分或同一部分各要素之间自然地、渐进地、协调地联结,以求得整体和谐统一的效果。

4. 主从统一

在造型中由功能、结构决定的主体部分应起主导作用,成为造型的主导;其他要素则应协调处理,减少差异,贴近主调,烘托主体,使主从融为一体。

二、变化法则

变化法则指各造型要素之间允许存在多样性和差异性。在造型中,如果只要求诸多形象要素统一而不变化,也会单调而使人感到乏味,产生审美疲劳。

变化即事物各部分之间相互矛盾、相互对立的关系使事物内部产生一定的差异性,如产生活跃、运动、新奇的感觉。变化是视觉张力的源泉,有唤起审美趣味的作用,能在单纯呆滞的状态中重新产生新鲜活泼的韵味。但是,变化又受一定规则的制约,过度的变化会导致造型零乱琐碎,引起视觉上的动荡,造成不稳定和不统一感,因此变化必须服从整体调和统一的基调。

(一)变化法则的基本要求

(1)产品造型要素的构成(如位置、数量、形状、大小)变化要符合产品功能结构和人机关系的协调。

(2)造型主体要素和谐统一,局部变化也要统一在主体风格中。过多表现局部会破坏整体的统一性。

(3)变化要素要少而精。过多的要素参与变化,会产生杂乱感。

(二)实现变化的方法

实现变化的方法包括对比变化、节奏变化、重点变化等。

1. 对比变化

对比变化是指同一要素相互反衬,突出各自鲜明的特征,以增强刺激的感受。同一要素有以下几种对比变化。

(1)线型对比。它表现为线型的曲直、长短、粗细、虚实的对比。

(2)形状及大小对比。它使曲直错落有致、大小有序。

(3)方向对比。它表现为线与形方向上的对比关系,造型中多用水平与垂直构成方向对比。

(4)色彩对比。造型设计中,要充分利用色彩的明度、色相、纯度对比,以及色彩作用于人心理产生的感觉(如冷暖、轻重)对比,来丰富造型变化。

(5)材质对比。选用不同的材质,使产品在外观上产生材质对比,从而给人不同的感觉。

(6)排列对比。线、行、体、色、质等造型元素在平面或空间的排列关系上可以形成繁简、疏密、虚实的变化，从而使造型生动变化。

2. 重点变化

造型中的重点，可以是功能结构的主体部位，也可以是视觉观察最频繁的部位，还可以是其他重点。突出重点是为了聚焦重点，提高审美效果，所以要设计出视线欣赏路线，并突出起始点部位，使其成为视觉中心。

3. 节奏变化

可利用韵律重复中的变化形式，如渐变韵律、交错韵律、起伏韵律，使统一协调的整体中出现有节奏的变化。

三、均衡原则

均衡法则是指构造要素及各部分之间在前后、左右、量感（量感是指造型要素引起视觉产生的轻重感受）上保持平衡。对称是均衡最简单、最完美的形态。

（一）均衡的表现形式

均衡的表现形式主要有对称与均衡。

（1）对称即物体自身结构的一种合乎规律的存在方式。

生活中对称的形式随处可见，就产品造型设计来讲对称的含义则更加丰富。对称是客观存在的一种现象，人与动物的正面造型、植物的叶脉、鸟类昆虫的羽翼、树木与水里的倒影等等，都表现为对称或近似对称的形式。很多建筑如故宫、皖南民居、杭州六和塔，传统的家具及室内的陈设，劳动工具，生活中的器具都表现出明显的对称关系。对称具有稳定的形式美感，同时也体现着功能的美感。三种对称方式如图4-55所示。

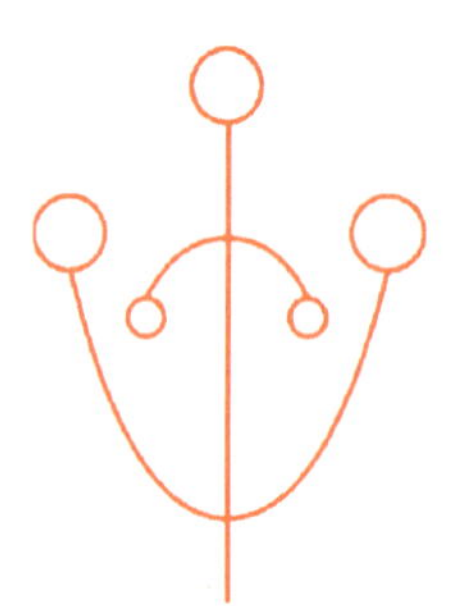
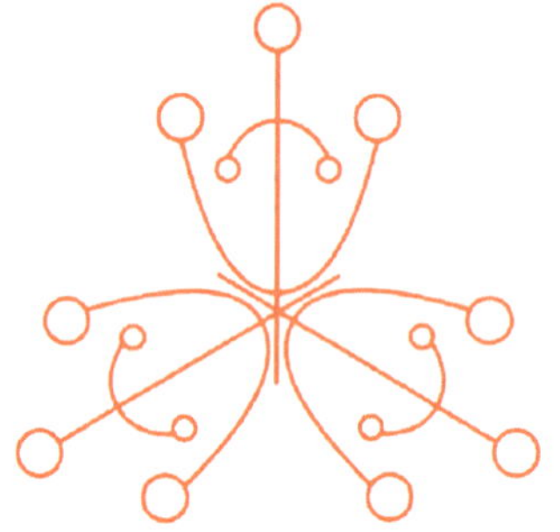

图4-55 轴对称、旋转对称与螺旋对称

① 轴对称，即事物形体的左右、上下各方面完全一致，在轴线处折叠后，双方完全重合，如物体与其水中的倒影。② 旋转对称，即将轴对称的造型绕对称轴线上的某点旋转所得到的形象。③ 螺旋对称，即将非对称的形象绕某中心点旋转所得到的一种对称形式。

（2）均衡是指造型在上下、左右、前后双方在布局上出现等量不等形的状态，即事物双方虽外形的大小不同，但在分量上、运动的力上却是对应的一种关系。均衡体现了异形同质，均衡所表现出的形式美要比对称更丰富。

利用均衡法造型可以在视觉上给人一种内在的、有秩序的动态美。它比对称更富有趣味和变化，具有动静有致、生动感人的艺术效果。但是，均衡的重心却不够稳定、准确，视觉上的庄严感和稳定程度远远不如对称造型，因而不宜用于庄重、稳定和严肃的造型物。

根据力学的平衡原理，平衡的形式有等量均衡与异量均衡（图4-56）。

图4-56 等量均衡与异量均衡

（二）实现均衡的方法

1. 调和均衡

调和均衡是指采用等形等量的平衡形式，或者主体对称，局部近似对称，使量感大体相同。工业产品多采用此种形式，以获得完整和安定感。

2. 对比均衡

对比均衡是指采用异型等量或异形平衡的平衡形式。利用形状大小、色彩明暗、排列疏密的变化，使量感大体相同，让人感觉到既有平衡秩序的统一，又有丰富多彩的变化。

四、稳定法则

稳定法则是指造型体上下两部分保持稳定的关系，它包括实际稳定和视觉稳定。

（一）稳定的分类

结构稳定是指产品实际重心的铅垂线投影在物体的支撑面以内，而视觉稳定是指外观量感的重心满足视觉上的稳定感觉。设计时两种稳定都应考虑，但以视觉稳定为主，大中型设备一般既要结构稳定，又要视觉稳定。有些产品功能上需要活泼或轻巧，则需要降低稳定度。

（二）稳定与轻巧

1. 稳定

稳定包含两个方面内涵：一是物理上的稳定，是指物体实际的重心符合稳定条件所达到的安定，是任何一件工业产品所必须具备的基本条件。物理上的稳定使产品具有安全可靠感。物理稳定是视觉稳定的前提，属于工程研究的范畴。二是视觉上的稳定，即视觉感受产生的效应，主要通过形式语言、材料的运用等来体现，以求视觉上的稳定，如点、线、面的组织，色彩、图案的搭配关系。视觉稳定属于美学范畴。

2. 轻巧

轻巧是指在稳定基础上赋予物体活泼运动的形式感，与稳定形成对比。需要注意的是，在基本满足实际稳定的前提下，可以用艺术创造的手法，使造型物给人以灵巧、轻盈的美感。如果说稳定具有庄严、稳重、豪壮的美感，那么轻巧具有灵活、运动、开放的美感。

（三）实现稳定感的方法

1. 控制物体重心

重心一般与产品的高度有关，较高的物体其重心较高，往往给人以轻巧感；较低的物体其重心也较低，往往给人以稳定感。追求稳定感除物理上的重心外，还存在心理上的重心问题，即视觉中心，这是由造型形式感引起的。

2. 增大底面接触面积

产品的底面接触面积较大时，整体造型具有较大的稳定感，底部面积较小的形体则具有较小的稳定感，且具有一定的轻巧感。底部接触面积的大小与产品的高度有较大的关系，一般较高、重心偏上的产品其底面接触面积不宜过小；较低、重心也低的产品其底面接触面积则不宜过大，否则会显得笨拙。底面的接触面积大小也与其他因素有关，如产品功能、位置等。

3. 改变色彩深浅对比以及装饰位置

明度、纯度较高的色彩具有轻巧感；明度、纯度较低的色彩具有一定的稳定感。色彩分布位置不同也会产生不同的视觉感受。

4. 选用不同密度的材质

材料的质地往往对人的心理感受产生很大影响。受人的思维定式的影响，不同密度的材料的轻重感觉是不一样的，金属材料一般要比有机材料有较大的分量感，使用密度较大的材料时要注意把握轻巧感，在运用较小密度的材料时要注意重心要有稳定感。

5. 结构形式

对称的结构具有很好的稳定感，均衡则具有一定的轻巧感。

6. 体量关系

尺寸由上而下逐渐增加且重心偏下的产品具有较强的稳定感；体量小、开放的产品具有一定的轻巧感。

1. 寻找一款家用电子产品，并简述其造型设计的基本原则。
2. 试分析戴森电动吸尘器是如何体现其功能形态设计特征的。
3. 有哪几种变化的法则，试通过案例进行简述。
4. 简述曲面在交通工具与产品设计中的应用方法，并通过案例进行分析。

扫码观看
第五章微课

第五章 表面艺术

第一节　表面艺术设计

本书所指的“表面”是指外观层面，本节主要研究与产品有关的平面艺术设计，包括平面艺术设计、商标艺术设计和面板艺术设计（图5-1）。

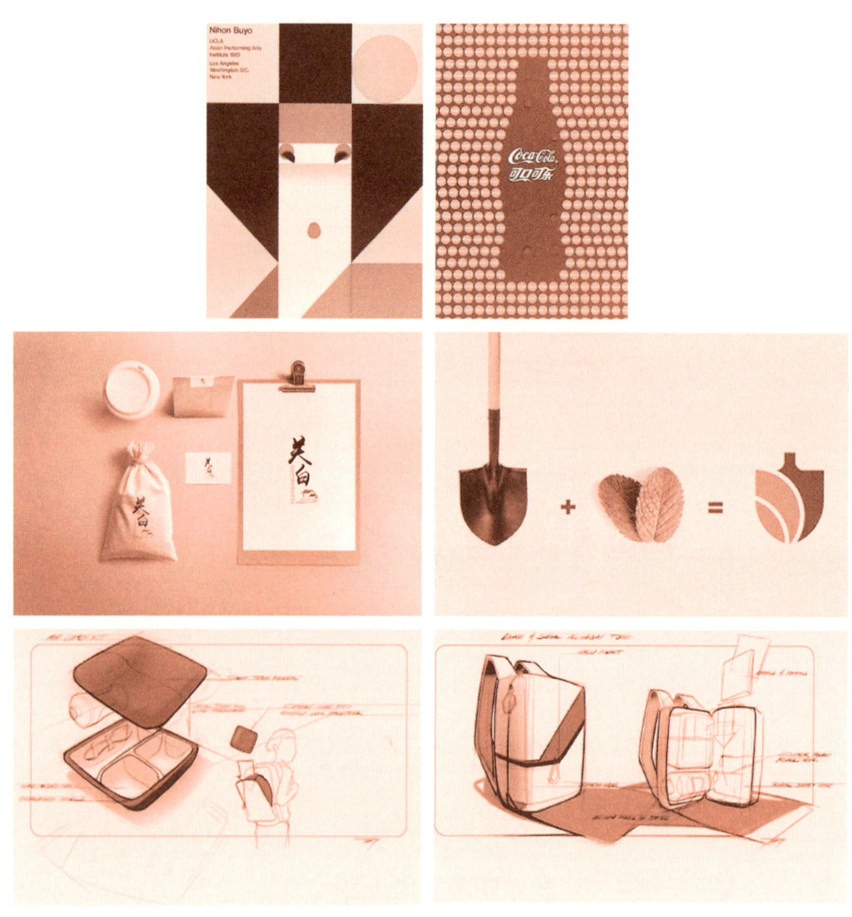

图5-1　表面设计

一、平面艺术设计

在研究产品的商标设计、面板设计之前，有必要了解平面设计艺术的一般知识。

平面设计通常指通过印刷过程中以印刷加工为载体的设计，因此又被称为印刷设计，主要设计的对象为平面类产品，如平面海报设计、书籍杂志的装帧设计、包装设计、标贴文字设计、插图、说明书设计等，电影、电视片头的设计也包括在内。进入数字化时代，计算机网页的设计也可被认为是平面设计。20世纪90年代，我国现代设计和现代设计教育的重要奠基人、设计理论家王受之对平面设计的定义为“除了平面上的活动这个含义之外，还具有与印刷密切相关的意义，特指印刷批量生产的平面作品的设计，包括书籍设计、包装设计、广告设计、标志设计、企业形象系列设计、字体设计、各种出版物的版面设计等。平面设计是把平面上的几个基本元素，包括图形、文字字体、插图、色彩、标志等以符号传达目的的方式组合起来，使之成为批量生产的印刷，使之具有进行准确的视觉传达的功能，同时给观众以设计需要达到的视觉心理满足”。

平面艺术不属于造型艺术，但是平面设计同样要考虑内容结构、几何要素和视觉要素，且这种结构和要素也符合造型艺术中所研究的一般原理、要求和法则。平面构图的结构要求是：文字与插图的比例要经过严格的数学计算，形成简洁、明快、和谐的风格。几何要素构成的形态容易达到有序、平衡、明晰的效果，形成简明的风格。各种视觉要素变化而构成的视觉幻觉形象所产生的流动感、生命感，甚至荒诞感，适用于平面设计的招揽性功能。随着当代摄影、印刷技术，特别是数字化、云计算技术的发展，平面设计的范围已包括了现代信息社会视觉传达的一切领域。从书刊到实用品包装，从设计作品到纯艺术作品，到处可见平面设计的身影，大大改变了大众的审美趣味。

平面设计的基础特性集中反映在它的形态要素及其相关构成的美学规律之中，这一基础特性的美学意义直接与各项现代设计的美感原理融会贯通，构成了一个庞大的现代视觉传达的平面网络体系。如果我们把纯粹的平面设计与具有明确目的的平面应用设计作品作审美上的比较，就会发现，除了设计目的和创意以外，纯粹平面设计形态构成的美学规律几乎与基础平面设计中所要求的构成原理完全一致。因此，平面设计的基础特性对具体的平面设计在形式美学规律上的把握起到了至关重要的作用。从另一方面看，平面设计的基础训练中的各项课题，虽然不具有明确的设计目的，但对造型要素、形式原理、构成法则以及对空间、动式、立体感、技法的探索足以使任何作品都进入设计领域，使其带有欣赏的趣味和设计意味。

平面构成作为平面设计的基础特性决定了它与一般的造型有所区别。我们知道，构成是一个近代造型概念。因此，平面构成最本质的概念应当是各种形态要素按照一定的美学原则在二维平面上进行的创造性组合。而一般的造型则是针对完成的纯粹作品而言的，相比之下，平面设计更强调造型过程，它所要研究的对象主要属于平面形态的创造规律，包括造型上的物理规律和视觉上的心理规律，并根据这一美学规律去寻求各种造型表现的可能性，进而在视觉的基础上去努力超越视觉效果的范围。

二、商标艺术设计

随着现代社会的飞速发展，人们的思维活动、社会活动日趋复杂化，而单靠语言交流，已经不能满足人们的需要，于是一种借助图形符号传达、传递情感的视觉形式，越来越受到人们的青睐。通过现代符号学让我们看到设计背后的东西，这一人类的交流欲望，触动了现代标志设计的发展。

图形符号成功地跨越文化背景和国界，无须语言沟通，瞬间就可以让人们识别它的意义，这让我们惊讶于图形符号的沟通能力。标志作为符号学的一部分，有着十分重要的作用，它除了能够传递信息、增进交流，还能区别产品特征、宣传产品、建立信誉和保护消费者权益，是信用和荣誉的象征。我们称这种类型的标志为商业性标志。比如，我们生活中见到的各行各业的标志，它们都有着各自的商业用途。在名牌效应彰显的今天，著名标志也成为一种地位的象征,一种价值的体现,甚至是一种企业形象的展示。

名牌标志所具有的促销功能,能给企业带来巨大的利润,能够很好地宣传企业,能够及时提醒消费者回忆信息、回忆产品。

商标(trade mark)是指生产经营者在其生产或者经营的商品或者服务上采用的,区别于其他商品或者服务具有显著特征的标志。如图5-2所示商标,其中®是注册商标标记,TM是未注册商标或者正在申请注册过程中的商标标记。

图5-2 商标

(一)常见商标类型

1. 文字商标

文字商标是指纯粹使用文字(包括汉字、汉语拼音、少数民族文字和外国文字或字母)、数字所构成的商标,如图5-3所示。根据《中华人民共和国商标法》第八条规定:"文字、图形、字母、数字、三维标志、颜色组合和声音等,以及上述要素的组合均可作为商标注册"。

图5-3 文字商标

2. 图形商标

图形商标是指由几何图形或其他实物图案构成,使用在商品或服务上的标志,如图5-4所示。图形商标的使用既有其便于识别的一面,又有其不便称呼的弊端。图形商标不受语言文字的制约,不论在什么国度,消费者只需看图即可识别。但图形商标不易于称呼,特别是较抽象的图形商标,因没有具体的称谓,有碍人们的口头交流,不便于广告宣传,影响商品的销售。

图5-4 图形商标

3. 组合商标

组合商标是指由文字和图形两部分组合而成,使用在商品或服务上的标志,如图5-5所示。组合商标具有图文并茂、形象生动、引人注意、容易识别、便于称呼等优点。但文字与图形的组合必须协调,表达的中心思想必须明确,不可用"牛"的文字配合"马"的图案,令消费者不知所云。这种中心思想不突出、缺乏显著性的组合商标,不仅令消费者费解,在申请人提交此类商标注册申请时,也难以获得核准注册。

图5-5 组合商标

4. 商品商标

商品商标是指商品的生产者或经营者为了将自己生产或经营的商品与他人生产或经营的商品区别开来，而使用的文字、图形或其组合标志，如图5-6所示。商品商标可以是具有某种含义或毫无任何意义的文字、图形或其组合。和其他商标一样，只要不违反法律，不损害公共道德或他人的利益，具有成为商标的显著性，均可成为商品商标。

图5-6 商品商标

5. 服务商标

服务商标（又称服务标记或劳务标志）是指提供服务的经营者，为将自己提供的服务与他人提供的服务相区别而使用的标志。与商品商标一样，服务商标可以由文字、图形、字母、数字、三维标志和颜色，以及上述要素的组合而构成。

在经济活动中，有些企业的“产品”不是作为有形的商品提供给消费者，而是作为某种商业性质的服务项目用以满足消费者的需求，如旅游服务、修理服务、保险服务、娱乐服务、交通服务、邮电服务等。不同企业提供的这类不同“产品”，也需要有不同标记将它们区分开。例如中国“民航”、英国“英航”、德国的“汉莎航空公司”等，它们都提供同一服务，但各自有不同的服务标记（图5-7）。

图5-7 同一服务不同服务标记

6. 联合商标

联合商标是指同一个商标所有人在相同或类似商品上使用的若干和近似商标（图5-8）在这些近似的商标中，首先注册或主要使用的商标为正商标，其余为该商标的联合商标，是一个整体不得分开转让。

图 5-8 联合商标

7. 防御商标

防御商标是指同一商标所有人在非同种商品（服务）上注册使用同一个著名商标，以防止他人使用。如雕牌的洗衣粉、肥皂等。一般而言，注册商标的专用权，以核准注册的商标和核定使用的商品为限。防御商标对于具有独创性的知名品牌具有实质战略意义。

图 5-9 防御商标

8. 证明商标

证明商标又称保证商标，是指对某种商品或者服务具有监督的组织所控制，而由该组织以外的单位或者个人使用在其商品或者服务上，用以证明该商品或者服务的原产地、原料、制造方法、质量或者其他特定品质的标志。例如纯羊毛标志、绿色食品标志等（图 5-10）。

图 5-10 证明商标

（二）商标的作用

1. 识别商品来源的功能

商标具有识别性，这是商标的基本功能、首要功能，商标的产生就是出于识别商品的需求，有此功能方可成为商标，无此功能者不能称作商标。识别性作为基本功能，由其延伸开来，商标还有若干与之相联系的功能。

2. 促进销售的功能

生产经营者使用商标标明商品的来源，消费者通过商标来区别同类商品，了解商品，做出选择。这样，商标就成为其所有者开拓市场，在市场上展开竞争的重要工具。这是商标的又一重要功能。

3. 保证商品品质的功能

生产者通过商标表示商品为自己所提供；服务提供者通过商标表示某项服务为自己所提供；消费者也通过商标来辨别商品或服务，对其质量做出鉴别。这种鉴别关系到生产经营者的兴衰，因此，商标的使用促使生产经营注重质量，保持质量的稳定。在现实中，品牌倒了，整个企业难以为继的现象时有出现。因此，商标的使用可以使生产经营者体会到市场竞争的压力，从而注重商品质量，从而起到了保证商品品质的作用。

4. 广告宣传的功能

现代的商业宣传往往以商标为中心开展，通过商标发布商品信息、推介商品，借助商标这种特定标记吸引消费者的注意力，突出、醒目，简明易记，加深消费者对商品的印象。商品吸引了消费者，消费者借助商标选择商品，商标的作用便显而易见。在现实中，商标成为无声的广告，更显出商标的优势。

5. 树立商业声誉的功能

商标用于显示商品来源，保证商品的质量，进行商品的广告宣传，作为企业开拓市场的有效手段，这都表明，商标凝结了被其标示的商品以及该商品的生产经营者的信誉，商标是商品信誉和与之有关的企业信誉的最佳标记，因此形成声誉卓著的商标是树立商誉的有效途径。这种富有声誉的商标既有益于消费者选择可信的商品，又可以保护生产经营者的商誉免受侵害。商标使用的范围越广泛，这种树立商誉、维护商誉的作用越大，以至于企业的竞争、商品的竞争变成了商标的竞争，商标越负众望，竞争力越强。

（三）商标的注册条件

商标由文字、图形、字母、数字、三维标志、颜色组合和声音等元素或它们的任意组合构成。

申请注册的商标，应当有显著特征，便于识别，并不得与他人在先取得的合法权利相冲突。

下列标志不得作为商标使用。

（1）同中华人民共和国的国家名称、国旗、国徽、国歌、军旗、军徽、军歌、勋章等相同或者近似的，以及同中央国家机关的名称、标志、所在地特定地点的名称或者标志性建筑物的名称、图形相同的；

（2）同外国的国家名称、国旗、国徽、军旗等相同或者近似的，但经该国政府同意的除外；

（3）同政府间国际组织的名称、旗帜、徽记等相同或者近似的，但经该组织同意或者不易误导公众的除外；

（4）与表明实施控制、予以保证的官方标志、检验印记相同或者近似的，但经授权的除外；

（5）同“红十字”“红新月”的名称、标志相同或者近似的；

（6）带有民族歧视性的；

（7）带有欺骗性，容易使公众对商品的质量等特点或者产地产生误认的；

（8）有害于社会主义道德风尚或者有其他不良影响的。

县级以上行政区划的地名或者公众知晓的外国地名，不得作为商标。但是，地名具有其他含义或者作为集体商标、证明商标组成部分的除外；已经注册的使用地名的商标继续有效。

下列标志不得作为商标注册。

（1）仅有本商品的通用名称、图形、型号的；

（2）仅直接表示商品的质量、主要原料、功能、用途、重量、数量及其他特点的；

（3）其他缺乏显著特征的。

前款所列标志经过使用取得显著特征，并便于识别的，可以作为商标注册。

（四）商标设计的审美要求

现代商标的审美设计或艺术设计的基本要求是名称美、形式美、图案美、色彩美、材料美、工艺美等六个方面。

1. 名称美

名称美指商标命名符合企业实际，且寓意深刻，文字比较常见，没有歧义，在不同的地方、地区和国家（包括译文）都没有不恰当的寓意。商标的命名要考虑产品销售地区消费群的审美因素，有时商标的命名就决定了产品销售的命运。这种迎合人们审美心理因素的命名方法，也是产品销售竞争的一种审美心理战术。如我国的“露美”（英文RUBY，意为“红宝石”）化妆品和日本的“资生堂”化妆品商标的命名，给人们一种高雅优美的感情色彩。这种名称带来的感情色彩与人们的审美心理发生共鸣，从而使消费者对产品产生向往心理，这是产品畅销的基本因素之一。也有一些商标内销是受欢迎的，但外销到某些国家因商标的文字及图案有其他含义而遭排斥。如“芬芳”牌化妆品商标“芳”字的汉字拼音是“FANG”，在英语里有狗牙、狼牙、毒蛇的牙之类意思。一位外国记者写文章说，将此商标用在小孩爽身粉上使人觉得恐怖；又如“三羊”商标上有山羊图案，英商反映山羊在英国喻为“不正经的男子”，所以当地消费者不会去买这个牌子的商品。各民族都有自己的审美禁忌，这些都是企业在命名商标和设计图案时需要注意和考虑的。

2. 形式美

商标设计无论采用文字、图形、符号或其他综合形式，都要具有鲜明的个性特色，以区别于其他同类企业或产品。同时，商标形式要求简洁明了，醒目突出，能瞬间识别，易读、易记、易传播。例如，如今市场中广为人知的“可口可乐”“黑人牙膏”以及“飘柔”等，都很好地体现了产品的特点、风格以及性质（图5-11）。

3. 图案美

商标图案是一个独特的审美形象，来源于设计者对客观形象或文字、符号、图形等的抽象。商标图案设计时应力求新颖、美观而富有装饰性，经过艺术提炼，具有强烈的艺术感染力。

图5-11 商标两种

4. 色彩美

色彩对商标含义、设计风格、视觉效果有着重要的影响。色彩设计要遵照色彩自己的特性，表现企业文化、定位和观念，达到良好的视觉效果。

5. 材料美

在设计商标时，要考虑到印刷品、纺织物品、金属品或化学制品等不同材料的要求以及材料的不同特点，印刷时可采用不同的表现方式或技术方法。

6. 工艺美

在设计商标时，要注意现代科学技术与艺术的融合运用，可以尝试将新材料、新工艺应用于商标的设计和制造，制造一种现代美感。

三、面板艺术设计

产品若有机箱，则会有机箱面板。机箱上用来安装显示器、控制器、插接件等的安装板，一般称为面板（图5-12）。面板除了具有供安装元器件的功能外，也是机壳内各种电、机、声、光装置的人机交流平台，所以其设计不仅直接影响产品的功能发挥，同时也对产品的形象造成直观影响。面板设计是产品审美的重要内容。

图5-12 面板

（一）面板艺术的主要内容

1. 稳定

（1）内在稳定。一方面，按照力学原理，面板从机械的方面考量，应起到尽量降低产品重心，以保证“实际稳定”。另一方面，面板造型应利于产品功能布局、构造，内部结构可靠牢固、功能稳定性好。

（2）外在稳定。一方面，通过产品外观构造形体各部分之间的体量关系、功能布局，来达到人们在视觉上“协调美观”的感觉；另一方面，可利用色彩的对比和表面装饰手段来调整搭配，从而达到美观的效果。

从设计角度来讲，产品面板不仅要满足“内在稳定”也要满足“外在稳定”。

2. 均衡

均衡是指产品各部分构造之间的体量达到相对平衡。产品的体量关系是指形体各部分之间的体积大小在视觉上给人的感受。

按照杠杆平衡原理，“支点两端的力矩相等”就构成了平衡条件。体量均衡有以下几种平衡关系。(1)等形等量平衡；(2)等量不等形平衡；(3)等形不等量平衡；(4)不等形不等量平衡。

产品面板均衡感的产生一般可以由对称或不对称的形体关系表现，如图5-13所示。

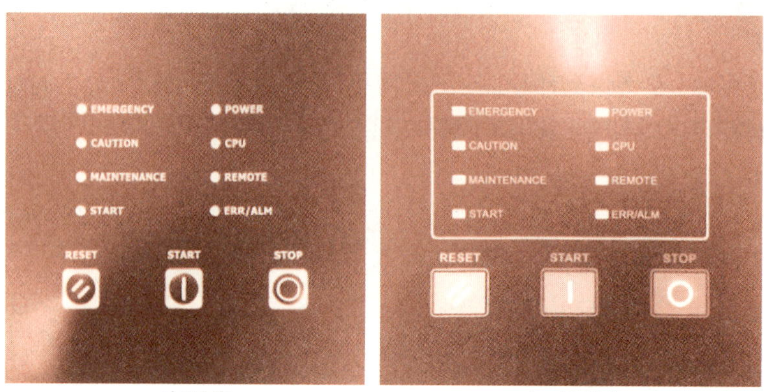

a. 变更前　　b. 变更后

图5-13　均衡面板设计

(二)面板艺术设计的原则

1. 经济实用

经济实用是首要设计的条件，遵循这一原则要求产品性能稳定可靠、使用方便和适应环境，在合理的成本下获得较大的经济收益。

2. 美观

美观原则使产品的材料、技术、结构、加工工艺和艺术形象完美统一，表现产品的“比率美”“线型美”，克服追求奇怪形状的倾向。

3. 创新

创新产品不只是单纯地继承和仿造，必须在此基础上，创造出自己的风格，又兼具时代特征，经济、美观、和谐。

第二节　色彩艺术设计

人生活的空间具有一定的颜色。自然界中一些颜色非常鲜艳而纯正，而另一些颜色浅淡、模糊不清,很难赋予它们具体名称。

人类在应用颜色的同时,享受着颜色变化带来的乐趣。马克思说:“色彩的感觉是一般美感最大众化的形式。”此外,心理生理学认为颜色会对人体产生一定的影响。

光、眼、物三者之间的关系,构成了色彩研究和色彩学的基本内容,同时也是色彩实践的理论基础与依据。产品只有在有光的情景下,才能被人的眼睛感知。人的眼睛只在有光的情况下才能感到色彩。本节主要研究可见光和色彩对产品表面艺术设计的影响。

一、可见光的特点和运用

光,就其物理属性而言是一种电磁波,其中的一部分可为人的视觉器官——眼睛所接受,称作可见光。

(一)可见光的概念

可见光是电磁波谱中人眼可以感知的部分。可见光的光谱没有精确的范围,一般人可感知的电磁波波长在400 ~ 760 nm。正常视力的人员对波长约555 nm的电磁波最为敏感。

波长不同的电磁波,引起人眼的颜色感觉不同,可见光光谱颜色可以按红、橙、黄、绿、青、蓝、紫的顺序交替变换,见表5-1。

表5-1 可见光颜色及对应波长

颜 色	波长范围
红	770 ~ 622 nm
橙	622 ~ 597 nm
黄	597 ~ 577 nm
绿	577 ~ 492 nm
蓝	492 ~ 455 nm
紫	455 ~ 392 nm

(二)可见光特性

研究发现可见光具有以下特性:

1. 互补性

光学中存在两色光以适当的比例混合而能产生白光,则称这两种颜色具有互补性。如蓝光和黄光、青光和红光具有互补性。

2. 可复制性

颜色环上任何一种颜色都可以用其相邻两侧的两种单色光,甚至可以通过次近邻的两种单色光复制出来,如黄光和红光混合得橙光、红光和绿光混合成黄光,等等。

3. 多样性

如果在颜色环上选择三种独立的单色光,就可以按不同的比例混合成日常生活中不能出现的各种色调。这三种单色光称为三原色光。光学中的三原色为红、绿、蓝三种，三原色本身是色光，简称RGB。颜料的三原色一般称三基色，指在纯白光照色下呈品红、黄、青三种颜色，简称CMYK。

（三）可见光的应用

可见光以上三种特性可以分别用于产品制造、设计等不同的场景，使产品表面的材质和颜色，在不同的色光环境下，可以呈现出不同的颜色。

1. 互补性的应用

根据可见光的互补性原理，如果某种产品表面使用某种材质，当太阳光照射该产品时，某波长的光被产品表面吸收了，则该产品显示的颜色（反射光）为该色光的补色。如太阳光照射到产品上，若产品吸收了波长为400 ～ 435 nm的紫光，则产品呈现紫光的互补光黄绿色。

2. 可复制性的应用

根据可复制性原理，当某三种色光A，B，C中，B与A，C相邻，则用A与C相加可制出B光。应用到产品上，当某产品表面采用A色，若用C光照射，则产品呈B色。当某产品表面采用B色，而该产品材质能将C光吸收，则某产品呈现A种颜色。

3. 多样性的应用

根据多样性原理，若X_1，X_2，X_3表示三种不同的基色，则可生成日常生活中常用的各种色调X：

$$X=X_1+X_2+X_3$$

多样性原理不仅可广泛地应用于产品颜色设计，可根据需要合成任意颜色的产品，还可以根据上述公式的各种变体，来进行多种应用。比如$X_1=X-X_2-X_3$，表示当某产品颜色使用合成颜色X，产品表面材质能够将环境中的两种混合光照X_2光和X_3光吸收，可使产品呈现出X_1颜色。

二、色彩的特点和运用

（一）色彩的概念

色彩是一种涉及光、物与视觉的综合现象。色的概念实际上是不同波长的光刺激人的眼睛所产生的视觉反映。色的相貌称为色相。光的物理性质由光波的振幅和波长两个因素决定。波长的长度差别决定色相的差别；振幅不同，则决定色相明暗的差别，即色的明度差别。

有光才会有色，光产生于光源，光源有自然和人造两类。太阳光和所有的灯光，都是由各种波长与频率的色光组成的，这些色光依次排列，即所谓“光谱”。不同光谱的灯，如白炽灯、荧光灯、LED灯所发出的光，其色彩感觉也不同。太阳光光谱有7色光谱和6色光谱之说，最初被认为是7色，后来有人提出青色光和蓝色光始终未能测定其确切的波长边界值，应属同一色。同颜料配出和色光一致的6种色，被定为颜料的标准色，即红、橙、黄、绿、蓝、紫。七色光谱和彩虹色的区别如图5-14所示。

扫码观看
图 5-14 彩图

图5-14 七色光谱和彩虹色

(二) 色彩的种类

在千变万化的色彩世界中。人们视觉感受到的色彩可分为原色、间色和复色。就色彩系列而言，可分为无彩色系和有彩色系两大类。按光与物体的关系，又可分为光源色、物体色和环境色。

1. 光源色

光源发出的光，进入人的眼睛，引起了色彩的感觉，这种色光称为光源色。光源色一般分为两类。

（1）自然光（自然形成人类不能改变的光线，如太阳光）。

（2）人造光（人类可以制造或者模拟的光线，如灯光、烛光）。

不同颜色光照在白纸上，使白纸呈不同颜色，因此，光源色光谱成分的变化必然对物体色产生影响。

2. 物体色

光照在物体上，经物体表面的反射，进入人的眼睛而呈现的色称为物体色。

固有色是一种特殊的物体色。在白色阳光下，物质呈现的色彩效果的总和称为固有色。物体色是与照射物体的光源色及物体的物理特性有关的。同一物体在不同的光源下将呈现不同的色彩，但是物体固有的物理属性却不会因为光的改变而改变。

在单色光下，如以红色光为例，白色物体只有一种光反射，因而物体呈现红色；绿色物体在红色光下没有绿色可以反射，因而物体呈现黑色。

3. 环境色

环境色，又称条件色。它是环境光反射到特定物体上所呈现的色彩。一般来说环境色取决于环境物的色相、变光的强弱以及反射角度的大小。

每个物体显然由于光的作用，都具有固有色。但这种固有色，不仅受到光源色的影响而变化，还受周围环境色彩的影响而变化，这是由于物体之间互相反射的结果，如白色石膏几何体受红布影响偏红色（图5-15）。另外，物体本身的形状或品质，周围物体的色彩影响，以及视觉距离、空气中介质的量和密度不同等因素都使物体色有所改变。当然这种改变是有规律的变化。这种可变性是由物体所处的环境条件所导致的，称为外因可变性。

图5-15 白色石膏在红布上呈偏红色

物体在光线照射后会产生吸收、反射、透射等现象，而且各种物体都具有选择性吸收、反射、透射光的特性。对于不透明体，颜色取决于对各种色光的反射和吸收。如果能反射所有色光就是白色；能全部吸收，物体就是黑色；如果只反射700 nm左右的光，其余吸收，物体看上去就是红色。这种可变性是由物体的成分、材质、结构、形态等内在条件决定的。

三、色彩的设计和运用

光的作用与物体的特征是构成物体色的两个不可缺少的条件，它们相互依存，又相互制约。根据光、色与物体的特征，在设计或使用产品的过程中，可以组合出多种不同的运用方法，使产品具有各种不同的颜色，以增强产品的色彩美。

（一）色调的设计

1. 色调及相关概念

（1）色调在色彩学中是指一个色彩整体的概念，在一件设计或者艺术作品中是指全部色彩所造成的具有一定倾向性的总的色彩效果。色调属于色彩设计的顶层设计。

（2）无彩色指黑色、白色以及黑、白混合而成的不同深浅的灰色系列（图5-16）。从物理学上讲，它不包含在可见光谱中，因而不能被称为色彩。但从视觉心理学的角度来讲，它具有完整的色彩性，并在色彩世界中扮演着极为重要的角色。黑、白、灰的参与可以引起色彩的明度和纯度的变化。无彩色系只有明度的差异，不具备色相和纯度特征。

图5-16 无彩色

扫码观看图5-16彩图

（3）可见光谱中的所有色彩都属于有彩色，其中包括具有某种色彩倾向的灰色，如蓝灰色、红灰色等。红、橙、黄、绿、蓝、紫为基本色，有明确的色相、明度和纯度（图5-17）。有彩色之间的混合以及有彩色和无彩色的混合使色彩的样式无限丰富。

图5-17 有彩色

扫码观看图5-17彩图

（4）色彩的三属性。所有的色彩都会同时具有明度、色相和纯度的基本特征，色彩学上称为色彩的三属性。

（5）色相指色彩的相貌，是色彩最显著的特征。不同波长的光波给人的视觉感受是不一样的，光谱色中的红、橙、黄、绿、蓝、紫是基本色相，像翠绿、玫瑰红、橄榄绿、钴蓝等是指色彩的特定色相，它们之间的差别是色相的差别（图5-18）。

（6）明度指色彩的明暗程度，可通俗地理解为色彩的亮度与深浅。明度具有相对独立性，可以离开色相和纯度单独存在，可将其划分为无彩色明度系列和有彩色明度系列。

① 无彩色明度系列。无彩色明度系列指将黑、白作为两极，中间依据明度的顺序等距排列若干个灰色，形成有关明度的递增或递减序列变化系列。白色为明度的最高极限，

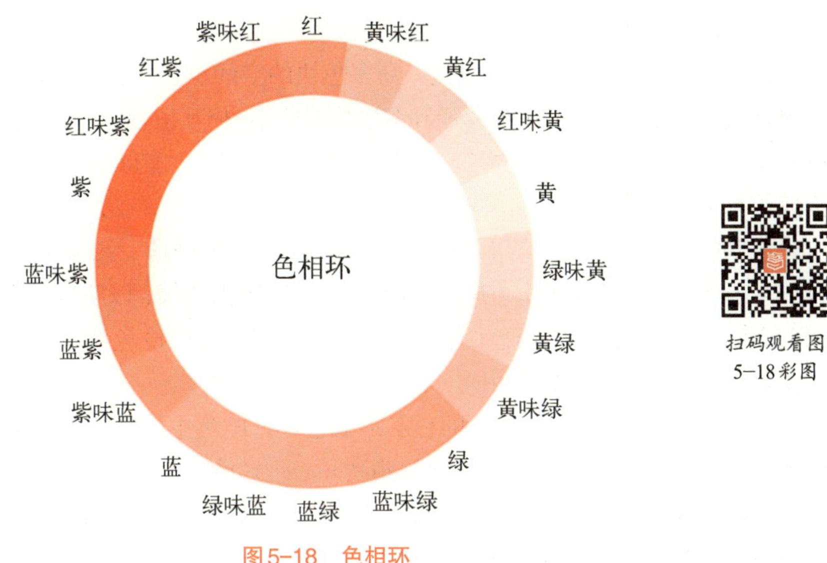

图5-18 色相环

黑色为明度的最低极限，靠近白色明度高，靠近黑色明度低。

② 有彩色明度系列。由于有彩色系中各色相在可见光谱中位置不同，被视觉感知的程度也不相同。黄色位于可见光谱的中心位置，知觉度高，色明度最高；紫色位于可见光谱的边缘，知觉度低，色明度最低；橙、绿、红、蓝位于黄、紫之间，明度依次排列。

（7）纯度指色彩的鲜艳程度，亦称饱和度。可见光谱中的各种单色光是最纯的颜色，称为极限纯度。当一种颜色与其他任一颜色相混合，纯度都会降低。无彩色没有色相，纯度为0，故越接近它的色彩，纯度越低，色越浊；反之，越靠近色相环的，则纯度越高，色彩越鲜艳。但是色彩的纯度高并不等于色彩的明度高。色彩的纯度与明度的对应关系参见表5-2。

表5-2 色彩纯度与明度的对应关系

色　相	明　度	纯　度
红	4	14
黄橙	6	12
黄	8	12
黄绿	7	10
绿	5	8
蓝绿	5	6
蓝	4	8
蓝紫	3	12
紫	4	12
紫红	4	12

2. 色调的构成

色调效果的组织要求各种色彩、众多色块的空间位置、互相关系必须是有机的集合，必须是按照一定的比例，有秩序有节奏地彼此联结、相互依存、相互呼应，从而构成和谐的色彩整体。多样而统一的色彩组合、和谐的色彩效果，才能形成色调的形式美，这是色调构成的基本法则。

色调的构成包括色彩的面积、色彩的均衡、色彩的呼应、变调与换调等。色调一般可以分为若干类：以色相来分，有红色调、紫色调、蓝色调等；以明度来分，有亮色调、暗色调；以纯度分，有鲜色调、灰色调；以色性来分，有暖色调、冷色调、中性色调等。色调的形成需要有一种色发挥主导作用。

（1）色彩的面积。一定面积的色彩形成色块。配色中较强的色要缩小面积，较弱的色要扩大面积，面积变化，对人的视觉的刺激和心理影响也随之增减。

（2）色彩的均衡。在安置各种面积的色块时，应以某种构想中心为基准，向上下、左右或对角线排列。两种色块应该相互调剂，以达到一定的均衡关系。这种均衡是感觉上的均衡。

（3）色彩的呼应。任何色块在色调中都不应孤立出现，它需要同种或同类色块的上下、前后、左右彼此呼应。呼应的方法有局部呼应，即同种色块在空间距离上呼应；也有全面呼应，使各种色彩混入同一种色彩，以产生在内在的联系。

（4）变调与换调。色调的变换包括变调和换调两种。变调，又称定色换形变调。定色就是不改变颜色，既不改变变色的套数，也不改变各色现有的明度、纯度和色相，主要是运用色彩面积比例与位置编排因素的变化调整色调构成。换调，又称定形变调，就是不改变构图与形象，不改变色彩面积、位置、层次、虚实及肌理，也不改变色彩的明度、纯度比例关系，而只改变色相。

（二）色彩的设计

产品的色彩设计，涉及面很广，既有运用颜料或其他着色材料完成色彩的配置或组合，又有利用不同物体材料本身的固有色完成色彩的配合；既可以是一个立体物几个面的色彩配合构成总体的色彩效果，又可以是同一物体借用不同色彩设计方案达到整体设计效果。这正是色彩设计与一般色彩艺术创造的不同之处，二者的差别可以分成调配与搭配两种类型。

1. 调配

使用颜料、染料、釉或其他着色原料的配色设计，称为调配。这类着色材料可以直接用其原色作彩色配合，也可在同类范围中作调色混合产生新色相再作配色使用。

2. 搭配

利用不同的物质材料本身所呈现的自然色彩加以恰当组合的设计，称为搭配。如利用木材、石料、金属等材料的室内外环境艺术或建筑艺术的色彩设计就是典型的搭配设计。

（三）色彩的组合

色彩的组合指色与色之间产生某种联系或相互作用，从而形成一种整体效果的设计，主要包括色彩的对比与调和两个方面。

1. 对比

当两个或两个以上的色彩放在一起，能显示出清晰可见的差别时，它们的相互关系就成为色彩的对比（图5-19）。各种色彩的色相、纯度、明度、形状、位置、面积与呈现效应的差别，构成了色彩之间的差异。这种差异越大，对比效果就越明显；缩小或减弱这种差异，对比效果就趋向缓和。对比设计包括色相、明度、纯度、冷暖对比，连续或同时对比，质感对比，综合对比以及对比错视多种方法。

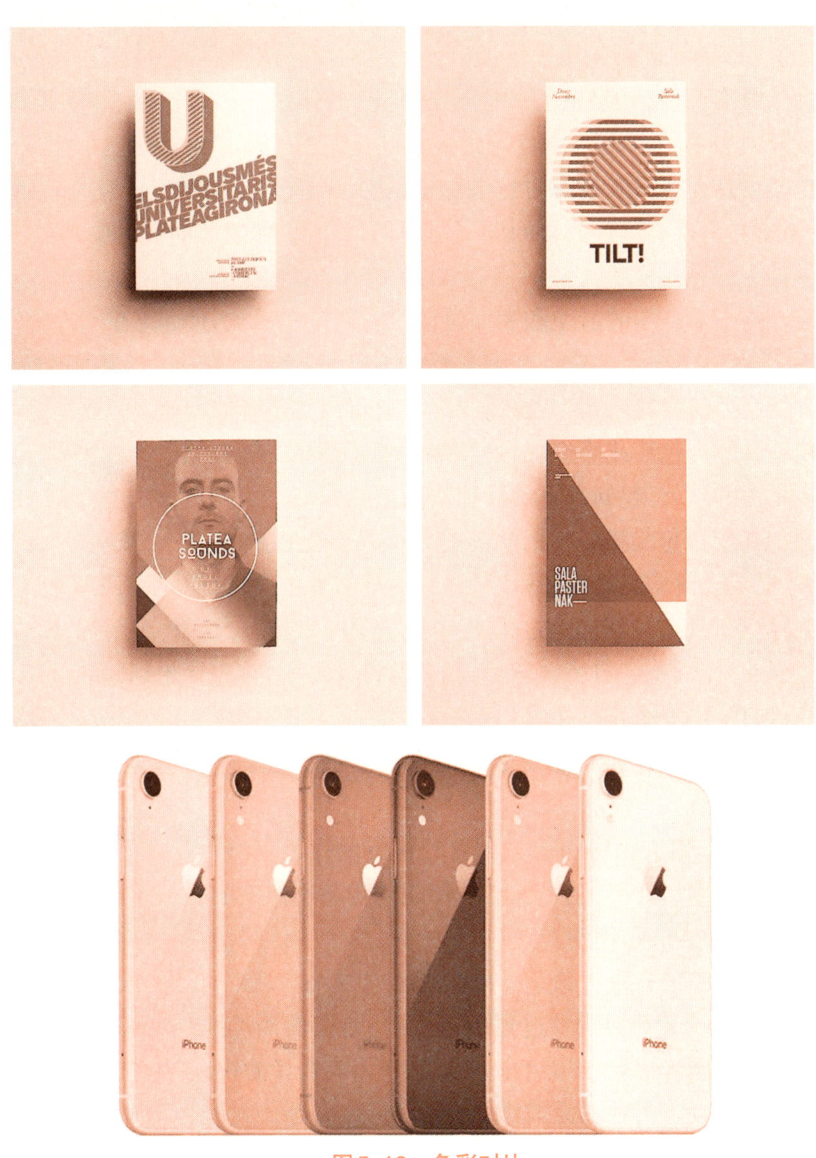

图5-19 色彩对比

2. 调和

色调的调和是相对色彩的对比而产生的，比对减弱就意味着调和的开始。对比是绝对的，调和是相对的，通过调和来抑制过分的对比刺激，达到和谐，是色彩调和的目的。调和包括色彩三要素变化的调和，即色相的调和、明度的调和、纯度的调和；无彩色（黑、白、灰）与光泽色调和；色立体与色相环调和；等等。

第三节　包装装潢艺术设计

在现代社会里，商品的大量发展和消费，促进了商品的交流和竞争，出现了销售方式的变化，如超级市场的普及。现代超级市场销售的商品范围广，品种多，放在货架上的商品直接展示于顾客面前，包装起着“无声推销员”的作用。因此，包装装潢设计在商品竞争中起着重要的作用。

现代包装设计是一门新的综合性边缘学科，所涉及的范围较广。它是艺术、技术、材料以及市场销售、消费心理等因素的综合运用，有关现代包装装潢设计中的美学问题尤其应该引起重视。

包装装潢是指对包装的造型和表面设计进行修饰和美化，使包装的外形、图案、色彩、文字、商标品牌等各个要素构成一个艺术整体，起到传递商品信息、表现商品特色、促进商品销售和方便商品消费的作用，一般情况下主要指销售包装的设计。

销售包装又称内包装或小包装，是直接附着于商品并随商品进入零售网点，和消费者或用户直接见面的包装，起到以下功能和作用。

——保护功能。包装最基本的功能是使商品不受各种外力的损坏。一件商品，要经多次流通，才能走进商场或其他场所，最终到达消费者手中，这期间，需要经过装卸、运输、库存、陈列、销售等环节。在储运过程中，很多外因，如撞击、光照、细菌等，都会威胁到商品的安全。因此，作为一个包装设计师，在开始设计之前，首先要想到包装的结构与材料，保证商品在流通过程中的安全存放。

——便利功能。指销售包装便于工厂大批量生产，便于运输、储藏堆积，便于携带、开启。

——美化商品、促进销售功能。优秀的包装设计还应当具有完美的艺术性。包装是美化商品的一门艺术。精美、艺术欣赏价值高的包装不仅更容易从大堆商品中跳跃出来，还可以提高产品的附加值，使消费者对产品或品牌产生认同，从而赢得消费者的青睐。

促进商品销售是包装设计最重要的功能理念之一。超市自选已成为人们购买商品的最普遍途径。在消费者开架购物过程中，商品包装自然而然地起到无声的广告或无声的推销员的作用。如果商品包装设计能够吸引广大消费者的视线并充分激发其购买欲望，那么该包装设计才真正实现了促销功能。

迅速无误地传达商品信息是促销的前提。一件优秀的包装以准确的定位、科学合理的结构、新颖的构图、优美动人的形象、醒目的文字和简洁明快的色彩迅速无误地传达商品信息，就一定能引起消费者的注意。

一、包装装潢设计的要素

包装装潢设计包括外形、构图和材料三要素。

（一）外形

这里的外形指产品销售包装展示面的外形，包括大小、尺寸和形状；或指装潢纸的外形。外形应具备以下规范。

1. 包装正面展示必备信息

包装正面一般包括：① 企业商标；② 主体名称；③ 主体图形创作；④ 公司名称；⑤ 净含量，正面净含量字体大小规范：高度不小于0.6 cm，瓶标类小尺寸设计净含量高度最小不小于0.4 cm，其他文字字高不小于0.18 cm，如图5-20所示。

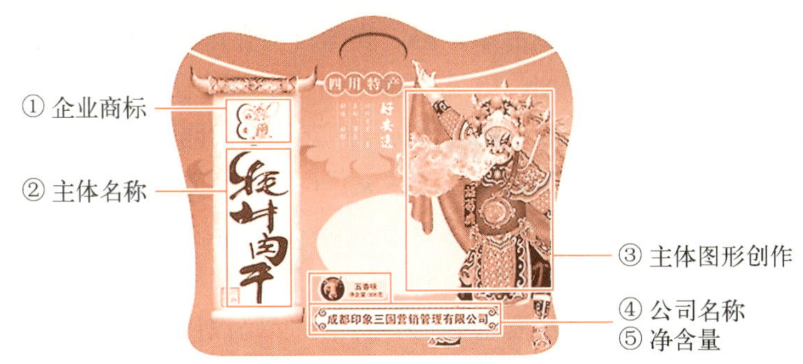

图5-20 产品包装正面

2. 包装背面文字排版及规范

包装背面必备以下内容：① 产品名称；② 执行标准；③ 生产许可证号；④ 生产日期；⑤ 保质期；⑥ 贮存条件；⑦ 生产商；⑧ 地址；⑨ 产地；⑩ 电话；⑪传真；⑫网址；⑬条形码；⑭生产许可；⑮产品介绍；⑯配料表（产品如含有食品添加剂，必须打上食品添加剂内容，食品添加剂提行）。某些食品必须加营养成分表。一些产品有时候要加环保标志以及其他的标志认证。包装背面内容及排版如图5-21所示。

图5-21 产品包装背面

3. 条形码规范

（1）条形码。

条形码是将宽度不等的多个黑条和空白，按照一定的编码规则排列，用以表达一组信息的图形标识符。常见的条形码是由反射率相差很大的黑条（简称条）和白条（简称空）排成的平行线图案。条形码可以标出物品的生产国、制造厂家、商品名称、生产日期、图书分类号、邮件起止地点、类别、日期等许多信息，因而在商品流通、图书管理、邮政管理、银行系统等许多领域都得到了广泛的应用。

（2）编码规则。

① 唯一性：同种规格同种产品对应同一个产品代码，同种产品不同规格应对应不同的产品代码。根据产品的不同性质，如重量、包装、规格、气味、颜色、形状等，赋予不同的商品代码。

② 永久性：产品代码一经分配，就不再更改，并且是终身的。当此种产品不再生产

时，其对应的产品代码只能搁置起来，不得重复起用再分配给其他商品。

③ 无含义：为了保证代码有足够的容量以适应产品频繁的更新换代的需要，最好采用无含义的顺序码。

(3) 商品条码。商品条码规范参见中华人民共和国国家标准《商品条码　零售商品编码与条码表示》(GB 12094—2008)。

目前世界上常用的码制有EAN条形码、UPC条形码、二五条形码、交叉二五条形码、库德巴条形码、三九条形码和128条形码等，而商品上最常使用的就是EAN商品条形码。

EAN商品条形码亦称通用商品条形码，由国际物品编码协会制定，通用于世界各地，是目前国际上使用最广泛的一种商品条形码。我国目前在国内推行使用的也是这种商品条形码。EAN商品条形码分为EAN-13(标准版)和EAN-8(缩短版)两种。

EAN-13通用商品条形码一般由前缀部分、制造厂商代码、商品代码和校验码组成。商品条形码中的前缀码是用来标识国家或地区的代码，赋码权在国际物品编码协会。

商品条形码的标准尺寸是37.29 mm × 26.26 mm，放大倍率是0.8 ～ 2.0。当印刷面积允许时，应选择1.0倍率以上的条形码，以满足识读要求。放大倍数越小的条形码，印刷精度要求越高，当印刷精度不能满足要求时，易造成条形码识读困难。条码只能等比例缩放，只能裁剪上部分高度，宽度不能裁剪。由于条形码的识读是通过条形码的条和空的颜色对比度来实现的，一般情况下，只要能够满足对比度(PCS值)的要求的颜色即可使用。通常采用浅色作空的颜色，如白色、橙色、黄色等；采用深色作条的颜色，如黑色、暗绿色、深棕色等。最好的颜色搭配是黑条白空。根据条形码检测的实践经验，红色、金色、浅黄色不宜作条的颜色，透明、金色不能作空的颜色。

4. 净含量

包装上净含量的标识文字最小不得小于0.18 cm，即6号字。

(1) 净含量的标识应由净含量、数字和法定计量单位组成，如“净含量450 g”，或“净含量450克”。

(2) 应依据法定计量单位，按以下方式标示包装物(容器)中食品的净含量(表5-3)：

① 液态食品：用体积——L(升)，mL(ml)(毫升)；

② 固态食品：用质量——g(克)，kg(千克)；

③ 半固态或黏性食品：用质量或体积。

表5-3　净含量标示方式

计量方式	净含量Q范围	计量单位
体　积	Q<1 000 mL Q≥1 000 mL	mL(ml)(毫升) L(l)(升)
质　量	Q<1 000 g Q≥1 000 g	g(克) kg(千克)

5. 配料表

配料表属于《食品标识管理规定》(2009修订)和《食品安全国家标准预包装食品标

签通则》(GB 7718—2011)明确规定在预包装食品标签标识中强制标示的内容。表5-4列举了部分配料在配料表中的类别归属名称。

表5-4 食品配料对应的类别归属

配　　料	类别归属名称
各种植物油或精炼植物油，不包括橄榄油	“植物油”或“精炼植物油”；如经过氢化处理，应标示为“氢化”或“部分氢化”
各种淀粉，不包括化学改性淀粉	“淀粉”
加入量不超过2%的各种香辛料或香辛料浸出物(单一的或合计的)	“香辛料”“香辛料类”或“复合香辛料”
胶基糖果的各种胶基物质制剂	“胶姆糖基础剂”
添加量不超过10%的各种蜜饯水果	“蜜饯”

6. 制造者、经销者的名称和地址

食品包装应标示食品的制造、包装或经销单位经依法登记注册的名称和地址。有下列情形之一的，应按下列规定予以标示。

(1) 依法独立承担法律责任的集团公司、集团公司的分公司(子公司)，应标示各自的名称和地址。

(2) 依法不能独立承担法律责任的集团公司的分公司(子公司)或集团公司的生产基地，可以标示集团公司和分公司(生产基地)的名称、地址，也可以只标示集团公司的名称、地址。

(3) 受其他单位委托加工预包装食品但不对外销售的，应标示委托单位的名称和地址。

(4) 进口预包装食品应标示原产国的国名或地区名，以及在中国依法登记注册的代理商、进口商或经销商的名称和地址。

7. 日期标示和贮藏说明

食品包装应清晰地标示预包装食品的生产日期(或包装日期)和保质期，也可以附加标示保存期。如日期标示采用“见包装物某部位”的方式，应标示所在包装物的具体部位。日期标示不得另外加贴、补印或篡改。

8. 包装法规

包装视觉设计不是诸如绘画、雕塑等纯粹的艺术创作，其根本目的在于商品的保护和促销，而不是一味地追求艺术性。因此包装设计应该向科学的、合理的、环保的方向发展，而和包装有关的法律法规能确保包装设计能够不偏离包装的本质。

下面对国际上和国内的一些法规进行介绍。

(1) 欧盟包装法规。欧盟要求各成员国采取一切必要措施，在包装、标签、说明和广告中禁止以图形或其他形式，使用一些措辞、名称、商标或形象来暗示产品本身不具备的某些特征，并且对有机食品和转基因食品包装标志做强制性要求。

(2) 日本包装法规。日本规定容器内的空位不应超过容器体积的20%(或包装容器中的间隙原则上不可超过整个容器的20%)，即包装内不能有太多空位；同时，包装成本不应超过产品出售价的15%。

(3)中国包装法规。目前，中国正大力发展循环经济、环保型社会。中国发展循环经济，政府的责任是推动立法予以支撑，企业的责任是实行清洁生产、循环生产，消费者的责任则是增强节约意识，改变不合理消费观念。

国务院标准化行政主管部门应当根据国家经济和技术条件、固体废物污染环境防治状况以及产品的技术要求，组织指定有关标准，防止过度包装造成环境污染。

(二)构图

构图是销售包装的装饰表面的图形、纹样、色彩和文字的组合。构图应遵循视觉流程。视觉流程指人在接受外界视觉信息时视觉流动过程。视觉流程是可以引导的，第一眼看哪，第二眼看哪，哪里多看一会，哪里少看一会，这些都可以通过页面视觉流程的规划来实现 。视觉流程具有以下设计规律：大而完整的图形，画面层次位于最上面；视觉密度大的图形、与周围环境差异的图形，容易引起注意，排列方式自上而下，从左到右。

1. 图形

图形是包装要素中最有感召力的部分，分为具象图形和抽象图形两种(图5-22)。具象图形可用来直接表现包装的内容物及属性，分摄影和绘制两种表现手法。抽象图形手法多用于写意，采用抽象的点、线、面的几何形纹样、色块或肌理效果构成画面，简练、醒目，具有形式感，也是包装装潢的主要表现手法。

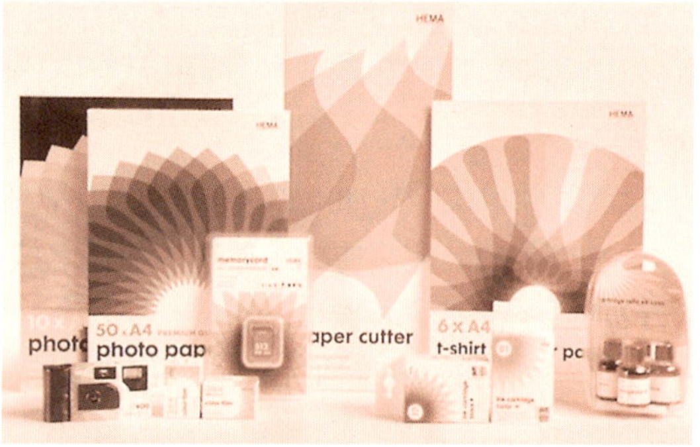

图5-22 具象图形和抽象图形包装

2. 文字

文字是包装上传达产品信息最重要的要素，直接反映产品的本质内容，同时也具有很强的装饰性包装上的文字可反映以下信息。

(1)与内在产品有关的信息(品牌、品名、用途、成分、重量、使用方法、生产日期等)。

(2)与企业有关的信息(企业标志、生产商、销售商、地址等)。

(3)广告宣传信息(图5-23)。

3. 色彩

色彩是美化和突出产品的重要因素。色彩的定位是根据产品的特征和消费者的心理需求来确定的。例如，食品类包装适合采用鲜明丰富的色调，以暖色为主，以突出食品的新鲜、营养和味觉；化妆品类常用柔和的中间色调；儿童玩具类常用鲜艳夺目的纯色和冷

图5-23 包装文字

暖对比强烈的各种色块，如图5-24所示。

图5-24 包装色彩

（三）材料

材料主要指销售包装材料表面的纹理和质感。社会科技的发展，使各种新型的材料不断诞生并被利用，包装材料从天然发展到合成，从单一发展到复合，材料的渗透利用已成为必然的发展趋势。它代表的是一个新时代的文化信息，使得现代包装具有了时代感、流行性和普及性。

材料的选择在包装视觉设计中非常重要，不同的材料给人以不同的视觉感受。包装材料的种类很多，有棉麻质的、陶质的、木质的等，但构成现代包装材料四大支柱的却是纸、玻璃、塑料和金属。

1. 纸材料

纸是包装设计的常用材料，因其具有易加工、便于印刷、环保、廉价等优点，适用于多种产品的包装，如图5-25所示。

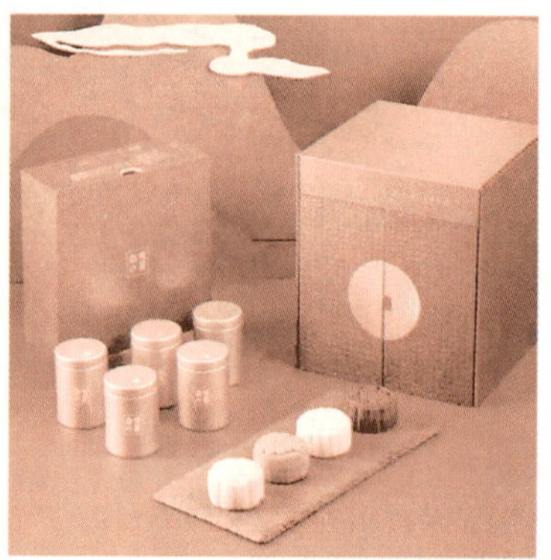

图5-25 纸包装

2. 玻璃材料

玻璃是一种古老的包装材料，具有高阻隔、光亮透明、化学稳定性好、易成型的特点，如图5-26所示。

图5-26 玻璃材料包装

3. 塑料材料

PVC用作包装材料是现代包装技术发展的重要标志，因其原料来源丰富、成本低廉、性能优良，成为近40年来世界上发展最快、用量巨大的包装材料。PVC材料包装的发展趋势是多层复合不透气性PVC塑料、功能性PVC塑料，并以生物可降解PVC的发展较为迅速，如图5-27所示。

4. 金属材料

金属材料是一种历史悠久的包装材料，用于食品包装已有近200年的历史。金属包装材料具有很高的阻隔性能、优良的机械力学性能和成型加工性能，同时具有良好的耐高低温性能、导热性能和表面装饰性能，因此具有优良的包装特性，如图5-28所示。

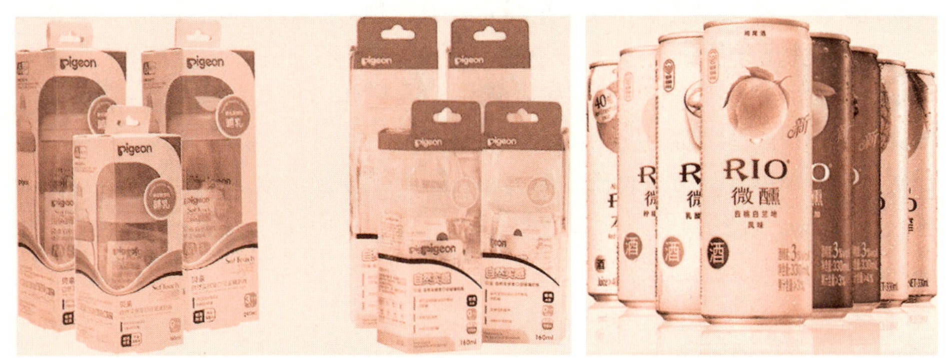

图5-27　PVC材料包装

图5-28　金属材料包装

包装装潢设计中，外形、构图、材料三者紧密联系，形成一个整体，在设计中必须协调统一。构图是包装装潢的主体；外形的构图不能离开材料的限制去表现；色彩依附于图形、文字、肌理，图形、文字却需材料来衬托。

二、包装装潢设计的功能定位

包装装潢设计应从以下功能定位出发。

（一）识别功能

一方面，包装装潢帮助产品从众多的同类商品中脱颖而出，吸引消费者；另一方面，包装上准确、详尽的文字说明，有利于消费者正确使用商品。

（二）便利功能

便利功能指包装应有利于保护商品；使商品方便携带和运输，能长期存放，便于开启和使用，确保消费者安全，等等。

（三）美化功能

包装装潢应具有艺术性，让消费者赏心悦目，得到美的享受；使消费者产生更高的想象和美好的联想。

三、包装装潢设计的要点

在进行产品装潢与造型设计构思时，设计思路要广阔，应从多角度来考虑问题；设计思维要善于联系和联想，要研究客观事物之间相互联系、相互吸收、相互渗透、相互结合的关系。

设计的三大要素是功能、材料、形式。现代设计对这三个方面进行创造性综合，从而促进了新功能、新材料、新形式的不断发展，为包装形象创造了现代美感。一些高档的现代化产品包装，给人们的视觉感受是繁多的材质美、科学的结构美、简洁的形态美、精确的工艺美，从而体现出现代包装的时代特征。现代包装装潢设计有以下要点。

（一）要了解新时代、新潮流，有现代感

现代科技和工业的发展，使各种新产品在技术与艺术相结合的发展过程中显示出现

代审美特征。产品日趋自动化与多功能化，造型结构更为简练与科学，促使现代包装在用材、结构、造型、装潢上适应新产品的形态和功能属性，更符合科学性，同时加强艺术性，也突出商品性。这是现代包装审美设计的特征。设计也应力求使用方便、造型美观和利于制造。随着人民物质文化生活水平的提高，人们的审美要求也在求新求变。这就要求产品设计力求具有时代感。因此，包装装潢的审美设计，不仅要为商品创造经济价值，还要满足人们审美变化的新需求。

包装装潢审美设计的效果直接决定着产品的形象，巧妙的构思和完美的设计，不仅能赋予产品动人的外形面貌，获得消费者的喜爱，更重要的是为产品创造新的价值，从而达到积极、能动地促进销售的目的。

（二）要了解消费群的审美观，有敬畏心

如果主观与客观之间能互通适应，引起“共鸣”，就能形成审美的“共性”，互通的基础，正是现代包装设计所强调的审美性。不同年龄、性别、文化、职业，不同民族、地区、国家的人民有不同的审美意识和爱好。根据具体的消费群的审美特点设计，是包装装潢审美设计要考虑的一个重要方面。在对外贸易时，又要考虑到各国的审美、爱好和禁忌。尊重、敬畏消费群体的审美观，才能设计出消费者真正需要的产品。

（三）要了解同类产品的优劣势，有创新点

包装设计要重视与同类产品的比较，考虑如何在同类产品中脱颖而出。这就要求产品在设计上要有独创性，趋向简洁、明快的形式，力求富有变化，强调视觉传达和广告性手法。包装审美设计是产品推销的最好手段，因此，包装的形式要与同类产品有显著的区别，必须注重与众不同。在形式设计上求新求变，设计者就要具备多种形式处理的手段。与包装生产工艺有关的成型工艺、印刷工艺及表面处理工艺等技术水平的新发展，为现代包装审美设计的创新创造了有利的条件，各种塑料、金属、玻璃、纸材、复合材料等，为现代包装提供了新的有利条件。这些现代包装材料，不仅具有防潮、防腐、抗压等保护产品的功能，而且具有透明、半透明、色泽美观和肌理变化等外观审美功能。设计者宜充分利用现代材料的特点，为现代包装的结构造型设计开创新的局面。

四、包装装潢设计的理念

在漫长的人类设计史中，工业设计为人类创造了现代生活方式和生活环境的同时，也加速了资源、能源的消耗，并对地球的生态平衡造成了极大的破坏。特别是工业设计的过度商业化，使设计成了鼓励人们无节制消费的重要介质。设计者不得不重新思考其职责和作用。在可持续发展战略下，包装装潢设计应该侧重以下设计理念。

（一）绿色设计

绿色设计是指在产品整个生命周期内，要充分考虑产品对资源和环境的影响，在充分考虑产品的功能、质量、开发周期和成本的同时，更要优化各种相关因素，使产品及其制造过程对环境的总体负影响减到最小，使产品的各项指标符合绿色环保的要求。绿色产品设计包括：绿色材料选择设计；绿色制造过程设计；产品可回收性设计；产品的可拆卸性设计；绿色包装设计；绿色物流设计；绿色服务设计；绿色回收利用设计等。“绿色设计”给工业设计带来了更多的挑战，也带来了更多的机会。在环保成为世界发展趋势的情况下，绿色设计正起着前所未有的重要作用。

（二）生态设计

生态设计是指设计师按照生态学原理和生态思想，预先构想产品的形式和功能，使所设计产品的蓝图符合生态保护的要求，从而使产品与生态融合，使生态学成为设计思想的一部分。针对产品包装造成的污染，人们对包装材料及方法进行改进，希望能够实现理想的“零度包装”——不制造任何垃圾的包装方法。

（三）循环设计

循环设计旨在通过设计来节约能源和原材料，减少对环境的污染，使人类的设计物能够多次反复利用，形成产品设计和使用的良性循环。具体到包装装潢设计，循环设计、理念要求一是尽量在包装中使用易被回收利用的材料进行设计，以减少原材料的浪费和包装使用后废弃物的数量，最大限度地增加材料的多次利用率；二是尽量使用少耗能源且功能齐备、通用性强的材料，以节约能源和减少污染。

1. 讨论计算机技术的发展给设计带来的影响。
2. 通过一个设计案例，论述包装设计的风格定位。
3. 简述明度对比、色相对比、饱和度对比的定义，并举例说明其用途。
4. 有一食品厂，拟开发一种名为“贝贝”牌的儿童系列食品，请你从下列三种设计方案中任选一个，为这个牌子设计一个标志方案。

   方案：① 以汉字“贝贝”为基本设计元素；

   ② 以自然图形为基本设计元素；

   ③ 以几何图形为基本设计元素。

   要求：标志的大小限制在5 cm~10 cm，并简要说明该方案设计思路（100字～200字）。

扫码观看
第六章微课

第六章 环境艺术

第一节　环境艺术设计

环境艺术设计是指通过艺术的形式和一定的组织、围合手段，对空间界面进行艺术处理和整合的一门实用性艺术，包含建筑设计、室内设计、景观设计等。它借助自然光、人工照明、家具陈设、植物花卉、水体、小品、雕塑等元素，运用光、电等技术手段，将室内外的使用功能和审美功能作为一个有机的整体统一起来，来满足人们多层次、多方位的物质和精神需求。在满足功能性的前提下，环境艺术设计既注重艺术性的"美感"追求，也注重设计的技术性、科学性、合理性和现代性。

一、环境设计的分类

环境艺术设计一词在我国的出现始于20世纪80年代末。狭义的环境艺术设计只包含建筑的室内外设计；广义的环境艺术设计几乎涵盖了地球表面所有与地面环境和与美化装饰有关的设计领域，涉及的学科也比较广，如自然科学、人文科学、艺术美学、材料技术等。

环境设计分类具体包括以下几个方面。

（一）地球表层空间规划设计及大地规划设计

它是一个涉及多学科领域的专业类别，主要集中于土地利用、自然资源的经营与管理、农业区域的发展和变迁、大地生态以及城市与大都会的规划，但也包括小面积庭院、花园、绿地等地形地貌设计，道路、建筑、叠石、堆山及种植设计，以及城市园林绿地系统工程的规划设计、农业区域用地规划设计、生态系统规划设计等方面。同时，它也是艺术含量和技术含量都非常高的综合性设计门类，除了运用园林设计、建筑设计、城市规划设计等方面的专业技术外，还包括信息技术、环境测评与保护技术、生态技术、航空测量、遥感技术等现代尖端科学技术。如大地景观艺术（图6-1），是一种介于雕塑和景观之间的艺术形式，由于体量普遍比较大，常给人以震撼的视觉感受。

图6-1　大地景观艺术

例 6-1

艺术家Charles Jencks的作品——人造大地艺术“生命细胞”(图6-2、图6-3),在这一设计中,平滑整洁的草坪层层叠叠,地形、水面、道路都成了艺术创造,螺旋形的山丘不再是自然山体,而是一个有意味的、由地形和草坪构成的、大尺度的绿色空间。

图6-2 人造大地艺术近景

图6-3 人造大地艺术远景

这些作品运用土地、岩石、水、树和自然力来塑造改变已有的景观空间,场地就是作品的主要内容。艺术家们尝试着以大地为对象进行艺术创作,将大地与环境中的原始材料结合起来,将这些材料融入大自然的生长运动里,将艺术作品与自然融合,达到一种和谐境界。

(二)城市规划设计

城市规划设计,是指城市建设人员在根据当前的城市状况、城市的发展性质、人口规模和用地范围以及对今后一段时期的城市发展方向做出分析之后,对城市的土地利用、市场发展及城市空间分布做出综合的规划部署,拟定各类建设规模、标准及用地要求,制定城市各组成部分的区域布局以及城市的形态和生态。

目前,“人地和谐,生态优先”的规划理念的提出,对城市规划技术提出了更高的要求,传统的二维、三维城市规划技术已经不能满足现代城市规划发展需求。蓬勃发展的计算机与信息技术为城市规划的理性与科学化提供了充分的基础技术手段和方法,如地理信息技术(地理信息系统GIS、遥感RS、全球定位系统GPS,即3S技术)、计算机辅助设计(CAD)、数据库技术、虚拟现实以及多媒体技术等技术,可对城市的地理空间数据进行获取、分析、处理和辅助决策服务,实现“城市规划在线”的理念。由此可以看出,未来城市规划的突破点及竞争焦点将是新技术和新方法在城市规划领域中的运用。

（三）建筑设计

建筑设计是指对建筑物的结构、空间及造型、功能等进行设计，它包括建筑工程设计和建筑艺术设计，具体有民用建筑设计、园林建筑设计、商业建筑设计、工业建筑设计等。实用、坚固和美观是构成建筑的三个基本要素。

任何一种建筑形态的生成都具有技术的和审美的双重性。随着新材料、新设备、新工艺的不断出现，技术表现作为审美构成重要内容的趋势也越来越明显。技术不仅是建筑实现的手段，还是建筑师获得建筑艺术创意灵感和抒发主观情感的媒介。建筑师通过技术元素的艺术化来平衡技术形象的冷漠，赋予建筑技术表现的美感和人情味。

例 6-2

长沙梅溪湖国际文化艺术中心（图6-4、图6-5），由建筑大师扎哈·哈迪德建筑事务所设计，其建筑设计由三片流线型花瓣发展而来，包围着中间的中庭空间，造型犹如盛开的“芙蓉花”，蜿蜒曲折，使建筑外观具有柔和的视觉美感。该项目将现代建筑技术美学发挥到了极致，是智慧建造实践的经典之作。BIM（building information modeling，建筑信息模型）技术是该项目智慧建造应用的核心，在工程启动之初就贯穿始终，从管理到建模，从深化到出图，技术的全方位应用为智慧建造提供了保障，云计算和物联网的应用又为智慧建造提供了动力。

图6-4　梅溪湖国际文化艺术中心俯瞰图

图6-5　梅溪湖国际文化艺术中心内景

（四）室内设计

从广义上说，室内设计是改善人类生存环境的创造性活动；从狭义上说，室内设计就是在环境意识与审美意识结合的前提下，把握建筑内部空间的特质，根据室内使用性质和所处的环境特点，运用物质材料、工艺技术及艺术手段，创造出功能合理、舒适、美观，符合人的生理、心理需求的内部空间。

室内设计作为一门实用的艺术，是和技术美紧密相关的。技术美中的功能美、形式美、艺术美都对室内设计起着重要的作用。因此，把握好技术美与室内设计的关系，可以更好地利用设计美满足人类更高层次的物质和精神需求。

例 6-3

设计师青山周平设计的“号舍”(图6-6),他对这个小空间进行技术上的设计,借用的是中国古代科举考场“号舍”的设计理念,将木板放置五种不同高度来实现茶室和卧室的切换,达到了小空间的可变性。空间上部为了适应将来可能的各种需求,利用不锈钢和电机设计了升降床板,通过技术手段大大提升空间利用率。技术美在室内的应用弥补了之前的呆板,合理利用了空间,把有限的空间做到了极致。

图6-6 号舍

(五)室外设计

室外设计泛指对所有建筑外部空间进行的环境设计,又称风景或景观设计,具体对象包括庭院、街道、公园、广场、道路、桥梁、河边、绿地、森林等所有生活区、工商业区、娱乐区。以地理信息技术、环境科学技术以及生态学技术为代表的科学技术被大量地运用到现代景观设计的实践中来,结合新结构、新技术、新材料、新设备的使用,不断探索和拓展自身的表达语汇和形式,促进了当代景观设计的审美转型,使其越来越呈现出技术主义的倾向。

例 6-4

位于哥本哈根的海上青少年之家(图6-7、图6-8),是一个四周环水,具备各项社会性功能的公共景观,它将木质竖柱三维构架建造技术应用到了极致。

图6-7 海上青少年之家表面

图6-8 海上青少年之家

二、环境设计的特征

（一）整体性

一个完整的环境设计，不仅要把握住构成环境的各种要素的特性，还要强调环境的整体性，即对环境的整体效果的把握和控制。环境设计的整体性包括以及几个方面。

1. 建筑内部空间和外部环境的整体性

这种整体性的设计方法不是简单地将几种要素进行叠加，而是要打破建筑内外之间的严格界限，实现外部环境的分析与内部空间的塑造之间的相互呼应、相互补充、相互协调。

例 6-5

丹·凯利设计的米勒花园（图6–9、图6–10），极其重视在理性的原则下对空间功能的提升。建筑和自然环境的过渡是明确的序列关系，室外优美的景色可以毫无阻碍地渗透到室内，室外空间作为建筑空间的连续与延伸将建筑中所营造的“开放连续的空间感”延续到室外，使室内、室外浑然一体，而建筑也和谐融入总体序列之中，并不凌驾于环境之上。

图6–9　米勒花园

图6–10　米勒花园一景

2. 水平界面和垂直界面的整体性

环境艺术设计中的水平界面是指承载人工铺装、植被配置、水景布置的地表界面。垂直界面则是景观陈设部分，包括如座椅、雕塑、垃圾箱、路灯、亭台等的设施。水平界面和垂直界面之间的整体性就是使环境空间的视觉层次更加丰富，空间氛围更具有整体感，形成一种融洽、舒适、生态的整体氛围，如图6–11的园林环境设计就达到了水平与垂直界面的整体性。

图6–11　园林环境设计

3. 自然环境与人工环境的整体性

人作为环境的主体，作为环境设计的接受者，对环境的需求不仅体现在建筑水平和环境塑造技巧上，更重要的是满足他们渴望亲近自然的愿望。所以，把握好自然环境与人工环境的整体性，是现代环境设计师要把握的一个重点。

例 6-6

悉尼歌剧院的设计，约翰·伍重将贝壳巨大化与海岸线连成一体，建筑的体型与空间都是为将人工环境与自然环境的整体感而服务的（图6-12）。

图6-12 悉尼歌剧院

（二）多元性

环境设计的多元性是指在环境设计中将自然美、人文美、技术美、科学美和艺术美综合起来，要考量的领域涉及地域文化、民风民俗、科学技术等方方面面，以创造出或古典或现代、或细腻或粗犷、或含蓄或开放的空间环境。环境设计的多元性包括范围的多元性、设计手法的多元性、艺术构成的多元性和感官刺激的多元性。

1. 范围的多元性

环境设计的范围非常广泛，包括居住环境（图6-13）、商业环境（图6-14）、休闲娱乐环境（图6-15）、学习办公环境（图6-16）等，有人类活动的空间就有环境设计。

2. 设计手法的多元性

不同空间环境对设计的要求不同，如居住环境要求具有安全性、保健性、便利性、舒适性、可持续性，而商业空间环境要求具有体验性、互动性、生态性、可识别性等。面对不同

图6-13 居住环境

图6-14 商业环境

图6-15 休闲娱乐环境

图6-16 学习办公环境

的空间，设计师在环境设计创作手法上也需呈现出多元化。

3. 艺术构成的多元性

环境艺术设计是一门综合性非常强的设计门类，它融绘画、雕塑、工艺美术、书法艺术、建筑艺术、园林艺术等为一炉，集艺术美、文化美、科学美、技术美等为一体。

4. 感官刺激的多元性

人的感知是多元的，环境设计可以通过各种手段调动人的各种感官。小桥流水、曲径通幽、绿树繁花等可以调动人的视觉器官，给人以美的享受；蝉噪鸟鸣、溪水潺潺、音乐喷泉、背景音乐等可以刺激人的听觉器官，感受各种天籁；水泥路、卵石路、青石板路、实木地板、石凳、木椅等都可以给人带来不一样的触觉感受；雨后清新的泥土气息、花香、青草的味道刺激着人们的嗅觉，让人心旷神怡。作为环境设计师，想要调动人们的各种感觉器官，就需要借助多元化的创作手法，给人以多元的环境感受（图6-17）。

图6-17 园林环境

（三）人文性

环境艺术设计人文性的主要理念就是“以人为本”，即在设计过程中，要充分考虑人的因素，更好地满足人们在功能上和审美上的需求，更好地体现设计工作的人文意义和价值。

环境设计的人文性主要体现在空间环境的塑造与使用者的文化层次、地域文化背景、历史源流、民风习俗等特征相适应，使环境的使用者的物质层面和精神层面的需求得到充分的满足，形成一个充满文化氛围和人文情趣的环境空间。要达到人文性，在设计过程中，不能只考虑自然环境和地理气候，更重要的是对各具特色的生活方式和文化情趣的考虑。

例 6-7

竹子造景的案例（图6-18、图6-19、图6-20）。竹文化对竹子造景的产生和发展起了很大的推动作用，竹子造景的意境创造亦以竹子文化为基础，竹子本身具有深厚的文化体现，人们看到竹子，会联想到虚心、有节、正直和不畏艰难的品格，人们在欣赏与竹有关的诗词、绘画、书法的同时，还可以领悟其中蕴含的历史文化和园林意境，拓宽了竹子造景的审美信息量。

图6-18 竹子造景1

图6-19 竹子造景2

图6-20 竹子造景3

（四）艺术性

艺术性是整体环境设计中的核心表现特征之一。环境设计与其他造型艺术一样，具有对称与均衡、对比与统一、比例与尺寸、节奏与韵律等形式美的规律。所以，环境艺术设计要积极主动地结合形式美的规律，使空间环境在空间形体、材质、色彩、景观等方面满足基本的使用功能的同时，还能带给人美的享受。

（五）科技性

随着社会的科学技术的发展，高新技术在环境设计中的作用越来越重要，新材料、新技术、新工艺、新结构不断涌现。科技是重要的环境构成和环境建设的材料，现代环境设计不仅是简单的空间规划和美化的问题，它还是社会环境的全面再创造。此外，空间环境的创造必须依赖一定的科学技术手段才能实现，如智能化技术、自动化技术、物联网技术、VR技术、数字虚拟技术等。环境设计就是将成熟的科学技术成果应用于协调人与自然和谐相处的实践中去。

三、环境设计的要点

环境艺术设计涉及的范围很广，在设计过程中要考量的内容比较多，需要多学科、多角度地进行综合研究，作为设计师，在设计过程中要认真把握以下几个要点。

（一）因地制宜，功能合理

环境设计的价值和意义在于环境的功能的实现。环境设计的功能是满足人在物质和精神上的双重需求。在物质层面，人们追求的是实用，因此，环境设计必须遵循功能原则，达到环境空间设施齐全和环境布局方便与安全。另外，环境规划要结合开发地块的特点，因地制宜，发挥地块的优势，使人工环境和自然环境相融合。

例 6-8

设计师贝聿铭在香山饭店（图6-21、图6-22）的设计中，巧妙地利用了香山的景色，利用香山特有的枫叶色彩，把人工建筑自然地点缀在山间丛林中，利用其地形、地势、地貌、植被、气候，将人工建筑巧妙地融合在环境中，让自然环境为建筑的功能价值和美学价值增光异彩。

图6-21　香山饭店全景

图6-22　香山饭店

（二）主次分明，环境协调

建筑是环境设计的主体。环境设计中的尺度、比例、色彩、质感、形体、风格等都应与主体建筑相协调。在协调的前提下，求对比、求变化，才能使整体既和谐又多姿多彩；反之，失去协调来追求各自的个性，只能是杂乱无章。只有两者的物质构成形式与气韵有机统一，才能达到环境设计的整体目标和环境设计和谐美的目标。

例 6-9

贝聿铭设计的苏州博物馆（图 6-23、图 6-24）充分地强调了建筑内外环境的融合关系，它既闪烁着现代建筑的光辉，又是一座扩大了的中式庭院，是一座别具一格的苏州园林，就连馆中两丛藤蔓都采用了文征明手植紫藤的根来嫁接，中华文明信息在设计中流淌传承；而博物馆内部却是一座数字化的精品建筑，其风格、气质现代，内部功能先进，运作程序完善，布局安排科学。这座博物馆的成功设计，恰恰代表了城市与建筑空间的环境的内外关系和谐发展。

图 6-23　苏州博物馆

图 6-24　苏州博物馆内景

（三）经济科学，节能环保

环境设计要注重节约，如节地、节水、节能、节材等，杜绝铺张浪费，应尽可能地通过对科学技术的充分利用，取得良好的性价比，尽量减少不必要的构筑物和建筑物。科学技术的进步推动了经济的发展和人们生活水平的提高，但同时也带来了水资源污染、空气污染、资源短缺等不良后果。环境设计应充分考虑资源的有效合理利用，通过科学技术手段尽可能地处理资源耗费，在提高资源循环利用率的同时，最大限度地控制资源的消耗。尤其是在设计建筑、园林、配套设施等方面，融入科学技术，以科学技术作为设计指导，引导人们采用具有高科技、高效性的材料；采用高科技设备和高科技手段，提高环境艺术设计的科学性，使科学手段为环境艺术服务。

第二节 建筑艺术设计

建筑是环境中的主体。自从有了人类文明，就有了建筑。从功能来说，它是人类活动的容器、物理气候的调节器和社会文化的感应器。

在漫长的发展过程中，技术与建筑一直都紧密结合在一起并影响着人们的审美观念。技术不仅仅是建筑得以实现的手段，也是建筑创意的源泉。建筑美学在当代技术体系支撑下上升到更高一级的美学层次，技术表现也从单纯表达的机械技术上升到依托数字、信息技术等隐性的智力技术和社会技术，表达出更丰富的意味。

一、建筑设计的要素

随着建筑的发展，建筑的内部空间结构布局和外部空间造型都呈现出多样化的特点。建筑师们不再只用一种形式语言来表达当今多元化信息社会中人们的行为空间，人们也已不再局限于只用功能、造型、比例等有限的标准来衡量一幢建筑的优劣。但是不管是什么风格、什么形式、什么流派的建筑，建筑的整体形态和视觉形象都是由点、线、面、体的基本空间几何要素组合而成。点线面体以不同的方式组合，进而形成了建筑的空间体系、结构体系和围护体系，共同形成了完整的建筑设计体系。

（一）点

点，是空间构成的最基本要素。建筑设计中的点是相对比较小的形，从概念上讲点是没有量度的，但具有适应性、变化性和灵活性的特点。建筑上可以看到许多不同的点，比如大小不同的窗户就组成了点，使建筑体现出了不同的韵味与亮点。一定形态上的点可以增加空间的实用性和美观性。在建筑设计中，合理地运用点的形态、位置、大小、多少、聚散、连接、颜色和顺序的变化，使其具有节奏和韵律，形成生动、活跃和自由感，从而带给人们一种富于变化的视觉效果。对于建筑的结构而言，如果只有一个点通常会产生视觉的聚焦，众多的点之间就会产生相应的关联性，使其彼此之间具有强有力的吸引力，最终形成比较大的磁场，对人们的视觉产生一种冲击感，如波特兰市政大厦立面（图6–25），规整排列的窗户形成多个点，达到一定的视觉效果。

图6–25 波特兰市政大厦立面

（二）线

当点移动或运动时，就形成了线。线有直线和曲线两大基本类型，直线给人果断、明确、坚定、理性的感觉；而曲线则更具柔和、优雅、含蓄的美感。线在建筑中无处不在，一切类似细长的形状都具有线的效果，可以是柱子、古塔、摩天大楼、管道线路；也可以是空间，如狭长走廊；也可以是可见到的，如天际线；还可以是想象中的，如轴线。

建筑中的线可分为形式上和功能上两类。形式上的线只是增加造型上的流畅和优美，达到一定的视觉效果；而功能上的线，在内部结构的承受上也起到了作用。还有的线兼具形式上和功能上的效果，如具有导向性的线，在外部巧妙运用线条增加功能性，哥特式教堂的高耸入云的尖塔，既具有视觉上的导向性，又具有心理上的导向性。

例 6-10

施罗德住宅（图6-26）中红色、蓝色、黑色、黄色的线，这些线既限定了空间又与白色和灰色的墙面形成强烈的对比。鸟巢（图6-27）就是利用线条之间相互穿插形成网状的框架，采用曲线性的钢材，构筑出了一个鸟巢的空间造型，运用了形式上的线和功能上的线，像树枝编织的鸟巢让建筑整体典雅有独创性。在构筑的过程中，丰富变化的建筑线条体现了我国传统的艺术手法，即镂空手法，并意指了古代陶瓷上的冰裂纹，从而提升了建筑的历史文化气息，也创造了强烈的视觉标志。

图6-26 施罗德住宅

图6-27 鸟巢

线的元素的组合运用方式千变万化，需要在设计过程中不断尝试、不断总结，从而达到良好的视觉效果。在建筑设计中还可以运用线元素来帮助空间产生流动的效果，这是由于线元素具有流动性和灵活性，因此在建筑设计过程中需要加强对线元素的创新应用。

（三）面

面是一个二维的概念，建筑中的面是构成建筑形体空间的基本要素，表示建筑的外表，可以完成功能区域的合理设置，使得建筑的实用价值和美学价值得到提升。面的形象非常丰富，有平的面，有起伏的曲面，有扭曲的不规则面，不同形式的面在建筑空间塑造中发挥着不同的作用。足够平整且对称的面，可以营造一种简洁、庄严、有秩序的空间氛围；连绵起伏的曲面，可以烘托出充满动感的空间氛围；不规则的面，可以塑造出一种神秘莫测的视觉幻觉。

图6-28 朗香教堂1

建筑设计中常见的面有屋面、墙面和基面（如地板）。建筑面要求具有材料、色彩与质感等属性和视觉上的重量感与稳定感，它主要起到限定三维空间体量的作用。每个面的属性及其之间的关系最终决定这些面限定的空间所具有的视觉特征。建筑本身就是大块的面组成，一些凹凸和大块的几何个体的插入可以使建筑更富有立体感。朗香教堂（图6-28）不规则的面的拼接让建筑的轮廓发生变化，美感相应展现，使之变得灵活和跳动，给人不同寻常的新鲜感。

不同类型的面元素表现形态会给人们打来不同的视觉感受，这就要求设计师在进行设计时，充分满足建筑的功能需求的同时，对面的类型和功能进行分析和研究，以探寻更加丰富多彩的建筑空间。

（四）体

体是物质存在的状态或形状，是点、线、面各种元素的集合，建筑体元素是否具备美感，和点、线、面三个元素的存在形式及其搭配有着密切的联系。协调使用各类型的几何元素，可以使得整个建筑效果提升到一个更高的层次。

图6-29 朗香教堂2

体是在三维空间中实际占有的形体的表达，与点、线、面相比。建筑设计中的体可以是实体，即立体的造型（如建筑实体、廊、桥、亭子等）；也可以是虚空，即由面所包围的空间（如建筑群所围合的广场、行走的道路等）。体表达的根本特征是体量感，在建筑造型设计中经常利用体量感表达雄伟、庄严、稳重的气氛，如朗香教堂（图6-29）的体量感。

随着人们建筑设计思维不断开阔，人们也渐渐采用了各种类型的形体元素，并将其应用到建筑空间设计中。如东方明珠塔的建筑设计中采用了圆形的设计手法，它不仅实现了一个建筑标志的作用，也提升了城市的整体形象。

例6-11

CCTV新大楼（图6-30）的设计，采用了不规则的空间造型的组合，通过几个长方体的组合解决了建筑中的复杂动线问题。这些建筑设计都丰富了城市的整体环境，建筑自身成为城市的地标。

图6-30 CCTV新大楼

点、线、面、体的概念是相对于建筑基本形式的特征而言的。形式是建筑的语言，好比作家使用文字词汇，建筑师以点、线、面、体基本形式作为实现自己的设计构思的工具。

二、建筑设计的空间结构

建筑空间结构通常以组合的方法进行设计，其中有比例和尺度的变化以及一系列设计手法的运用。

（一）建筑空间的组合结构

1. 集中式

集中式空间形式是指在一个中心主导空间周围，组合一系列次要空间，以突出一个亮点。这种组合是一种稳定的向心式的构图，它由一定数量的次要空间围绕一个大的占主导地位的中心空间构成。比如以构筑物、主题雕塑或建筑等为中心，其他景观元素围绕它进行设计，具有向心强调的作用，常用于一些医院、学校、宗教建筑、纪念性建筑。

例6-12

以医院为例（图6-31、图6-32），随着现代医疗科技水平的发展，医院各部门之间的联系越发紧密，医院建筑的关键便是使建筑的功能关系更加紧凑，流线简洁、追求效率最大化。在一些用地局促的城市的医院，集中式的高层病房楼建设成为了中心，一般由高层体块医院建筑和小体量的裙房组成高层塔台式建筑组成，其中住院部设在采光通风条件较好的高层，门诊和医技房间则布置在低层裙房。

图6-31 集中式医院设计正面

图6-32 集中式医院鸟瞰图

2. 线性式

线性式是指建筑各空间的关系呈线性式布局，交通路线的展开也呈线性，常用的线性布局有串联式。线性式组合实质上是一个空间系列，它通常由尺寸、形式和功能都相同或不同的空间重复出现排列而成。线式空间具有运动、延伸、增长的意味，又具有可变性，可根据场地变化调整为直线、折线或者弧线。

例 6-13

南京雨花台烈士纪念馆建筑群便是沿轴向组合的线性式布局空间范例（图6-33、图6-34）。从图中可以看出，烈士纪念馆、碑建筑群、忠魂堂、广场、纪念馆、中央水池、大台阶以及大平台均处于同一直线轴线上，且以这条轴线为对称轴。纪念碑是整个纪念建筑群的高潮部分，也是纪念群轴线的最终端；其他空间单元逐渐递进，竖向空间逐渐升高，最终到达纪念碑，空间结构严谨有序。

图6-33 南京雨花台烈士纪念馆建筑群

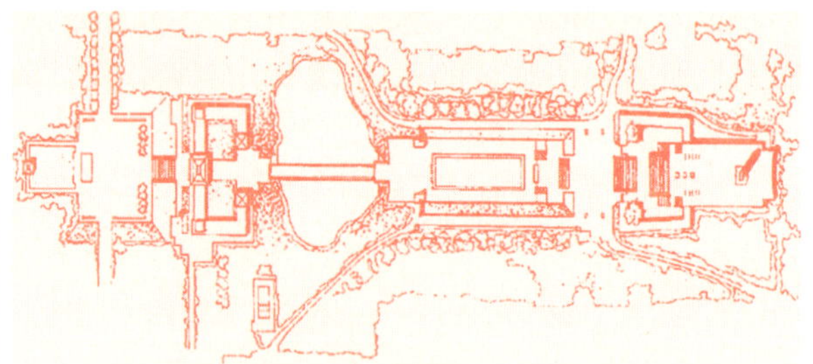

图6-34 南京雨花台烈士纪念馆建筑群平面图

3. 辐射式

辐射式空间组合是由一个主导中央空间和一些向外辐射扩展的线式组合空间构成。辐射式空间组合兼具集中式和线式组合的特点，并与建筑环境的特定要素与特点交织起来。正如集中式组合一样，辐射式的中心空间一般也是规则的形式，以中央空间为核心的线式臂膀，可在形式、尺度方面相同，并保持空间整体组合的规则性。当然辐射臂膀也可根据功能的需要而互不相同。

例 6-14

东莞理工大学新校区中心区就是典型的辐射式空间组合（图6-35）。校园的中心区利用水面和中心图书馆，通过弧形的连廊空间将沿着轴心呈发射分布的几个部系楼单元体串联，从而形成了一个具有一定围合感的扇形景观广场。类似的设计还有晋江市行政中心办公楼，其方案也是用辐射式组合，以中心庭院为中心，办公空间向外辐射，形成四个外向型发散空间，各个建筑单元均保证了良好的自然通风和天然采光，也减少了视觉上的互相干扰。

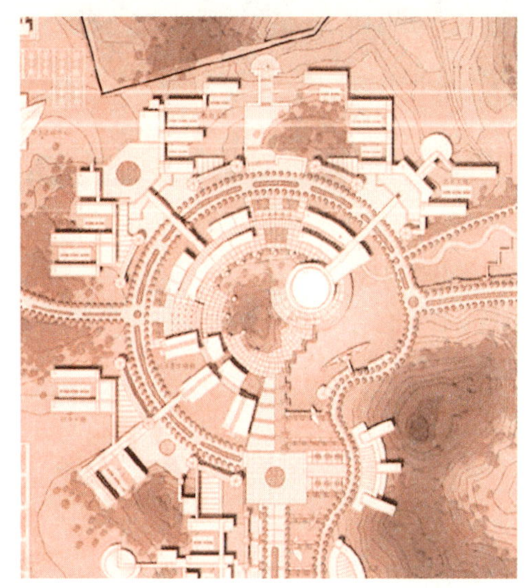

图6-35 东莞理工大学新校区中心区

4. 组团式

组团式组合通过紧密连接，使各空间之间相互联系，通常由重复出现的格式空间构成。这些空间或有类似的功能、风格与视觉特征，或者通过视觉上的规则手段来建立联系。组团结合设计可以根据各地的地域特色形成不同风格，彰显不同的主题特色和文化内涵。组团式风格使各个组团具有强烈的识别性、认同感、归属感和可变性。同时，组团内风格统一，建筑标准化、系列化，也使建设管理和设计、施工高效便利。我国江南的私家园林多采用此类空间组合，顺应环境形成拓扑变形的向心组合空间；一般的住宅小区的建筑也多数采用组团形式。组团式按规模可分为特大型、大型、中型和小型的组团模式。

5. 网格式

网格式组合空间的位置和相互关系是通过一个网络图案或范围而表现的。其组合力来自图案的规则性和连续性。网格往往作为一种模数而构成一种规则有序的空间。沈阳建筑大学新校区规划（图6-36）即一例网格式组合空间，以80米×80米为基本的单元网格规划布局，通过基本单元的组合变化，以及与700米的连廊空间的结合，形成颇具特色的校园空间。

6. 时空式

时间和空间，是建筑艺术存在的两个必要要素。翻开一部建筑史，不难发现，任何一

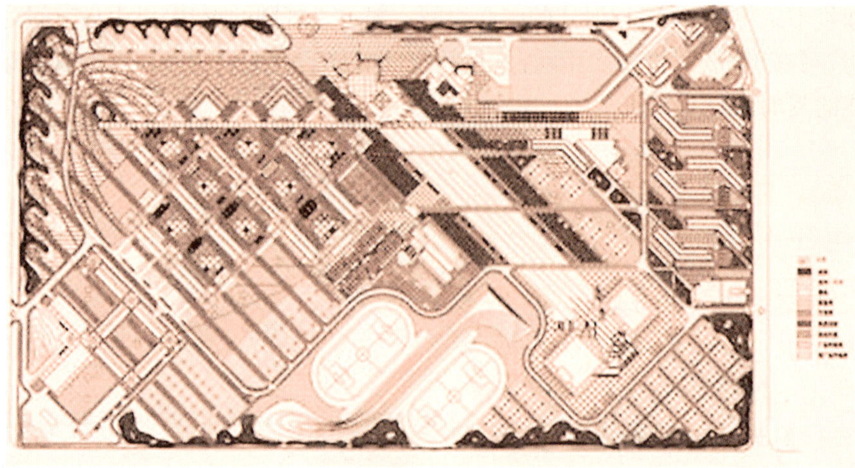

图6-36　沈阳建筑大学新校区规划图

幢建筑，不管它存在多长时间，它都反映着它建造的那个时期的历史，如帕特农神庙，为纪念雅典获得波斯侵略战争的胜利而建，是那个时期建筑的一个里程碑。

例 6-15

圣彼得大教堂及广场（图6-37，一译圣伯多禄大教堂），它是文艺复兴时期规模最大的建筑，它的设计反映了从文艺复兴时期到巴洛克时期一百多年的人文主义思潮。

图6-37　圣彼得大教堂及广场

现代建筑视觉引入时间与空间进行组合，形成“四维”空间，即观察者穿过时间、围绕建筑，才能彻底欣赏一幢建筑。空间性要求在同一时间、地点可以同时欣赏到建筑的内部和外部，要求空间既有流动性，又有通透性，中国古典园林的移步换景便是典型的例子。

(二)建筑空间结构比例

建筑空间的比例是为了满足人们对各类空间的生理、心理要求，同时考虑空间的结构要求和材料的属性要求，在形式上分配空间的比例和尺度，以建立起一种秩序感和连续性。这种比例关系都可以归结到数，它包括以下内容

1. 数学比例

常用的数学比例有黄金分割、音乐声阶和谐比（1∶2∶4∶8或1∶3∶9∶27等）等。

黄金分割不仅仅是美的规律，它跟万有引力、能量守恒与转化定律一样有着比较精确的数学表达，同时又像系统与结构、信息与控制等原则一样具有较高的普遍性和抽象性。世界上最有名的建筑物中几乎都包含“黄金分割律”。

例 6-16

古希腊帕特农神庙便是黄金分割比例运用典例（图6-38），其平面构成为1∶1.618的矩形，中央是厅堂、大殿，周围是柱子，其大理石柱廊高恰好占整个神殿高度的0.618，它的高度、宽度和柱子之间的间距都符合黄金分割律，使得整个庙宇和谐壮丽。此外，故宫、泰姬陵等古典建筑都充分利用了黄金分割比率。加拿大多伦多电视塔，建筑师在整个建筑的黄金分割点（335～365米）上安装了一个状如轮胎的筒状7层建筑，使得这座建筑物不至于太过呆板和单调。又如上海的东方明珠电视塔，建筑师在塔的黄金分割点上装置了晶莹耀眼的球体太空舱，使得原本笔直的塔身有了曲线变化。

图6-38 雅典帕特农神庙

人们常说“建筑是凝固的音乐，音乐是流动的建筑”。从现代主义建筑到后现代主义建筑，再到新地域主义、高技派、新现代主义、解构主义，建筑设计中提倡融合音乐元素的呼声日益高涨，许多建筑也确实从音乐中获取了不少设计灵感。实际上，不管是音乐还建筑，它们都是通过一定的比例关系来达到和谐的，比例是建筑艺术和音乐艺术的数理共通。建筑中的造型的高低、大小、收分、坡度、粗细等都需要进行精确的数量测算。同理，音乐中的节奏、韵律、速度、旋律、和声、节拍等要素也需要通过比例的协调才能达到和谐的效果。

2. 人体比例

人体比例是万物的尺度，人体的构造就是小宇宙。雕塑家罗丹说：“自然中没有任何东西比人体更美。”比例，其本身表示的是一种数学关系，但当将其运用到解决人体艺术问题的时候，就表现为一种特定的艺术法则。人体比例在建筑设计中的运用由来已久，古埃及建筑中，人体比例理论的要点逐步构成建筑艺术中的几何学特征。古希腊时期，人体比例体系带动了建筑设计的发展，其精华集中在帕特农神庙的建造中，神庙的建造以完美的人体比例为基础，建筑的正立面是符合多重黄金分割的矩形，长和宽的比值为近似0.618的数值；不仅如此，山墙的高度、楣梁和中梁的位置都是黄金分割矩形构成。文艺复兴时期，不管是府邸、别墅还是教堂建筑，一般尺度和谐之源便是人体比例理论，它为这一时期的建筑设计提供了重要的方法和准则。到20世纪中期，建筑设计师柯布西耶以人的绝对尺度为出发点，制定四个主要的控制点，分别为：“下垂手臂”“脐点”“头顶”“上伸手臂”，测量4个点到地面的垂直距离分别为86厘米、113厘米、183厘米、226厘米。这些数值之间存在着两种关系：一是倍数关系；二是隐藏的黄金分割关系。

在当代，各种建筑风格“你方唱罢我登场”，各种标新立异甚至荒谬怪诞的建筑层出不穷，紧凑的生活节奏使人们无暇思考这种混乱的表达方式。随着人体工程学研究的深入，建筑设计又回归人的问题，如在建筑细部设计中（如门窗、楼梯、栏杆等）充分考虑建筑如何更符合人的使用需要，使空间具有亲切感。不同的建筑空间，因空间氛围的需要，可对某些建筑细部的尺度进行扩大或缩小，产生不同的心理效应，在对自然的模仿和功能舒适之间找到平衡。

3. 模数比例

从某种意义上来说，模数是工业时代机器生产背景下的产物，它将数学比例与人体比例综合运用到工业设计或建筑设计上，形成工业模数或建筑模数。建筑模数指在调节建筑比例、尺寸、结构之间关系时所采用的标准尺寸单位。它是建筑设计、建筑施工、建筑材料与制品、建筑设备、建筑组合件等各部分进行尺度协调的基础。现代社会建筑的工业化生产使模数成为常用的设计手法，建筑设计的标准化成为必然趋势。

例 6-17

巴拉哈斯机场（图6-39、图6-40）的屋面系统、主体结构、幕墙及遮阳系统、机电系统均由标准模数控制，并可以由标准模组建造。在屋面之下，所有的系统及其交接关系直观外露，贯彻了其设计者罗杰斯事务所一贯的“高技”风格。

图6-39 巴拉哈斯机场

图6-40 巴拉哈斯机场内部

例 6-18

柯布西耶在他的建筑实践中对模数也进行了具体的运用，马赛公寓就是最为典型的例子(图6-41)。马赛公寓全长140米、宽24米、高56米，整体的大尺寸是由每户的基本单元尺寸决定的，从整体布局到细部的各个尺寸都在模度的控制之中。

图6-41 马赛公寓

(三)建筑空间的设计艺术

建筑的空间必须考虑到功能、服务对象、要表达的意义和目的，以及建筑所在地的环境等多方面的因素，因此空间设计也具有多样性、复杂性和多层性的差别，需要有秩序与变化的统一，使一个建筑中的各种各样的空间在感性和概念上共存于一个有序、统一的整体中。常见的设计手法有以下几种，在一幢或一组建筑中，可以综合使用。

1. 对比

对比手法在建筑设计中的运用非常广泛，它可以将建筑设计中的变化元素展现得淋漓尽致。对比的形式很多，有体量对比、虚实对比、色彩对比、形状对比、质感对比、方向对比、光影对比、动静对比等。建筑设计中充分利用这些对比手法，可以达到强调、夸张、突出重点等作用。

例 6-19

巴西国会大厦的方与圆、高与低的对比（图6-42）。

图6-42 巴西国会大厦

例 6-20

流水别墅毛石墙面的粗糙与平台的光滑之间的对比（图6-43）。

图6-43 流水别墅

2. 韵律

韵律是构成系统的诸多元素在建筑构图中有组织、有规律的重复与变化，形成一定的节奏感和韵律感，给人一种美的感受。建筑中的许多部分或因功能的需要，或因结构的安排，或因造型的构成，常常按一定规律重复出现，使构图形成一定的节奏感。所重复的部分可以是相同的类型、功能和尺度，也可以有一定的变化。重复的规律也可以是多种多样的，可以是水平、垂直的，也可以是斜向的；可以是连续的，也可以是交替的。建筑中的韵律主要体现在三个层面：单体建筑、群体建筑以及城市肌理。

例 6-21

故宫所蕴含的韵律美主要体现在其中轴线的空间体验中所呈现出来的一种起承转合的韵味。沿着中轴线展开的建筑布局有序曲、前奏、高潮、尾声，还有余韵。从南端的大清门—千步廊—天安门—端门，这一部分属于序曲部分，几道门和长长的千步廊，让人们产生一种进入皇宫大院的森严感；接着，午门—广场—金水河—太和门，这一段属于前奏部分；过了太和门，太和殿、中和殿、保和殿这前朝三大殿，以及之后的乾清宫、交泰殿和坤宁宫后宫三宫，都是坐落在三层工字形台基上，此为高潮部分；过了这宏伟的前朝后寝建筑群后，来到御花园和神武门，这个时期观者的心情是放松的，也就是进入了整个乐曲的尾声部分；随后，出了神武门，登上景山，回望整个故宫全貌，这时人们的感觉是余音缭绕、回味无穷，此为整个乐曲的回响部分。

3. 均衡

建筑的均衡主要指建筑的前后左右各部分之间的关系要给人以安定、平衡、统一和完整的感觉。均衡最容易用对称布置空间的方式取得，以中轴线作为中心，强调两侧的对称性，这样容易给人一种完整、统一、严肃之感，如世贸大楼、吉隆坡双子星大楼等。当然，均衡中心位置也可以偏向一边的建筑物，可以运用虚实变化、色彩变化、材料变化以及体量变化等方式获得均衡感。相比较对称形式的严肃，不对称的均衡显得活泼、轻巧。

三、现代建筑设计的原则

现代建筑的设计思想、设计手法和风格不尽相同，但具有一些共同特征，要注意以下几个原则。

（一）环境协调原则

随着城市化进程的不断加快，城市建筑取代了自然环境，自然生态也遭受到了很大的影响和破坏。这就要求建筑师要充分处理好建筑和环境的关系。建筑与环境是不可分割的，它们是一个完整的体系。在建筑设计的同时充分考虑地形、阳光和风向、室内外空间与生态因素对建筑物的影响，既保证了建筑物整体功能的完善，也美化了环境，进一步提升了建筑物的使用价值。

（二）技术美原则

现代建筑有一个非常重要的特征就是技术在建筑艺术中的觉醒，全社会对建筑行业的标准与要求越来越高，新的技术与新的标准不断引进。现代建筑已经从传统美学角度塑造建筑形体的常规做法转向使工业技术、信息技术等技术措施以造型艺术的表现形式表现出来。

此外，现代建筑设计还引入了绿色建筑技术，不仅降低了建筑能耗，还赋予建筑强烈的技术美感。现代钢结构建筑以钢构架和精细的细部构造展示技术美，玻璃、钢拉杆、钢索、螺栓以其先进的工艺水平成为建筑造型的表现要素。传统建筑材料如混凝土也被一些建筑不加修饰地展示在外，混凝土墙壁上的模板孔槽清晰可见，加上钢和玻璃，表现出一种粗犷的工业技术美。

例 6-22

蓬皮杜国家艺术文化中心（图6-44），大楼由28根直径为8.5厘米的钢管圆柱支撑，两列柱子之间用钢管组成的桁架承托楼板，每层分为13个开间，构成灵活可变的巨大的空间。装配化构件可拆装变换，使建筑发挥最大的灵活性，技术之先进堪称一流，是“高技派”的代表作。蓬皮杜中心最大的特色是其暴露结构、管道。沿街一面毫无遮掩地挂满五颜六色的管道，红色代表交通设备，绿色代表供水系统，蓝色代表空调系统，黄色代表供电系统。朝广场一面有一条有机玻璃覆盖的自动扶梯，从地面蜿蜒而上，供人使用。内变成了外，后背变成了前脸，不少人称其为“翻墙倒肚的建筑”。

图6-44　蓬皮杜国家艺术文化中心

（三）经济性原则

现代建筑设计在保证建筑功能性的前提下，经济性是建筑设计师首要考虑的问题。建筑师要注意研究和解决建筑的实用功能和经济问题，以此为出发点，提高建筑的科学性和经济性，担负起自己的社会责任。所以，在设计过程中，要从经济的角度去考虑新型材料的选取与新型技术的应用，来保证建筑设计的经济性要求。在建筑学科内，有一种“全寿命过程”经济性理念，它是贯穿一个建筑系统由计划、设计到建造、使用前后相继、彼此关联的运作过程，要求设计者要全面掌握建筑结构、材料、设施设备的性质、性能、各项技术指标，全面地分析建筑消耗，合理平衡建设成本和能耗成本。

（四）艺术美原则

现代建筑设计的艺术美感是重要的表现形式，也是现代建筑师表现设计理念的重要载体。当艺术和技术、自然相结合后，呈现出的是材料美、结构美、造型美、技术美和环境美的综合。

例 6-23

现代索膜建筑之经典作品伦敦千年穹顶（图6-45），穹顶周长为1千米，直径365米，中心高度为50米，由钢索悬吊在12根穿出屋面高达100米的钢桅杆上，屋顶由带PTFE涂层的玻纤材料覆盖成圆球形，膜面支撑在72根辐射状的钢索上，远望像一个白色的大帐篷。索膜建筑设计中的“曲面”和“曲线”，与规整的矩形相比，显得生动活泼，既飘逸自然，又刚劲有力，柔中带刚。高耸的桅杆、异型空间钢结构体系、坚如射束的根根钢索、富于机械艺术表现魅力的钢制大型节点、充满张力的自然曲线变幻膜体以及其他技术难以企及的大跨度自由空间，都给人以艺术感染力和某种程度上的技术神秘感，使索膜建筑更富于强调理性技术逻辑的表现特征。

图 6-45　伦敦千年穹顶

（五）地域性原则

建筑的地域性是指设计时从使用功能、建筑色彩、建筑立面等形式全面地展现该地区的发展历程、人文气息、历史文脉、生活习惯、风俗信仰、地形地貌和自然气候等，使其他人能够很快地获取更多更全面的历史信息，更好地彰显地域发展历史和地域文化的独特魅力。我们的城市当前正处于高速发展的阶段，人们生活中处处充斥着高科技产品，现代建筑也处处与科学技术相结合。但是，人们往往把先进的科学技术与地域文化割裂开来，认为高科技不具备有地方特色。其实，地域性与现代化、高科技并不矛盾，地域性不是老古董，建筑师需要以动态的眼光看待地域性，找准切入点，将地域文化融入现代建筑设计当中去，吸取和继承文化精华的部分，在设计中对原有文化进行保留，形成一种具有代表性的标记，从而使生活在其中的人们获得精神归属感。

第三节 园林艺术设计

园林设计就是在一定的地域范围内，使用工程技术和艺术手段，通过改造地形或筑山、叠石、理水，种植树木花草，营造建筑和布置园路等途径，创建美好的自然环境和生活、游憩境域的过程。园林设计的目的是要给人们提供休闲娱乐、放松精神、陶冶情操的环境。一方面，园林是反映社会意识形态的空间艺术，园林要满足人们精神文明的需要；另一方面，园林又是社会的物质福利事业，可以彰显城市精神面貌，推进城市建设，保护生态环境。

一、园林设计的理念

（一）风水理念

“风水”理念来源于先民的生活实践，以及他们对理想生存模式的一种追求，目的是“趋吉避凶”。作为中国传统文化的一部分，它其实是运用地理、环境、地质、气象、水文、生物、景观等自然科学知识去选择适宜人类居住的地址。

这一理念最核心的内容便是“天人合一”，即接近自然、了解自然、顺应自然、有节制地利用和改造自然。我国古代城市及园林的选址、规划、设计及营造深受该理念的影响，直到当代，仍然有着非常珍贵的借鉴及研究价值。我们可从现代科学的角度去解读，取其精华、去其糟粕，正确理解传统文化对园林建筑的影响，将古人积累的经验及现代人的科学技术融入现代风景园林规划设计中。例如，在风景园林设计中，植物配置是非常重要的一个部分，需要根据所在地域以及营造空间类型进行针对性的配置，同时需要根据季节营造出丰富的植物品类，尽量做到春有花、夏有荫、秋有果、冬有绿。风水学中的风向和朝向，其实对植物在园林空间中的位置选择有很大的借鉴，不仅体现在植物品种选择上，还体现在植物的栽种位置上。

（二）人本理念

人本理念即在设计过程中始终保持人性化意识，始终保有以人为本的意识，追求人与环境之间的和谐共存，达到满足人们日益增长的生活质量需求的目的。

园林环境设计中的人本理念应该贯穿于设计及建设的始终。充分将人本理念融入风景园林设计中，使风景与建筑有机地结合，将有地域特质的历史文化、人文文化、城市生态环境条件等因素充分地考虑进去，突出地域特色，强调把关心人、尊重人的宗旨具体体现在生态园林的创造中，使园林具有人文意义，体现人与自然的和谐以及园林、城市、人三者的相互依存关系。

（三）科技理念

随着科学技术的不断发展，消费者对园林景观设计的消费要求也相应提高。园林设计也应与时俱进，与现代科技相结合，在各方面都拥有更为广阔的发展平台。

数字化技术中的虚拟现实技术、仿真技术、多媒体技术等是在园林设计中应用较多的技术种类，为园林景观设计的技术突破和效果体验提供了很大的提升空间，在园林建筑设计、园林水景的创造（如水幕、喷泉等的声、光、影的联合）、地表装置（如LED节能灯）、音乐和灯光与植被群落的结合等方面发挥着非常重要的作用。这些技术的应用可以提高园林景观设计的生态性、美观性和协调性，可以带来更多的经济效益，还以可给人一种全新的视觉体验。

同时，数字化技术的运用很大程度上方便了风景园林设计。随着科技的发展，一些新型的建筑材料逐渐运用于园林工程当中。如透水软管的运用，可以提升水质和改善土层结构；薄膜式观景水池的工艺技术，对于提升园林工程的建设多样性有着积极作用；3D打印技术目前也广泛地运用于园林建设当中。

LIM技术即风景园林信息模型，是继计算机技术之后又一革命性的风景园林设计方法。它源于BIM（建筑信息模型）技术，又与BIM技术有着本质的区别。它突出的优势在于对信息数据的高度集约化管理，搭建一个以承载各类信息数据为基础的信息化模型。它在风景园林设计中所发挥的作用是：三维可视化、信息协同化和全生命周期化，从而实现设计从二维向三维的转变，更为直观地对场地进行模拟设计；还可同步更新信息数据，提升项目优化效率和质量；最后集中管理园林建设项目过程的全部数据信息，使项目各阶段无缝对接。

（四）文化理念

园林设计要求园林风格独特，内涵丰富，所以，必须在园林设计过程中植入人文因素，将建筑要素与园林的整个景观系统互相融合，创造出深层次的人文情怀。要做到这一点，不可忽略是当地的历史人文风俗，从深层的社会、历史、文化背景出发，挖掘其精神内涵和理念，提炼其中的艺术观念和发展策略，将其融入园林景观当中。

（五）生态理念

生态理念即以尊重和维护自然为前提，以人与人、人与自然、人与社会和谐共生为宗旨，以建立可持续的生产方式和消费方式为内涵，以引导人们走上持续、和谐的发展为着眼点，强调人与自然环境的相互依存、相互促进、共处共融。生态观念的出现表达了人类与自然环境和谐发展的愿望。园林环境设计师应该注重在园林设计中使用生态理念，将生态理念融入园林设计和施工全过程中，让人们有一种自然的归属感，让人轻松愉快。生态理念在园林设计中的实现可以从以下几个方面考虑。

（1）从可持续发展的角度选取绿色生态材料。景观园林项目的实施过程对建筑材料的消耗量非常大，应多使用环保、无污染、可重复使用的建筑材料和新的环保材料。

（2）因地制宜地选择园林植物。在了解特定地方的自然环境后，选择适合当地生态环境的植物，使实用性和观赏性相统一。

（3）使用合理的种植比例来实现物种多样性。在设计过程中，结合实际的自然环境设计科学合理的物种比例，实现园林植物物种的多样性。

二、园林设计的原则

（一）尊重自然原则

园林设计忌一味追求高档、豪华，远离自然，违背自然。如有些公园水体设计，宜在弯曲的湖岸上种上湿生植物，湖中种上荷花、水仙等水生植物，形成美丽而亲切的自然景观；然而有些设计师却把湖岸用大理石修砌，并围上汉白玉护栏，湖底用混凝土加固再修深水池以养水生植物，这样虽然看起来高档豪华，却使整个湖景的自然韵味尽失，成为一个彻底的人造湖，违背了园林设计的初衷。

（二）以人为本原则

园林设计忌缺乏人文关怀，不顾人的需要。城市园林设计的服务主体是人，建立在以人为本的原则基础上，其终极目标是美化人的生活、陶冶人的情操，因此在设计中要重视对象的行为习惯与心理感受，体现对人性的尊重及人文关怀。目前，很多城市建设都建有宏大的广场，然而偌大一个广场，只有少量的乔木配置于道路两旁，即使有许多休息设施也只得置于露天之下。在炎炎夏季和多雨季节，既没有大树庇荫，也没有遮雨设施，再美的风景也无人久留于此。

（三）成本节约原则

园林设计忌不顾工程的投资预算及日后的管理成本。城市园林绿化要量力而行，不可盲目攀比。例如，几年前一度盛行的昂贵草坪，很多城市也曾经大面积种植，但终因管护成本太高而纷纷流产，造成了人力物力上的巨大浪费。

（四）环境协调原则

园林设计忌忽视与当地环境的和谐统一，破坏整体的生态环境。天然的地形是大自然对我们的恩赐，因此在进行园林设计时要充分考虑与当地原生环境的和谐统一。因山势，就水形，景自境出。杭州孤山的西泠印社，是中国典型的台地园，从山麓到山腰，再到山顶，布置了不少建筑，道路和绿地附属在自然的山形地势上，格外亲切、妥帖。

（五）植物适当原则

园林设计忌对园林植物刻意配置。园林植物都是有生命的个体，设计者要充分考虑到当地的土壤条件和生态环境，设计时要考虑到若干年以后的植物生长所形成的效果以及由此对周边环境带来的影响。忌只注重园林植物的种类，不明确具体品种和规格。园林植物品种间的差别有时是巨大的，不明确规格数量，往往使设计者的意图得不到充分表达，有时甚至得到相反的效果。

（六）特征鲜明原则

园林设计忌盲目模仿，照搬照抄，缺乏个性。每一件园林设计作品都要有其特有的风格及地方特色，要深刻体现该地区深厚的文化底蕴和历史内涵。然而由于一些原因，西方园林风格对我国园林设计产生了深远的影响，以致欧美式园林在中国大地遍地开花，各地纷纷效仿，如出一辙，而失去了各地园林原有的风格和个性。因此，城市园林设计应在我国园林的基础上进行，要求有其形、传其神，吸收外来文化的精华，结合当地特有文化，创造性地开发有特色的园林作品。

三、园林设计的要点

(一)空间营造

创设空间是园林设计的根本目的。现代园林对空间的关注并不在于空间的本身,而在于关注空间的构成,追求空间的动态。每个空间都有其特定的形状、大小、构成材料、色彩、质感等构成要素,它们综合地表达了空间的质量和空间的功能作用。园林空间设计可以营造出不同的视觉感受,可以将所设计的自然景观、人文景观等更加完整、和谐地展现出来,协调园林景观的整体空间环境。中国古典园林空间处理的基本准则是“取势在曲不在直,命意在空不在实”。“夹巷借天,浮廊可度”(计成《园冶》)八个字点出了中国古典园林往复无尽的流动空间组织手法和游赏观景路线循环的特点。园林空间营造可从以下方面进行。

1. 处理好空间布局和空间分隔

可以模糊和弱化空间的边界,使空间构成相对离散通透。同时,通过漏窗和门洞,充分利用借景、框景、对景、隔景等手法,以及山石、植物的掩映,使不同的景观在视线上产生联系,相互渗透和呼应,达到彼空间之景在此空间流观,形成空间流动的性质,“处处邻虚,方方侧景”。最后,通过意境的营造来创造无限的精神空间。

2. 塑造灰空间

灰空间最早由建筑师黑川纪章提出,指的是空间的中介和过渡,介乎建筑室内和与室外开放空间之间的中介与过渡空间,是人造与自然空间交流的中介。中国传统园林中存在着大量的廊,无疑是灰空间的原型。廊完成了室内外联系的过渡与融合,使庭院空间摆脱了呆板、生硬。

例 6-24

丹·凯利的成名作米勒花园,巧妙地利用两排高大挺拔的皂荚树形成的灰空间(图6-46),完成了花园中空旷的草坪空间与围合的建筑空间的过渡,解决了西方园林建筑与景观无法自然过渡的难题,与中国传统园林的廊有异曲同工之妙。

图6-46 米勒花园

3. 完善共享空间

共享空间又被称为“内院大厅”“多层大厅”“中庭”等，于20世纪60年代末由波特曼提出，指“以一个大型的建筑内部空间为核心，以人的角度为出发点，综合多种功能的空间”，这种空间引入自然（水、植物），着意“创造环境”。

（二）植物造景

植物造景是园林设计的主要手段，高质量的风景园林设计作品应给人以自然的感受，建筑与植物配置的相互协调既可优化周边的环境，同时也可展现出自然的独特魅力。园林设计中植物造景要注意以下几个方面。

1. 注意科学合理地搭配

园林设计布局要着眼于植物品种的合理组合。坚持“造地植树，因地制宜”的原则，在不同的地方种植，以免过于分散。在一个园林布局中，落叶植物和针叶常绿植物应保持一定比例和平衡关系，后者一般小于前者。可将两类植物有效组合，使之在视觉上相互补充。

2. 注意色彩相宜

色彩相宜指的是花木的色彩应与园林周边环境、地理位置、生态条件、场景气氛等相协调，通过花木的色彩、形态等来衬托气氛、突出主题、创造意境。植物配置的色彩配合，应以中间绿色为主，其他色调为辅。如北方地区在一年四季的植物色彩配置方面，应更多考虑夏季和冬季的植物色彩，因为夏冬两季时间较长。

3. 注重植物的种类布局及质地条件

园林设计布局要合理选择植物的种类或确定其名称。在选取和布置乔灌木、花草、竹类植物时，应有一种普通种类的植物，并以数量优势占主导地位，从而确保园林设计布局的统一性。在一个理想的园林设计中，粗壮型、中粗型及细小型三种不同类型的植物应按比例大小均衡搭配。质地条件不满足，园林设计也会显得杂乱无章。

（三）堆山叠石

在园林设计中，常常用堆山叠石的手法对空间进行合理划分、穿插与串联等，以增强园林景观空间的景深感与层次感，实现移步异景、疏密有致、曲径通幽、豁然开朗的景观空间效果，创造出片山有致、寸石生情的自然景观，去展现空间之美、自然之美、意境之美。叠石不是孤立的，与植物巧妙地搭配起来，可将山石的坚硬与植物的柔美组合起来；与水体结合起来，一刚一柔，一静一动，可谓“石得水而活，水得石而媚”。在贝聿铭设计的苏州博物馆山水园中，“片石假山”依靠拙政园北墙建筑（图6–47），其颜色与肌理层层递进，借景生景，烘托出山石与建筑之间和谐的景观环境氛围。

（四）水景布置

水景指传统园林和现代庭园景观中的水系，如河流、湖泊、池塘以及人工水系。在古今中外园林建设中，水一直以来就是设计师笔下一个重要的造景元素，中国园林建设更有“有山皆是园，无水不成景”的说法，还有“借水造景，景因水成”的理水手法。水是园林设计中的点睛之笔，是最富表现力的造景元素。设计师多擅长于利用水的特性，充分发挥水的潜质，创造出了很多成功的水体景观案例。

图6-47 苏州博物馆

例 6-25

意大利埃斯特庄园的“百泉路”(图6-48),园中大大小小百座设计巧妙的喷泉与自然景观交融,水景和雕塑巧妙结合。水作为环境要素的一部分,在生态、文化、景观、审美意向等方面的作用是无可替代的。水的存在能够营造一种让人愉悦放松的环境,使整个庭园环境充满灵气。

图6-48 埃斯特庄园的“百泉路”

现代庭园水景改变了传统园林水景功能单一的局面,从人的不同需求出发,赋予了现代庭园水景崭新的、丰富多样的功能。按功能分,现代园林水景可分为观赏性庭园水景、生活休闲庭园水景、游憩庭园水景、疗养庭园水景、科教性庭园水景以及其他功能庭园水景。按所有者的不同,可分为公共庭园水景、单位庭园水景、私家庭园水景等。

（五）低碳环保

随着城市化进程的逐渐加快，城市的生态环境遭受到了一定程度的破坏，噪声、PM2.5、“热岛效应”、垃圾围城等各种环境问题正威胁着人类的生存与发展。园林景观是现代城市建设的重要组成部分，也是城市环境的调节器，它可以降低雾霾、吸收粉尘、减少噪声。所以，在园林景观设计中渗透低碳环保理念对改善城市的生态环境有着重要的作用。低碳环保要坚持以下原则。

1. 坚持以人为本

园林设计的主要功能是服务大众，给人们的生活带来便利，所以，在设计中要考虑老人、儿童、青年等不同人群的特点，体现低碳环保理念。

2. 坚持量化原则

园林设计应遵守量化原则，降低浪费，促进低碳环保。如在材料选择方面，尽量减少合成材料、钢材、玻璃等材料的运用，减少碳的排放，加大绿色植物的比重，重视和加大对立体绿化、垂直绿化、屋顶绿化等的应用设计，同时注重景观层次的搭配和植物品种的使用。

3. 因地制宜

不同城市的地理环境有着很多的不同。在进行园林设计时，要根据地域的具体地理环境进行因地制宜的设计，尤其是植物的选用，尽量选用原生树种，结合当地的气候特征和土壤性质进行园林植物设计。设计之前必须对当地地貌、地形、植被、水体等各种自然条件进行详细的考察，从而避免在设计中对原有的自然条件进行重大的改动，在保护原始生态环境的前提下将人工元素合理融入园林当中。

（六）色彩配置

色彩，作为园林景观设计中的重要组成部分，对人们的视觉和心理具有直接影响的重要作用，是园林景观设计中不可忽视的重要因素。在园林景观设计中，设计者对色彩的合理应用及精确提炼，将对景观效果产生直接影响，丰富、准确的色彩搭配在一定程度上可以美化园林景观，增加园林绿化美感，还能够给社会大众带来舒适的情感体验。色彩配置要注意以下几个方面。

1. 保持设计的统一性

保持设计的统一性即保证设计风格统一，色彩的运用搭配及形式应有一定程度的相似性，给人一种整齐的感觉；加上适当的变换，对整体进行协调和过渡，给人带来美的视觉享受。

2. 注意统一中又有对比

通过色调、色相、明度对比来表现色彩的层次感，来营造丰富的视觉效果。当然，对比中也要注意颜色的调和，保证色调的主次分明。

3. 注意自然色与人工色的搭配

植物色彩是自然色中最为重要的部分，其变化多样，色彩缤纷；人工色是景观环境中建筑、道路以及景观小品等的色彩。设计者对人工景观要素的处理上既要注重个体的颜色及质感，也要把握好与自然景观要素在色彩上的搭配。在景观园林设计中，要依据整体布局效果，运用一定的艺术手段将自然色和人工色合理地搭配组合，营造色彩丰富美观的景观环境。

第四节 室内艺术设计

室内设计是环境艺术设计的一种，它是通过艺术设计的方式，根据建筑物的使用性质、所处环境和相应情况，选用物质技术手段和建筑设计原理，对室内环境进行规划、设计，创造功能合理、舒适优美、满足人们物质和精神生活需要的室内环境的过程。同其他艺术设计一样，它也体现了艺术与技术的联系，也有技术的支持，艺术性也始终与实用性紧密地联系在一起，是功能、艺术与技术的统一。它的目的是为人类创造更合理、更能满足人类物质和精神需要的生活空间。现代室内设计是综合的室内环境设计，包括了视觉环境和工程技术等方面的问题，也包括声、光、热等物理环境和氛围、意境等心理环境以及文化内涵等内容。

一、室内设计的要素

(一)空间要素

室内设计的关键是室内空间设计，本质就是空间组织次序的重组，是运用建筑构件和多种围隔手段组织空间，运用科学技术成果完善空间的物理性能，运用光照、色彩、形体和质感增强空间的艺术效果，运用家具、陈设和装饰物充实空间的使用效益，从而满足特定物质和精神功能的过程。因此，空间是室内设计的目的，是设计的重点。可以说，一个设计师设计水平的高低，取决于他对空间属性的分析能力。

建筑理论家布鲁·塞维说："凡是经过人去围定或限定的一个空的部分，即成为一个包围起来的空间。""只有内部空间，这个围绕和包含我们的空间才是评价建筑的基础；是它决定了建筑审美价值的肯定或否定。所有其他因素是重要的，但相对空间而言，它们总是处在从属地位。"可见，恰当把握室内设计的空间处理、合理采用空间手段对满足人们物质生活和居住环境氛围的创造方面非常重要。

现代建筑已经发展到环境空间与各种新材料、新工艺、不同的光效果综合形成，能表现人们精神层面、个性化和生态意识的新时代。人们对空间的把握已经不仅是为了满足一般功能的需要，在室内设计的空间处理上，创造有趣味、有品位、意蕴深厚的心理空间已经是人们不断的新的追求。设计师要在多元化的信息时代对空间、光线、材质有更深层次的理解，使人在环境中既理智又诗意地把握空间，营造有创意的视觉效果，用个人的智慧与空间对话，反映出人的不同体验，使环境人性化得到更完美的体现。

1. 室内空间的类型

建筑结构形成了室内空间，室内设计则按照不同的室内功能要求，把握内部空间，设计其空间环境，以满足人们不同的活动需求。日益发展的科技水平和人们丰富多彩的物质和精神生活的需要，形成了多种类型的室内空间形态。不同的空间类型给人不同的感受，严谨规整的几何空间给人以肃穆、庄重之感，弧型及不规则的空间给人以流畅、运动之感，引进生态环境的空间给人以亲切自然之感等。下面介绍几种常见的室内空间类型。

（1）结构空间（图6-49）。结构是形成建筑空间的决定因素，不同的建筑结构不仅可以制造不同的空间形态，满足不同的使用功能，还可以产生不同的装饰效果。现代科学技术的发展，为我们提供了丰富的建造手段及材料。设计结构空间时，要充分展示建筑结构中外露部分的特点以达到视觉审美的效果。增强室内空间艺术的表现力与感染力，已经成为现代空间艺术审美中极为重要的倾向。室内设计师应充分利用合理的结构本身，作为视觉空间艺术创造的明显的或潜在的条件。结构的现代感、力度感、科技感和安全感，是技术美的体现，比之烦琐和虚假的装饰，更具有震撼人心的魅力。

（2）开敞空间（图6-50）。开敞的程度取决于有无侧界面，以及侧界面的围合程度、开洞的大小、启闭的控制能力等。开敞空间是外向性的，限定性和私密性较小，强调与周围环境的交流、渗透，讲究对景、借景，与大自然或周围空间的融合。和同样面积的封闭空间相比，开敞空间视觉上要显得大些。开敞空间经常作为室内外的过渡空间，有一定的流动性和较高的趣味性，是开放心理在环境中的反映。

图6-49　结构空间

图6-50　开敞空间

（3）封闭空间。用限定性比较高的围护实体（承重墙、轻体隔墙等）包围起来的，无论是视觉、听觉、小气候等都有很强隔离性的空间称为封闭空间（图6-51），具有很强的领域感、安全感和私密性。与周围环境的流通性较差。随着围护实体限定性的降低，封闭性也会相应减弱，而与周围环境的渗透性相对增加，但与虚拟空间相比，仍然以封闭为特色。在不影响特定的封闭机能的原则下，为了打破封闭的沉闷感，经常采用灯窗、人造景窗、镜面等来扩大空间感，增加空间的层次。

（4）动态空间。动态空间引导人们从“动”的角度观察周围事物，把人们带到一个由空间和时间相结合的“第四空间”（图6-52）。动态空间有以下特色：① 利用机械化、电气化、自动化的设施如电梯、自动扶梯、旋转地面、可调节的围护面、各种管线、活动雕塑以及各种信息展示等，加上人的各种活动，形成丰富的动势。② 组织引人流动的空间系列，方向性比较明确。③ 空间组织灵活，人的活动路线不是单向的而是多向的。④ 利用对比强烈的图案和有动感的线型。⑤ 光怪陆离的光影，生动的背景音乐。⑥ 引进自然景物，如瀑布、花木、小溪、阳光乃至禽鸟。⑦ 楼梯、壁画、家具等使人时停、时动、时静。⑧ 利用匾额、楹联等启发人们对动态的联想。

图6-51 封闭空间

图6-52 动态空间

（5）悬浮空间（图6-53）。悬浮空间是垂直空间分隔的一种空间类型，一般采用悬吊结构，底面没有支撑结构，或者通过梁架起一个小空间。这种空间形式具有一种悬浮感，从视觉角度看，它具有整体空间的完整性，底层空间布局更灵活。从上层向下看则视野开阔、轻盈，使人感觉新异、开放，具有不稳定、不安全性。悬浮空间由于底面没有支撑结构，因而可以保持视觉空间的通透完整、轻盈高爽，并且底层空间的利用也更自由、灵活。

（6）静态空间（图6-54）。人们热衷于创造动态空间，但仍不能排除对静态空间的需要，这是基于动静结合的生理规律和活动规律，也是为了满足心理上对动与静的交替追求。静态空间的限定性较高，多为尽端空间，且布局对称，追求一种静态的平衡，多用于图书馆、阅览室、教室等空间处理。从视觉来讲，静态空间元素一般线条舒缓，色调柔和，少有强制引导视线的因素。从心理学来讲，静态空间具有平和、典雅、平稳、安静、对称的感觉。静态空间一般有下述一些特点：① 空间的限定度较强，趋于封闭性。② 多为尽端空间，序列至此结束，私密性较强。③ 多为对称空间（四面对称或左右对称），除了向心、离心以外，较少其他的倾向，达到一种静态的平衡。④ 空间及陈设的比例、尺度协调。⑤ 色调淡雅和谐，光线柔和，装饰简洁。⑥ 实现转换平和，避免强制性引导视线的因素。

图6-53 悬浮空间

图6-54 静态空间

（7）流动空间（图6-55）。流动空间指在空间设计上，追求流畅、连续、动感的效果。在空间构成元素上，一般采用受力合理的曲线造型，借助于具有动感、有引导性的动线布

图6-55 流动空间

局分隔空间。流动空间的主旨是不把空间作为一种消极静止的存在，而是把它看作一种生动的力量。在空间设计中，避免孤立静止的体量组合，而追求连续的运动的空间。空间在水平和垂直方向都采用象征性的分隔，而保持最大限度的交融和连续，视线通透，交通无阻隔性或阻隔性极小。为了增强流动感，流动空间往往借助流畅的极富动态的、有方向引导性的线型。

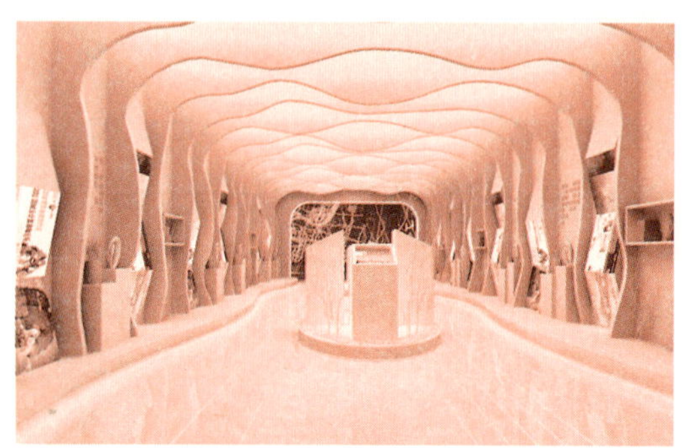
图6-56 虚拟空间

（8）虚拟空间（图6-56）。虚拟空间的范围没有十分完备的隔离状态，也缺乏较强的限定度，是只靠部分形体的启示，依靠联想和“视觉完形性”来划定的空间，所以又称“心理空间”。这是一种可以简化装修而获得理想空间感的空间，它往往是处于母空间中，与母空间流通而又具有一定的独立性和领域感。

虚拟空间可以借助各种隔断、家具、陈设、绿化、水体、照明、色彩、材质、结构构件以及改变标高等因素形成，这些因素往往也会形成重点装饰。

图6-57 共享空间

（9）共享空间（图6-57）。共享空间概念是由美国建筑师波特曼于1967年创立的，它是用一个大尺度的公共空间将其他空间连接起来，形成一个多功能的公共空间，是人群的聚集处，也是人群的再分配的起点。它是其他空间的连接中心，是为了人们相互之间的沟通与交流的需要而产生的，以适应各种频繁的社会交往和丰富的旅游生活的需要。共享空间具有共通性、开放性、功能性的特点。它往往处于大型公共建筑（如饭店、商场）内的公共活动中心或交通枢纽，其中含有多种多样的空间要素和设施，是综合性、多用途的灵活空间。它的空间处理是小中有大，外中有内，内中有外，穿插交错，极富流动性。共享空间尤其倾向于把室外空间特征引入室内，使大厅呈现花木繁茂、流水潺潺的自然景象。玻璃透明电梯和自动扶梯在光怪陆离的空间中上下穿梭，使空间充满动态。

（10）母子空间（大空间中的小空间）（图6-58）。母子空间是对空间的二次限定，是在原空间（母空间）中，用实体性或象征性手法再限定出的小空间（子空间）。这种类似我国传统建筑中的“楼中楼”“屋中屋”的设计方法，既能满足功能要求，又丰富了空间层次。

许多子空间(如在大空间中围起的办公小空间,或在大餐厅中分隔出的小包厢座),往往因为有规律地排列而形成一种重复的韵律。它们既有一定的领域感和私密性,又与大空间有相当的沟通,闹中取静,能很好地满足群体与个体能在大空间中各得其所、融洽相处的一种空间类型。

图6-58　母子空间

(11)不定空间(图6-59)。由于人的意识与行为有时存在模棱两可的现象,“是”与“不是”的界限不完全是以“两极”的形式出现,反映在空间中,就出现一种超越绝对界线的(功能的或形式的)、具有多种功能含意的、充满了复杂与矛盾的中性空间,或称“不定空间”。这些矛盾主要表现在围透之间,公共活动与个人活动之间,自然与人工之间,室内与室外之间,形状的交错叠盖、增加和削减之间,可测与变幻莫测之间,正常与反常之间,实际存在的限定与模糊边界感之间,等等。

图6-59　不定空间

对于不定空间,人们在注意选择的情况下,接受那些被自己当时心境和物质需要所认可的方面,使空间形式与人的意识流吻合起来,使空间的功能更为深化,从而能更充分地满足人们的需要。

(12)交错空间。交错空间是利用空间元素形成的一种水平或垂直互相穿插而产生的空间类型,它往往是几个不同尺度、不同性质、不同用途的空间组合,两个或几个空间既可以形成一定范围的公共空间,又保证了各自空间的完整性。从视觉上看,它有扩大空间效果的作用,层次丰富;从心理角度上看,交错空间较为活跃,有一定动态感,是水平空间与垂直空间的复合体 。交错空间内部,往往也形成不同空间之间的交融渗透,因而在一定程度上也带有流动空间与不定空间的特点。

(13)凹入空间(图6-60)。凹入空间是在室内某一墙面或角落局部凹入的空间。一般凹入空间的面积不大,具有一定的领域感和封闭性,通常只有一面或两面开敞,所以受干扰较少,其领域感与私密性随凹入的深度而加强。凹入空间是作为整体空间中较为私密的空间存在的,纵深越深,封闭性和私密性越强。凹入空间的顶棚一般比整体空间的顶棚低一些,从视觉上看,凹入空间具有深入感,空间层次丰富,心理围护感强,较压抑,在公共空间中一般处理为休息区、茶座等。

凹入空间的顶棚应低于大空间的顶棚,否则就会影响围护感和趣味性。是否设置凹入空间,要视母空间墙面结构及周围环境而定,不要勉强为之。

(14)外凸空间(图6-61)。外凸空间是相对凹入空间而言的。这种空间可以与室外

图6-60 凹入空间　　图6-61 外凸空间

空间有机结合起来，具有较强的外向性和通透性，如顶棚处理成玻璃光顶时，就具有日光室的意趣了。外凸空间视觉上更开阔，内外空间联系紧密，富于变化与动感，心理感觉开敞，空间大，趣味盎然。

如果凹入空间的垂直围护面是外墙，并且开较大的窗洞，便已属于外凸空间，这种空间是室内凸向室外的部分，可与室外空间很好地融合，视野非常开阔。

（15）下沉空间（图6-62）。室内地面局部下沉，可设定出一个范围比较明确的空间，称为下沉空间。这种空间的底面标高较周围低，有较强的围护感。下沉空间是内向的，处于下沉空间中，视点降低，环顾四周，新鲜有趣。下沉的深度和阶数，要根据环境条件和使用要求而定。为了加强围护感，充分利用空间，提供导向和美化环境，在高差边界处可布置座位、柜架、绿化、围栏、陈设等；在层间楼板层，受到结构的限制，往往是靠抬高周围的底面来实现下沉的。

图6-62 下沉空间

（16）迷幻空间（图6-63）。迷幻空间是运用一切手段追求空间的神秘性、新异性、奇特性。迷幻空间在空间元素的使用上，充分利用错位、颠倒、逆反、扭曲等手段，追求一种虚渺与离奇的效果，甚至抛弃一定的实用性和合理性，为的就是在有限的空间内创造延伸与古怪的空间感受。迷幻空间色彩使用浓烈，灯光变幻莫测，甚至采用多种高科技手段来营造变幻、跳跃、怪诞的气氛；在空间造型上，有时甚至不惜牺牲实用性，而利用扭曲、断裂、倒置、错位等手法。迷幻空间一般适用于酒吧、夜总会、迪厅等娱乐场所。

（17）地台空间（图6-64）。室内地面局部抬高，抬高面的边缘划分出的空间称为地台空间。由于地面抬高，为众目所向，其性格是外向的，具有收纳性和展示性。处于地台上的人们，有一种居高临下的优越的方位感，视野开阔，趣味盎然。

图6-63 迷幻空间

图6-64 地台空间

日常应用中，可直接把台面当坐席、床位，或在台上陈物，台下贮藏并安置各种设备，把家具、设备与地面结合，是充分利用空间、创造新颖空间效果的好办法。

2. 室内空间的分隔方式

室内设计首先要进行的是空间组合，这是室内空间设计的基础，而空间各组成部分之间的关系，主要通过分隔的方式来体现，要采用什么分隔方式，既要根据空间特点及功能要求，又要考虑艺术特点及心理要求。室内空间分隔主要有下列四种方式。

（1）绝对分隔——用承重墙、到顶的轻体隔墙等限定性（隔离视线、声音、温湿度等的程度）高的实体界面分隔空间，称为绝对分隔（图6-65）。这样分隔出的空间有非常明显的界线，整体是封闭的。

隔音良好，实现完全阻隔或具有灵活控制实现遮挡的性能，是这种分隔方式的重要特征，但也因此与周围环境的流通性差，可以保证安静、私密，有全面抗干扰的能力。

图6-65 绝对分隔

（2）局部分隔——用片段的面（屏风、翼墙、不到顶的隔墙或较高的家具等）划分空间，称为局部分隔（图6-66）。其限定性的强弱因界面的大小、材质、形态而异。局部分隔的特点介于绝对分隔与象征性分隔之间，有时界线不大分明。

(3)象征性分隔——用片段、低矮的面或罩、栏杆、花格、构架、玻璃等通透的隔断，或家具、绿化、水体、色彩、材质、光线、高差、悬垂物、音响、气味等因素分隔空间，属于象征性分隔（图6–67）。

图6–66 局部分隔

图6–67 象征性分隔

图6–68 弹性分隔

这种分隔方式的限定度很低，空间界面模糊，但能通过人们的联想和“视觉完形性”而感知，侧重心理效应，具有象征意味，在空间划分上是隔而不断，流动性很强，层次丰富、深邃。

(4)弹性分隔——利用拼装式、直滑式、折叠式、升降式等活动隔断或帘幕、家具、陈设等分隔空间，可以根据使用要求而随时启闭或移动，空间也就随之或分或合、或大或小。这种分隔方式称为弹性分隔或灵活空间（图6–68）。

（二）色彩要素

构成室内的要素必须同时具有形体、质感和色彩。色彩会使人产生各种各样的情感，使形体产生显眼的效果。在进行色彩设计时，首先必须考虑室内的空间效果，如果没有色彩的基本知识，是不能随意进行室内设计的。

1. 色彩调节

色彩调节是应用色彩所具有的心理、生理和物理特性，通过建筑、交通、设备、机械等为人类生活环境提供舒适、方便的配色设计，并与空气调节、音响调节等一起，成为现代室内环境调节手段的一个重要技法。

2. 室内各部分配色

(1)背景色。墙面、天花板和地面在室内占有较大的面积，能衬托室内一切的物体，属于背景色（图6–69）。它们是室内色彩中首要考虑与选择的对象，尤其是墙面色彩的选择，对家具、织物等具有重要的衬托作用。不同色彩的物体在不同的空间背景下，因其位置的不同，给人的心理知觉与情感反应会有所不同。背景色强调不同空间的个性。

（2）家具色。柜子、桌椅、沙发、床具、地毯等家具，构成了室内陈设的主体。因其品种、规格、形式和色彩的不同，可获得不同个性的室内风格，它们与背景色彩关系密切，可形成呼应亦可形成对比，常成为控制室内总体效果的主导色彩（图6–70）。

图6–69 背景色

图6–70 家具色

（3）织物色。窗帘、床罩、靠垫、帷幔、布艺装饰等织物以纺织面料为主，在室内色彩中起举足轻重的作用（图6–71）。织物材料、质感、色彩和图案的千姿百态、五光十色，对室内气氛的营造、风格的形成起重要作用；但若处理不当，将对室内整体色彩的效果形成干扰。织物的肌理变换，往往给和谐的色彩组合创造微妙的丰富感觉。有触觉对比的织物材料，更会让人产生心理的满足感，这也成为室内设计中常用的装饰处理手法。

（4）陈设色。灯具、工艺品、字画、摄影及雕塑作品，虽然体积小，占地面积也不大，但在室内，放置于书柜、书桌、装饰橱柜上或挂在墙上，便能起到画龙点睛的作用，成为空间中的视觉焦点（图6–72）。尤其在色彩效果上，常常成为室内的强调色或点缀色，并在室内大面积色彩的对比中发挥作用，同时体现空间使用者的爱好与品位。

图6–71 织物色

图6–72 陈设色

图6-73 绿色花卉

（5）绿植。盆景、花篮、插花及各种绿色植物，各具不同的色彩与形态，又带有强烈的情感因素，在与室内其他要素的对比与协调中，起到丰富空间内涵的作用（图6-73）。绿色植物生气勃勃，充满大自然的气息，在加强生活气息、创造意境上独具魅力。尤其受“回归大自然”思潮的影响，人们更加注重对室内绿色环境的营造，使人身心得到放松。因此，在室内空间的设计中，有意识地强调绿色植物的色块作用，无论在暖色调或冷色调，还是中性色调的空间中，都能起到与其他色彩和谐相处，强化人与自然的内在联系的作用。

3. 配色设计的注意点

（1）按使用要求选择配色，应与使用环境的功能要求、气氛、意境要求相适合。

（2）检查一下用怎样的色调来创造整体效果。

（3）尊重和注意空间使用者的性格、爱好。

（4）应尽量限定色数。

（5）考虑与室内构造、样式风格的协调。

（6）考虑色彩与照明的关系，光源和照明方式会带来的色彩变化。

（7）选用装修材料时，注意了解材料的色彩特性。

（8）考虑与相邻房间的有机联系，在向他室移动时应考虑到人的心理适应能力。

在室内设计中，没有廉价的难看的颜色，只有不好的搭配。室内色彩设计，不仅要考虑单个室内空间设计集中色彩的关系，还兼顾多个室内空间设计共同的整体效果，形成多层次的色彩认知，客观上形成美的规律这一基本原则。主体的背景的大色块，搭配巧妙的配色布局，就能形成各种不同的色彩意象。表达设计者的感情和思想。多层次的色彩认知就是立体的色彩呈现。

（三）光要素

人类常常把阳光引入室内，以消除室内的黑暗感和封闭感，特别是顶光和柔和的折射光。光线的变换，使室内更加丰富多彩。室内光要素包括自然光源和人造光源，光照除了能满足正常的工作生活环境的采光、照明要求外，光照和光影效果还能有效地起到烘托室内环境气氛的作用。

1. 自然光源

（1）顶部采光。顶部采光是利用自然光源的一种基本形式，光线方向自上而下，亮度高，光色自然，效果宜人（图6-74）。比如大面积的玻璃天窗，解决白天所需的基本光照，并且随着天窗设计形式的不同，带来不同的照明和视觉效果。

（2）侧面进光。侧面进光是自然光源利用的又一形式。在中国传统建筑中，自然光源的利用是凭借大面积的门窗侧面进光实现的（图7-75）。现代科技的发展，提供了很好的结构形式和材料，使得大面积玻璃幕墙的利用成为可能。充足的自然光线的利用，带来动

图6-74 顶部采光

图7-75 侧面采光

人的光影效果。

2. 人造光源

在现代建筑中,人造光源成为主要的照明形式。人造光源有以下几种照明方式。

(1)直接照明。直接照明是指光线通过灯具射出,其中90%～100%的光通量达到假定的工作面上。这种照明方式具有强烈的明暗对比,并能产生有趣、生动的光影效果,可突出工作面在整个环境中的主导地位。

(2)间接照明。间接照明是光线经过折射而产生柔和效果的一种照明形式,通常是利用反射灯槽把灯光反射出来。比如商场的照明,要求照度高,而且要满足一般照明和商品的重点照明需求,此外还有装饰性照明。

(3)混合照明。直接照明和简洁照明组成混合照明。

光的艺术效果的产生,不仅仅靠本身的设计,有时需要借助其他的装修,构建组合的艺术效果如借助柱式、绿化、水体的流动,呈现多姿多彩的面貌。

(四)陈设要素

通俗来讲,室内陈设设计就是在基础装修完成后,在室内空间里使用家具和装饰物并对其进行装饰设计。陈设设计就是针对特定的室内空间,根据空间的功能、历史、地理、环境、气候及主人的格调、爱好等因素,利用家具、灯饰、布艺、绿植等各种陈设产品及材料,通过设计、挑选、搭配、加工、安装、陈列等方式来营造空间氛围的一种创意行为。

1. 室内陈设设计的搭配原则

室内陈设设计的协调原则是指室内陈设设计在搭配的时候,应该在风格、样式、材料以及色彩等方面注意和谐统一,避免搭配时的无序混搭。“大协调,小对比”是室内陈设设计一直遵循的原则。从空间的结构、家具的搭配,到细部的组织,都应该注重比例和尺度的问题。在室内陈设设计中,空间里的所有的物品都要掌握好尺度和比例,这种比例第一是要有宜人的尺度,第二就是物品与物品之间的搭配要和谐。在室内陈设设计中对同一种造型有规律变化并重复排列,造型的突变、色彩的点缀,都能在空间层次上给人一种流动感、韵律感,就能产生有节奏的韵律和丰富多彩的艺术效果,如图6-76、图6-77所示。

2. 室内陈设设计的元素

室内陈设设计构成元素有很多,主要有织物、灯具、家具以及陈设品几个方面。

(1)织物。当代织物已经渗透到室内设计的各个方面。织物包括地毯、窗帘、家具蒙

图6-76 室内陈设设计1

图6-77 室内陈设设计2

面织物、陈设覆盖织物、靠垫、壁挂以及其他织物(图6-78)。织物在室内的覆盖面积大,可以对室内的气氛、格调、意境的调节起很大的作用。织物具有柔软、触感舒适的属性,能有效地增加舒适感。在一些公共空间内,织物只作为点缀性物品出现;但在私密性空间的织物,则可塑造出应有的温暖感。此外,室内织物的材质和工艺手段丰富多彩,用途也广泛。因此,室内织物的选择与设计,必须有整体观念,孤立地评价织物的优劣并无意义,关键在它能否与室内整体搭配得当。搭配得当,即使是粗布乱麻,也能为室内生辉;而选用不当,即使是绫罗绸缎,也不能为室内增添光彩。

图6-78 室内织物

图6-79 灯具设计

(2)灯具。室内陈设设计中的重要元素之一——灯具,主要用于室内的照明。灯具造型千差万别,风格各异,所以在选用时,应注意既要保持灯具与室内空间风格的一致,又要体现灯具造型的特殊魅力,图6-79、图6-80、图6-81展示了一些灯具设计。

(3)家具。家具一般是室内陈设设计中体积最大的陈设物品。不同的家具有不同的功能,有的具有供人们坐、卧的等休憩功能,有的具有人们存储物品的存储功能,有的还

图6-80 灯具设计

图6-81 灯具设计

具有一定的装饰功能（图6-82）。家具的造型、配置、尺度、数量对室内环境都会产生影响，同样，室内的开间、进深、门窗、位置也影响着家具的陈设和布局，因此需因地制宜地进行室内的家具布置与设计。此外，家具的材料与技艺随时代的发展不断进步，现代加工工艺的创新，以及传统制作工艺的混合运用，常为家具设计开辟新的天地，也影响着室内整体的环境气氛和意境的创造。

图6-82 家具陈设

（4）陈设品。陈设品是室内设计中必不可少的元素。陈设品本身并不具有实用性，但其装饰性和美观性是其他物品所不可替代的。陈设品对室内空间形象的塑造、气氛的烘托表达起着重要的作用（图6-83、图6-84）。陈设品的陈列和摆设表露出一定的思想内涵和文化精神，显示设计者的修养与喜好或彰显场景的功能，如宾馆的陈设能让人辨别它的层次、星级与价格；办公陈设能让人感受企业的精神、企业整体的形象与业务性质；餐饮陈设反映其主题与餐饮环境；等等。室内陈设同时反映出生活与时代的变化。随着人们

图6-83 室内陈设设计1

图6-84 室内陈设设计2

生活观念的改变，室内环境由过去的重装修向重装饰转变，室内陈设的设计越来越受到人们的青睐。

(五)绿化要素

室内绿化是室内设计的一部分。它主要是利用植物材料并结合园林常见的手段和方法，组织、完善、美化植物在室内所占有的空间，协调人与环境的关系，减轻人被包围在建筑空间所产生的厌倦感，室内绿化的主要作用是协调人—建筑—环境之间的关系。

1. 绿化组织室内空间的形式

图6-85 绿化组织内外空间过渡与延伸

(1)内外空间的过渡与延伸。将植物引进室内，使内部空间兼有自然界外部空间的因素，实现内外空间的过渡。其处理手法如在入口处布置花池或盆栽，在门廊的顶棚上或墙上悬吊植物，在进厅等出布置花卉树木等，都能使人在从室外进入建筑内部时有一种自然的过渡和连续感(图6-85)。借助绿化使室外景色通过通透的围护体互渗互借，可以增加空间的开阔感和变化，使室内有限的空间得以延伸和扩大。

(2)空间的提示与指向。室内绿化具有观赏的特点，能强烈吸引人们的注意力，因而常能巧妙而含蓄地起到提示与指向的作用，如图6-86所示。

(3)空间的限定与分隔。利用室内绿化可形成隔断或调整空间，使各部分既能保持各自的功能作用，又不失整体空间的开敞性和完整性，如图6-87所示。

图6-86 绿植的空间提示

图6-87 绿植的空间限定

(4)柔化空间。现代建筑空间大多是由直线形和板块形构件所组合的几何体，给人生硬冷漠之感。利用室内绿化中植物特有的曲线、多姿的形态、柔软的质感、悦目的色彩和生动的光影，可以改变人们对空间的印象，产生柔和的情调，从而改善大空间空旷、生硬的感觉，使人感到尺度适宜和亲切。

2. 利用绿化美化室内环境

室内植物作为装饰性的陈设，比其他任何陈设都更具生机和魅力，所以现代建筑常用绿色植物来装饰室内空间。以下几种方法常用于绿化美化室内空间。

(1)利用绿化丰富室内剩余空间。用绿化装点剩余空间,如在家具或沙发的转角和端头、窗台或窗框周围,以及一些难利用的空间死角(如楼梯上空或下部)布置绿化,可使这些空间景象一新,充满生气,增添情趣。

(2)植物与灯具家具结合,可成为一种综合性的艺术陈设,增加其艺术效果。

(3)以植物丰富的形态和色彩作为背景。在展览厅或商店,用植物作为展品或商品的陪衬和背景,更能突出主题,引人注目。

(4)组合盆栽或有特色的植物可作为室内的重点装饰。

3. 室内绿化的植物配置

由于室内空间特点及花木种类、姿态、香色的不同,绿化植物有着不同的配置方式。

(1)依照植物数量的多少,有以下几种配置方法:① 孤植是采用较多最为灵活的形式,适宜于室内近距离观赏。其姿态、色彩要求优美、鲜明,能给人以深刻的印象,多用于视觉中心或空间转变处。应注意其与背景的色彩、质感的关系,注意有充足的光线的体现和烘托。② 对植是指对称呼应的布置,可以是单株对植或组合对植,常布置于入口、楼梯及主要活动区两侧。③ 群植指同种花木组合群植,可以充分突出某种花木的自然特性,突出园景的特点;或是多种花木混合群植,可配合山石水景,模仿大自然形态。群植配置要求疏密相间,姿美、颜色鲜艳的小株在前,型大浓绿的在后,错落有致,丰富景色层次,增加园林式的自然美。

(2)依照是否可以更换、移动,又可分为固定、不固定两种配置形式。固定形式是指将植物直接栽植在建筑预留的固定位置,如花池、花坛、栏杆、棚架及景园处。一经栽培,就不再更换。不固定形式是将植物栽植于容器中,可随时更换或移动,灵活性较强。

(3)另外还有攀缘、吊挂、镶嵌、挂壁的形式,以及盆景、插花和水生植物的组合配置形式。

二、室内设计的原则

室内设计首先要以人为核心,在尊重人的基础上,关怀人、服务人。另一方面,设计技术上的革新,也是社会需求改变或文化氛围演变的结果。一个新设计的诞生,涉及三个方面的主要因素:技术的、经济的以及人的因素。设计师应综合考虑以下几个设计原则。

(一)功能原则

技术美学的主要内容是功能美,功能美的本质特征就在于人所进行的设计实现了合目的性与合规律性的统一。室内设计的功能原则即以人为本,一切围绕为人的生活生产活动创造美好的室内环境来设计。无论什么样的设计,只要它的产生是为受众服务的,那么它就必须具备功能性的特点。功能性是一项设计的最为本质的体现。没有功能性的设计,不能为人们所使用,也就不能被叫作设计。功能原则要求室内空间、装饰装修、物理环境、陈设绿化最大限度地满足功能所需,并与功能相和谐、统一。功能原则使室内设计的目的更明确了,即为满足部分人群的特定使用需求而设计。由此可见,整体的、综合的环境空间是根据功能性的要求有机组合而成的。室内空间环境设计的特点、空间环境的独立性、艺术性、文化特征都是在功能性前提下的一种综合性体现。

（二）安全原则

安全性是室内空间设计中最基本的原则。特别是在大空间中，一般人都会通过选择靠墙、靠窗或是在隔断的地方工作和生活，使身体上有一种依靠，心理上获得一种安全感；而在空旷的室内空间中，人们往往会感觉缺乏保护，心理上形成一种不安全感。因此空间的穿插组合设计在空间环境心理效应下更容易形成一种稳定性和安全感。考虑使用过程的安全性是室内设计最基本的要求，如构造物要牢固不至于脱落，地面要有防滑处理不至于跌倒，立面的造型不至于磕碰，以及使用环保材料等。

（三）形式美原则

如果说内部空间功能和环境功能是室内设计的内容，那么它们必须与形式载体结合才能成为真正意义上美的设计。因此，形式美也是表现技术美的重要因素。室内设计中的形式美是指在具体的室内设计中组成整个设计的各物件之间的风格、式样等具有协调性和统一性。室内设计以形式美法则为基础，形式美在室内设计中体现为适度美、韵律美和均衡美。这些形式的表现都是为了满足人的生理需要和心理需要。

（四）经济性原则

经济性原则就是要根据建筑的实际性质和用途确定设计标准，不能单纯追求艺术效果，也不能片面降低标准而影响效果，而是以最小的消耗达到所需的目的。经济适用的设计方案必须在“费用标准”和“效果”之间谋求一个均衡点，以满足大多数消费者的需求，但不能以损害施工效果为代价降低成本。

（五）人性化原则

在现代社会，“人性化”的设计理念正逐渐成为未来的发展方向，并且已成为判断设计好坏的衡量标准之一。人性化设计原则主要是指在设计中体现出对使用者的关怀，把使用者放在首位，关注使用者的心理和生理需求，也包括对具体客户的分析，了解客户的喜好、审美、生活习惯、主要需求，从而打造个性化的设计空间。人在绝大部分的时间下都在室内环境中工作、生活，室内环境直接影响人的工作效率、生活水平。因此，室内设计需要为人服务，以人为设计的出发点，同时也要遵循自然的发展规律、个体的生活习惯，从而设计出更加合适的室内空间。这就对设计师的专业知识提出了更高的要求，不仅涉及室内设计的内容，还有关乎人体工程学以及心理学等学科的专业知识。

（六）个性化原则

设计就是要表现出独特的风格，缺乏风格即缺少个性，而个性是设计灵魂和生命的体现。无论在设计的构思阶段，还是在设计深入的过程中，在充分考虑消费者的文化背景、审美层次和职业爱好的基础上，设计者通过自己新奇的构想与巧妙的构思，创造出富有个性设计方案。

（七）舒适性原则

舒适性是一个综合概念。随着经济的逐步发展，人们的物质生活水平不断提高，人们对住宅选择和室内空间使用的舒适性提出了更高的要求，这已经成为现代生活质量的一个衡量标准，而且这种标准也在不断发展变化。目前舒适性标准主要体现在室内的使用空间合理、动静皆宜、日照通风条件优良等方面。

（八）艺术美原则

任何成功的设计都是美的具体体现。满足人们对室内设计的需求的前提就是用艺术指导设计。室内设计是技术与艺术的综合，其目的在于使设计作品达到实用性与艺术美的统一。成功的室内设计应该具有艺术价值，艺术美也是为了更好地体现技术美。室内设计不仅能为我们提供优美的环境，具有艺术价值的设计更可以为我们提供新的生活方式，进一步影响我们的生活态度和观念。

三、室内设计的风格与流派

（一）室内设计风格

室内设计风格是指在不同的室内空间中运用的不同装饰表现手法、装饰特点，能直接或间接体现出社会发展动态、科技进步水平、民族和地域文化特点，形成一个具有这一时代特色的室内空间设计理论和特点表现。同时，不同时代都会产生反映时代特征的室内设计文化艺术思潮，从而形成不同的文化潮流和审美偏向，即风格。

1. 传统风格

传统风格的室内设计，是在室内布置、线形、色调以及家具、陈设的造型等方面，吸取传统装饰“形”“神”的特征。例如中式风格是吸取我国传统木构架建筑室内的藻井天棚、挂落、雀替的构成和装饰，以明、清家具造型和款式特征为代表（图6–88）；西方传统风格中有仿罗马风、哥特式、文艺复兴式、巴洛克、洛可可、古典主义等，以仿欧洲英国维多利亚或法国路易式的室内装潢和家具款式为代表；此外，还有日本传统风格、印度传统风格、伊斯兰传统风格、北非城堡风格等。传统风格常给人们以延续地域文脉的感受，它使室内环境突出了民族文化渊源的形象特征。

图6–88　传统风格

2. 现代风格

现代风格起源于1919年成立的包豪斯学派，该学派强调突破旧传统，创造新建筑，重视功能和空间组织，注意发挥结构构成本身的形式美，造型简洁，反对多余装饰，崇尚合理的构成工艺，尊重材料的性能，讲究材料自身的质地和色彩的配置效果，发展了非传统的以功能布局为依据的不对称的构图手法。包豪斯学派重视实际的工艺制作操作，强调设计与生产的联系。广义的现代风格也可泛指造型简洁新颖的包豪斯风格，以具有当今时代感的建筑形象和室内环境为典型特征（图6–89）。

图6–89　现代风格

3. 后现代风格

后现代主义一词最早是用来描述现代主义内部发生的逆动，一种对现代主义纯理性的逆反心理，即为后现代风格。20世纪50年代的美国在所谓现代主义衰落的情况下，逐渐形成后现代主义的文化思潮。受20世纪60年代兴起的大众艺术的影响，后现代风格是对现代风格中纯理性主义倾向的批判。后现代风格强调建筑及室内装潢应具有历史的延续性，但又不拘泥于传统的逻辑思维方式，探索创新造型手法，讲究人情味，常在室内设置夸张、变形的柱式和断裂的拱券，或把古典构件的抽象形式以新的手法组合在一起，即采用非传统的混合、叠加、错位、裂变等手法和象征、隐喻等手段，以期创造一种融感性与理性、传统与现代、大众与行家于一体的建筑形象与室内环境（图6-90）。评价后现代风格不能仅仅通过所看到的视觉形象，需要我们透过形象从设计思想来分析。

图6-90　后现代风格

4. 自然风格

自然风格倡导“回归自然”，在美学上推崇自然、结合自然，以期在高节奏的社会生活中，使人们获得生理和心理的平衡。室内多用木料、织物、石材等天然材料，显示材料的纹理，清新淡雅（图6-91）。此外，由于宗旨和手法的类同，有时也把田园风格归入自然风格一类。田园风格在室内环境中力求表现悠闲、舒畅、自然的田园生活情趣，也常运用天然木、石、藤、竹等材质彰显质朴的纹理。自然风格多通过设置室内绿化，创造自然、简朴、高雅的氛围。

图6-91　自然风格

5. 混合型风格

近年来，建筑设计和室内设计在总体上呈现多元化、兼容并蓄的状况。室内布置中也有既趋于实用，又吸取传统的特征，在装潢与陈设中融古今中西于一体，如以传统的屏风摆设和茶几，配合现代风格的墙面及门窗装修、新型的沙发；以欧式古典的琉璃灯具和壁面装饰，配合东方传统的家具和埃及的陈设、小品等（图6-92）。

图6-92　混合型风格

混合型风格虽然在设计中不拘一格，运用多种体例，但设计中仍然是匠心独具，也讲究深入推敲形体、色彩、材质等方面的总体构图和视觉效果。

（二）室内设计流派

流派，这里是指室内设计的艺术派别。从所表现的艺术特点分析，现代室内设计也有多种流派，主要有高技派、光亮派、白色派、新洛可可派、超现实派、解构主义派以及装饰艺术派等。

1. 高技派

高技派或称重技派，倾向突出当代工业技术成就，并在建筑形体和室内环境设计中加以炫耀，崇尚“机械美”，如在室内暴露梁板、网架等结构构件以及风管、线缆等各种设备和管道，强调工艺技术与时代感（图6–93）。高技派典型的作品有法国巴黎蓬皮杜国家艺术与文化中心、香港中国银行等。

图6–93 高技派

2. 光亮派

光亮派也称银色派，室内设计中倾向于夸耀新型材料及现代加工工艺的精密细致及光亮效果，往往在室内大量采用镜面及平曲面玻璃、不锈钢、磨光的花岗石和大理石等作为装饰面材；在室内环境的照明方面，常使用各类新型光源和灯具，在金属和镜面材料的烘托下，形成光彩照人、绚丽夺目的室内环境（图6–94）。

图6–94 光亮派

3. 白色派

白色派的室内朴实无华，室内各界面以及家具等常以白色为基调，简洁明确。白色派并不仅仅停留在简化装饰、选用白色等表面处理上，而是具有更为深层的构思内涵，设计师在室内环境设计时，综合考虑了室内活动着的人以及透过门窗可见的变化着的室外景物（图6–95）。从某种意义上讲，白色派的室内环境只是一种活动场所的“背景”，同时在装饰造型和用色上不作过多渲染。

图6–95 白色派

4. 新洛可可派

洛可可原为18世纪盛行于欧洲宫廷的一种建筑装饰风格，以精细轻巧和繁复

图6–96 新洛可可派

图6–97 超现实派

图6–98 解构主义派

的雕饰为特征，新洛可可派继承了洛可可繁复的装饰特点，但在装饰造型的“载体”和加工技术上更新为运用现代新型装饰材料和现代工艺手段，从而具有华丽而略显浪漫、传统仍不失有时代气息的装饰氛围（图6–96）。

5. 超现实派

超现实派追求所谓超越现实的艺术效果，在室内布置中常采用异常的空间组织、曲面或具有流动弧形线型的界面、浓重的色彩、变幻莫测的光影、造型奇特的家具与设备，有时还以现代绘画或雕塑来烘托超现实的室内环境气氛（图6–97）。超现实派的室内环境较为适应具有视觉形象特殊要求的某些展示或娱乐的室内空间。

6. 解构主义派

解构主义是20世纪60年代，基于对前期欧美盛行的结构主义和理论思想传统的质疑和批判产生的哲学观念。建筑和室内设计中的解构主义派对传统古典、构图规律等均采取否定的态度，强调不受历史文化和传统理性的约束，是以一种貌似结构构成解体，突破传统形式构图，用材粗放的流派（图6–98）。

7. 装饰艺术派

装饰艺术派起源于20世纪20年代在法国巴黎召开的一次装饰艺术与现代工业国际博览会，后传播至各地。装饰艺术派善于运用多层次的几何线型及图案，重点装饰建筑内外门窗线脚、檐口及建筑腰线、顶角线等部位。近年来一些宾馆和大型商场的室内，出于既具时代气息又有建筑文化的内涵考虑，常在现代风格的基础上，在建筑细部饰以装饰艺术派的图案和纹样（图6–99）。

8. 风格派

风格派认为把生活环境抽象化对人们的生活就是一种真实。风格派的室内，在色彩及造型方面都具有极为鲜明的特征与个性。风格派的室内装饰和家具经常采用几何形体以及红、黄、青三原色，间或以黑、灰、白等色彩相配置。建筑与室内常以几何方块为基础，对建筑室内外空间采用内部空间与外部空间穿插构成一体的手法，并以屋顶、墙面的凹凸和强烈的色彩对块体进行强调（图6-100）。

图6-99 装饰艺术派

图6-100 风格派

本章习题

1. 如何理解室内设计中的虚拟空间？
2. 按照现代人的生活内容与方式，我们大体可将室内空间分为哪些类型？
3. 简述园林设计理念。
4. 园林设计要点有哪些？
5. 简述现代建筑设计原则。
6. 简述室内设计原则。

第七章

技术美审美评价

第一节　审美的一般特征

审美是人类理解世界的一种特殊形式，指人与世界（社会和自然）形成一种无功利的、形象的和情感的美学状态。审美是在理智与情感、主观与客观上认识、理解、感知和评判物质对象的存在。审美要求有主体来介入、来“审”，同时要求有客体，有供人审的“美”的对象。

一、审美的范围

审美的范围极其广泛，太空、自然山水、建筑、音乐、舞蹈、装饰、陶艺、饮食、绘画等，都可以成为人的审美对象。按照技术与艺术的价值理论，可以将审美对象分为自然美，（如太空、自然）、技术美（如建筑、服装、陶艺、饮食、装饰）和艺术美（音乐、舞蹈、绘画），如图7-1至图7-5所示。当然具体到某一审美对象，可能以上三种美综合存在于一身。比如舞蹈，有演员身材的自然美，也有动作的技术美，只不过在传统文化中，舞蹈首先是作为艺术形式而存在，而忽略了演员的自然美和技术美。

图7-1　自然美（云南梯田）

图7-2　自然美（星空下的布罗莫）

图7-3　技术美（陶艺作品）

图7-4　技术美（服装秀场）

图7-5　艺术美（《水仙图》）

审美在自然美领域中，表现为人对现实生活的美丑评价；在技术美领域中，包括对造型、结构、参数等在内的具有逻辑性及实用性的某种评价；在艺术美中，主要是指对艺术作品反映生活美的属性、真实性、真理性、道德性以及艺术表现的独创性等所作的价值判断。自然美、技术美和艺术美既相互联系又有区别。如果在评价某一客体时，对其内在价值采取轻视态度，会导致唯美主义；相反，在生活和艺术中忽视审美价值，则会引起实用功利主义。

审美评价是主观的，它取决于审美修养、思想水平、个人的生活情感好恶等。由于人们的审美评价机制是在社会实践中形成的，受到某个特定的社会、民族、阶级的共同观念以及人类普遍情感的影响，因而审美过程中会自觉或者不自觉地遵循着一个共同的以客观社会实践为前提的审美标准。所以审美评价真实与否、深刻与否，是有一个客观的标准的。一个人对审美对象所作的正确评价，必然是与对象的审美价值相符合的，故审美评价是主观的，是对审美价值的主观关系的表现。两者之间有联系，但是不是附属的关系。审美评价不能创造出审美价值，但是审美价值却必定要通过评价才能被认识。评价有可能符合也可能不符合原有价值。当审美评价符合审美价值时，两者之间的关系是真实的；反之，则是虚假的、错误的。审美评价的认识，是在时间基础上对美学现象进行科学的分析和综合，从中揭示出带有规律性的认识，遇见并推动未来将要产生的审美价值。

二、审美的过程

（一）感觉、知觉、理解

感觉，是过去的经验在头脑中的反映，是脑对直接作用于感觉器官的客观事物的个别属性的反映。知觉是直接作用于感觉器官的事物的整体在脑中的反映，是人对感觉信息的组织和解释的过程。例如，看到一个苹果、听到一首歌曲、闻到花香、尝到美食等，这些都是由大脑所传达的知觉现象。理解指了解，认识。

在审美过程中，首先是审美对象刺激感官引起人们的各种简单的感觉和较复杂的知觉活动的综合感觉，称为感知，形成对审美对象的完整认识。耳、眼、鼻、舌、身和大脑神经系统组成了听、视、嗅、味、触的感觉分析器官，接受和传达外界各种信息。视觉和听觉是主要的审美器官。嗅觉、味觉、触觉等，在审美活动中也起着不可忽视的重要作用。感知之后，审美主体运用自己本来就有的生活经验和知识，把它加入审美对象中去，和它的内容联想起来，从而获得对对象的深刻理解。

例 7-1　吸尘器

第一次看到吸尘器（图 7-6）的时候只能从外形上观察形状、颜色是什么，再通过研究其每个零件的功能、用途更深层地认识它，这就是从感觉、知觉，再到理解的过程。

图7-6 吸尘器

（二）理解、联想、想象

想象是构成审美经验的第二个重要元素，审美欣赏和艺术创作都需要想象，想象是一个有着广阔内容的心理范畴，一般分为初级形式和高级形式。初级形式是“知觉想象”，是一种不完全脱离眼前事物的简单联想，一般分为接近联想或类比联想。高级形式是创造性想象，是在脱离眼前的知觉对象的情况下进行的，是以无数的感知为基础的设想。一般说来，艺术作品的想象都是富有创造性的，所以，初级与高级形式的想象是不能截然分开的。

艺术的审美形象不同于技术的科学想象，科学想象是概念性的感性构架，是一种感性的抽象。它要求离开感知，舍弃形象的个性特征，是直接表达确定的概念和理性的东西；而审美想象则恰恰相反，它始终不脱离感知的具体形象，并要求保持和发展形象的个性特征，创造出新的表象。审美想象的作用不是直接表示概念，而是通过想象创作出活生生的形象来感染人，使人从中体会到、领悟到某种非概念所能表达、能穷尽的本质性和规律性的东西。

例 7-2 三角形

四个等边三角形等比例缩小构成的图形（图7-7），视觉上给人以纵深感，同时又像是往外凸起的棱锥。

图7-7 三角形

例 7-3 花瓶与人脸

图形创意中的正负图形，白色部分是一个花瓶，黑色剪影部分为两个侧面人脸（图 7-8）。在这个图案的认知过程中，我们经历了从理解、联想到想象的过程。

图 7-8 花瓶与人脸

知觉性联想与创造性联想是不可分割的，两者既有区别，又有联系，创造性联想是以感知为基础的，比如艺术作品的创造。

（三）想象、情感、美感

情感是人们在社会实践中对客观事物的一种主观态度。这种心理活动是按照组成审美经验的感知、理解、联想、想象诸要素配合达到一定自由和谐状态的审美愉悦。它是伴随着知觉活动直接产生的，一般总是被主体看作知觉对象的一种客观性质。情感活动是审美心理当中极为重要的组成部分，是审美过程的最高阶段。因为任何审美过程如果不能动之以情那就不能使人产生真正的美感，或者至少这个美感是粗浅的、不深刻的；只有想象上升到情感阶段，美感才能真正产生。

在消费者选择产品时，是根据不同需求来选择的。比如当装修风格倾向于北欧极简风格时，消费者挑选家具会更多选择高级简练的纯色系，这是美感需求在主导；有时候情感为先，当装修风格为中式，主要居住人群为父母时，家具的搭配更多会选择偏深色木制家具，更加符合老年人稳重的心态。

在选择购买产品时若以美感为先、性能后之，这时候更多考虑的是产品在造型、颜色等外观上是否符合消费者喜好。比如在两款相机中，消费者选择可爱易用的拍立得而并非功能、参数更强劲的单反相机，就是美感需求在主导。

美感是感知、理解、想象、情感等心理要素综合交织的统一。在具体的审美活动中，这四种要素互相渗透、互相融合、密不可分。感知（感觉和知觉）是美感的出发点，理解是美感的方向，想象（包括联想）是美感的翅膀，情感则是美感的升华。

三、审美的特征

（一）直觉性

审美直觉就是对美的形态的直接感知，是对审美对象的整体把握，包含三层含义：一是指审美感受的直接性、直观性，即整个审美过程自始至终都是形象的具体的，在直接的感知中进行；二是在审美中对审美对象从全局整体上把握而不是支离破碎地感知；三是指审美感官愉悦产生在理智的思考和逻辑的判断之前，直接生成、可不假思索地判断对象美或不美。这种直觉性贯穿美感的一切形态之中。

比如听到一首音乐前奏符合自己当时的心境，会静下心来聆听；当心态很急躁需要安静下来时听到一首摇滚乐，你也许会毫不犹豫切到下一首。在对待已知的人或物件时，人们在没经过大脑仔细思索下做出的决定，就是在直觉性引导下完成的。当看到埃菲尔铁塔时，不由得在内心感叹：如此宏伟！这就是直觉性的体现。

直觉的存在是不容否认的。有许多事实早已证明，在人类思维活动中，的确存在着与逻辑思维迥然不同的思维方式，它能使人在瞬间领悟和理解，造成人对现实的理性把握。审美直觉与逻辑判断是两种根本不同的觉悟：一种是低级的、原始的、相当于感觉的直觉；另一种是高级的、经过长期经验积累的、实际上是经过了理性认识阶段的知觉。但它们有本质的相同之处，即都反映客观存在的某些本质。

（二）情感性

情感是指人对客观存在的美的体验和态度。审美情感以审美认识判断为基础，构成审美的特点，这也是美感与快感的主要区别之一。快感是生理机体的舒适感觉，不需要以审美评价为基础，它在本质上是物质性的。凡是与审美判断有关的情感都属于精神范畴。审美情感里包含着丰富的理性因素，可理解到审美对象深层次的部分。在审美中，人们是在感性形式的情感体验中直接理解理性观念，并不一定经过逻辑思维过程。

审美情感活动由于以形象思维为基础，审美情感的对象也必须是形象的，而不是真理、正义、自由之类的抽象概念和原则。由于审美对象的丰富复杂，审美情感也呈现出丰富复杂的状态。

（三）愉悦性

审美愉悦来源于对人的本质的肯定，表现为对狭隘功利性的超越和对生命力的追求。我们知道，审美是一种感情，是一种喜悦和愉快的感情。无论什么样的审美对象，它总是能给人们带来审美的喜悦。即使是悲剧，也是通过把美毁灭，来夸大美与丑、善与恶、真与假的对立，从而使人体会到真善美的崇高，体验到崇高美。这种崇高美，恰如奇峰突起、绝壁悬崖、霹雳闪电，虽然它们使我们感官受到强烈的刺激，但同时能给人以一种愉悦感。

审美愉悦没有物质的功利性，却有精神的功利性；没有个人的功利性，却有社会功利性；没有急切的近利性，却有现实与历史功利性。柔韧的小草、清丽的鸟鸣给人的愉悦虽无重大的社会意义，却有益于人的身心发展，可陶冶人的情操；舒伯特摇篮曲给人的愉悦不能催眠，但能引起成人对童年、对母亲的眷恋，激起爱母亲、爱人民、爱祖国的美好情感；雄浑、崇高之美能扬起人的自尊和自信，恬淡、静穆之感能平息人心中的愤怒怨恨。审美愉悦之所以是非功利的、又是功利的，是因为它表现了对狭隘功能性的超越和对生命力的追求。

第二节　技术美的审美特征

产品的技术美包括包含“技术”和“美”两个方面，是技术和艺术的和谐统一。

根据技术美的三大原则（功能原则、价值原则和美感原则），任何一个产品只有同时具备了功能、价值和美感，才能称得上是技术美的产品。

梁思成在其《建筑和建筑的艺术》一文中说过："建筑虽然是一门技术科学，但它又不仅仅是单纯的技术科学，而往往又是带有或多或少（有时极高度的）艺术性的综合体；是一种非常复杂的、高度综合性的艺术创作。"

例 7-4

湖州太湖月亮湾酒店（图7-9），它的立面装饰样式和平面综合布局，通过运用线条、界面和空间等构件，以及各部分的比例、对比、韵律、节奏、色彩、表质等艺术元素，配以合乎情理、工艺美感俱佳的装饰手段，塑造了它的艺术氛围。

图7-9 湖州太湖月亮湾酒店

一、功能美的特征

功能美是现代技术美学、设计美学或产品美学的一个核心概念，从设计本身的角度出来讲，设计产品的功能因素分为实用功能、认知功能和审美功能等功能。"功能美"的本质就是实用美，包括实用功能和功效功能两个方面。

（一）功能美

产品设计的目的就是达到某一种"用途"，即使产品实现某一种特定的功能，以供消费者使用。这里的功能指实用功能。功能美是指产品良好的技术性能所体现的合理性，它是科学技术高速发展对产品造型设计的要求。

人们在进行充分发挥主观能动性的创造性活动时，能根据不同材质的特性，依据使用目的，对材质进行不同的加工，形成具有不同功能和形状的实体产品。材质是产品设计师从事设计活动的基础，是所有生产加工制造活动的落脚点。产品设计师在充分了解材质特性的前提下通过对材质的运用和搭配形成独特风格的美感。科技的不断发展，也推动新材质和新的加工方式的研发，不断推动产品形式上的丰富和发展。产品形式的发展离不开示能。

示能是《设计心理学》中的一个术语。示能表现的是物体的本质属性与物体的预设用途的主体能力之间的关系，是描绘物品同与之交互的主体的关系，简言之，示能是指人和物理对象之间可能的互动。比如椅子传递给人的信息是支撑，并且还具有一定的支撑面积，人就认为椅子具有坐的功能，就会坐上去；给椅子加了轮子之后，人们就可以识别出椅子还具有移动的功能。门把手的造型暗示人们门把手的使用方式以及门的开门方式，如球形把手暗示人们应该旋转开门，横杆门把手暗示人们的开门方式应该拉开；没有门把手则暗示门应该推开。示能的正确传导可以减少人们在使用产品的过程的困惑，保证使用过程流畅，用户体验良好。示能的可见性对于设计师及用户来说是至关重要的，产品设计师在设计过程之中要根据产品所具有的功能、使用方法以正确地形式传递给用户，并且预设用户可以正确地理解和以正确地方式来使用产品，以达到正确传递示能的目的。反示能是指人和物理对象之间不可能的互动，比如有一块普通的玻璃和一个普通人，"人不可以穿过玻璃"就是反示能。

产品在设计过程之中受到环境、文化、地域、宗教等因素的影响，设计师在进行产品设计活动时，应考虑到这些因素，在设计过程中充分发挥主观能动性进行设计活动，以设计出符合这些条件因素的产品。

例 7-5　日本的清酒瓶造型

日本清酒一般用于正规的日式宴会，人们在举止上都要求符合宴会礼节的要求，如在宴会上为宾客斟酒的时候应一手托住酒瓶底部，另一只手拿捏住酒瓶颈部，双手一起为宾客斟酒，以表示对对方的尊重。由此，清酒瓶的造型整体比较高，以方便人们倾倒酒水；酒瓶底部较大，使酒瓶的重心偏下，在放置的时候具有一定的稳定性，也便于人们在倾倒酒水的时候用手托住瓶底；酒瓶颈部相对细长，单手没有办法拿稳酒瓶，人们在使用的时候需要用另外一只手托住瓶底，以双手组合的方式倾倒酒水。清酒瓶子的造型设计并不方便人们进行倾倒酒水这一动作，但是清酒瓶子的反示能性造型却引导了人们为他人倒酒水的时候双手倾倒，使人们在无意识的情况下遵循了传统的礼节性规定。

具备功能美的设计通过各种方式传递给用户产品正确地使用方式，使用户在使用产品的过程中，操作动作流畅，不会因困惑而导致使用过程中断。更可以通过行为设计引导用户操作。功能美包括三方面内容。

1. 达到先进参数

当科技新成果转化为产品时，其形态应由工业设计师和工程师共同完成。它不是已有形态的模仿，而是与之相适应的崭新形态的创造，是一种同类产品在功能的结构内容或形式上的创新，从而使人们产生新的感知、理解、联想、想象直至情感，这一过程就是功能美的审美过程。这里所说的"崭新形态"的创造是指是否达到了先进的技术参数。

了解参数化设计（图 7-10），先要明白其他几个名词，分别是数字化设计、非线性设计、建筑信息模型（BIM）。

（1）数字化设计。将许多复杂多变的信息转变成可以度量的数字、数据，引入计算机内部进行统一处理后建立数字化模型，即数字化设计。

（2）非线性设计。非线性设计多指不按比例、不成直线关系、不规则的运动和突变的设计，建筑设计中一般指异形建筑，如图 7-11、图 7-12 所示。

图7-10 参数化设计经典案例

图7-11 密歇根州立大学艺术博物馆

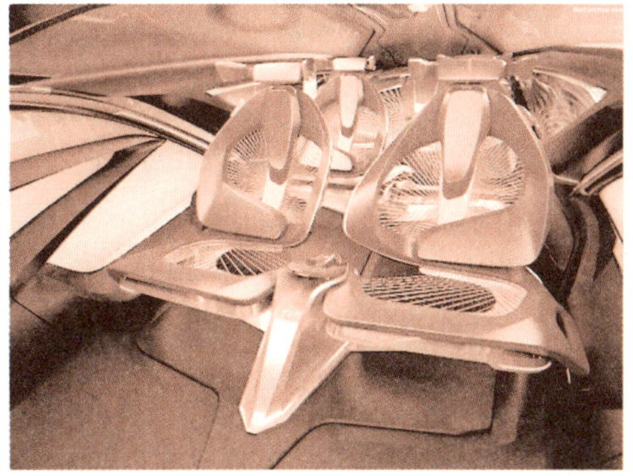

图7-12 雪佛兰概念车与其内部结构

(3)BIM(building information modeling),即建筑信息模型,简单说就是用数字技术集成建筑工程项目各种相关数据的工程模型。在BIM中一切都是相关联的,修改任何一处,平立剖各种明细表都会跟着变动,如图7-13所示。

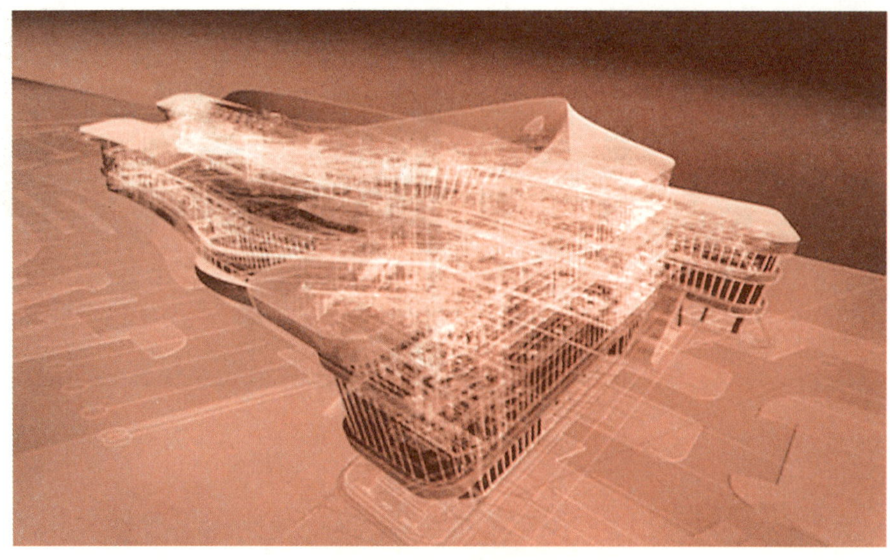

图7-13 BIM建筑模型

参数化指建立特定的关系，当这种关系的某个基本元素发生变化，其他的元素也随之变化。

参数化设计相对于传统的设计有不少优势，比如我们可以通过修改参数，快速准确地生成一系列不同的形式，再从其中择优录用。此外，该模式可以大大提高我们与结构工程师的沟通效率，还可以把构件的详细信息生成一个表格，方便统计。

参数化设计最关键的优势是，GH（Grasshopper，参数化软件）还可以与一些BIM软件比如REVIT（Autodesk公司旗下建筑设计软件）进行协同设计，甚至通过GH的插件，实现Rhino（三维建模工具）的BIM化。另外还可以配合一些算法和插件（比如遗传算法、Geco、ladybug、honeybee、Kangaroo等）做一些优化设计，这些都属于一些高级应用了。

然而参数化只是一个工具，本质上和SU（SketchUp，一款建筑空间设计软件）一样，参数化会给设计带来更多的可能性，但是真正重要的始终是设计者的思维，这才是真正可以创造出好设计的源泉。

参数化最棒的一个地方在于，它可以帮助设计师优化建筑结构，尤其是面对那些又薄又硬、超难处理的材料的时候。德国建筑师Tal Friedman就运用了参数化技术造出了他最新的作品“折纸亭”（图7-14）。

图7-14 折纸亭

Friedman的构思来源于传统的折纸工艺，整个亭子只用了八张铝合金板。他用这样的概念制造出一套算法，可以最大化地转换铝合金的表面硬度来搭建模型。由于早期参数化设计的局限，只能针对大块面积的材料进行设计处理，很难对非线性造型进行设计，所以，参数化大多运用在面积稍广的地方。随着科技的进步，技术的革新，3D打印的运用，参数化设计也逐渐运用到小规模的设计中，慢慢普及到人们日常生活用品的设计（图7–15、图7–16）。

图7–15　扎哈·哈迪德解构高跟鞋

图7–16　布加迪威龙跑车

2. 技术性能良好

在产品设计中，技术功效美表现为不断优化、稳固产品的功能，使产品设计在形式和方向发生了本质的改变。技术性能良好体现在以下几个方面。

（1）可靠性：不易损坏，功效稳定。比如电钻、锤子等。

（2）安全性：减少使用风险。比如婴幼儿奶嘴、玩具造型是否锐利，材料是否安全等。

（3）易用性：操作简单，用户可以不用看使用说明即可上手操作。比如苹果iOS系统不仅操作简单，同时还能引导用户的使用习惯。

（4）可维修性：针对产品复用性及使用寿命而言。比如吸尘器的组装设计，损坏时只需修理损坏的那一块，这是设计时就对修理费用、性价比作了考虑。

（5）美学性：针对其功能形态美考究而言，包括造型、材料、颜色等方面。比如汽车内饰材质、耳机、榨汁机等的设计。

产品的功能是产品的灵魂。如果产品失去功能作用，也就失去了其存在的意义。当一种新产品推向市场时，其功能美是吸引人们的主要因素。如果人们已经知道一个产品技术性能不好，即使外观再美，也不会感受到产品的技术美。所以技术上的良好性能是构成产品功能美的必要条件。

3. 满足设定要求

用户的最新需求转化为产品功能创新的技术设定之后，产品设计要尽可能地满足设定的要求。产品的功能是产品设计的核心，它体现了社会生产的目的性，即不断满足人们日益增长的物质和文化需求。设计以促进人的全面发展为导向，通过产品性能的开拓来满足这种需求。不论是材料的利用、结构形式的选择，造型形态及工艺的处理，都不能脱离产品功能这一核心（图7–17、图7–18）。

图7-17 墨水瓶设计

图7-18 情侣椅设计

例 7-6 针对不同人群的产品设计

性别、年龄不同，审美偏向不同，思维逻辑也可能不同。

(1) 从女性视角考虑的包装设计，首先体现在视觉上，女性喜欢的设计大多比较淡雅柔和，如化妆品类和私人用品等。很多产品的包装设计都充分考虑了女性的情感，尽量做出不同、有趣的包装设计，通过图形、颜色趣味来吸引女性消费者。

(2) 提起男性的审美，大多数都会想到“身份”“地位”“尊严”等词。在颜色上，脑袋里首先出现的就是黑白灰，或者一些简约的设计，所以画面不宜做过多的花纹装饰，如图 7-19、图 7-20 所示。

图7-19 男款手表

图7-20 男士香水

(3) 儿童——纯洁、活泼、有趣儿童的世界是美好、五彩缤纷的。基于这一点，儿童类的包装设计首先在视觉上就与其他设计有所区分。大多数设计采用的是纯度较高的颜色以及卡通类的图案，尤其是暖色与冷色形成一种对比，吸引着儿童的目光。如图7-21所示的这款桌面吸尘器，它是一款学生文具类产品，为了贴合用户使用体验，造型上是帅气的UFO，顶部自带一个小的转笔刀，产品底部有吸尘风孔，既具备产品功能属性，又能满足小朋友的玩耍需求，成为学习中的重要伙伴。

图7-21　桌面吸尘器

(4) 青年人更看重包装的时尚、有趣，这样他们可以追赶潮流。好看的包装在视觉上一定与那些陈旧的图案有所区别，可以是打动人心的有趣图案，也可以是当下流行的一些抽象图形，这样看起来比较新颖，受人喜爱。这是很有科技感的一款耳机产品，外形包装上通过透视处理，让消费者一眼了解产品，机盒搭配有趣、时尚的icon图案设计，更具年轻潮流感。

(5) 中老年阶段的消费者，所追求的主要是身体健康。多吃健康的食品和营养品已经成了一种趋势。针对该群体的产品，包装上所采取的往往都是醒目清晰的图片以及文字，以便于识别；外观上会使用方便简洁的设计，以供他们触摸携带，强调舒服的触感，如图7-22所示。

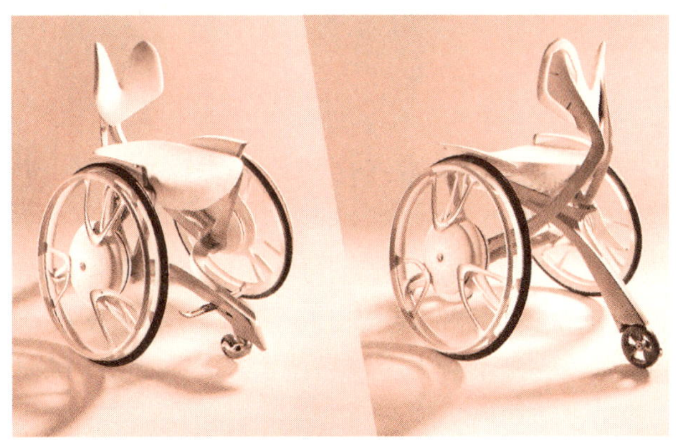

图7-22　电动轮椅

（二）功效美

现代工业产品不管是技术简单的还是复杂的，不管是生活用品、工具、机器还是设备，最终都要供人使用。一件产品只有与人发生联系才算真正的产品，这就指向产品的功效。产品功效指产品供人工作使用的效率，功效美主要研究如何使产品的结构和操作方法以及操作环境更适应操作人员的要求，包括人体机能、能量消耗、疲劳程度、环境与效率等多方面的要求。

所谓产品人性化，一般指符合人机工程学的要求。人机工程学应用人体测量学、人体力学、劳动生理学、劳动心理学等学科的研究方法，对人体结构特征和机能特征进行研究，使人们在享受产品时感觉方便、舒适、可靠、安全和高效。

人机工程学的一般设计要求为：① 产品的尺寸、形状及用力是否与人体配套；② 产品是否顺手和方便使用；③ 是否能防止使用者操作或误用时产生意外的伤害；④ 各操作单元是否实用，各元件在安置上能否使其功能容易辨认；⑤ 产品是否便于清洗、保养及维修。

二、美感的特征

（一）结构美

产品的结构可以用结构的形象——结构树来反映（图7-23）。产品结构树是描述某一产品的物料组成及各部分文件组成的层次结构树状图，它是将产品数据管理中的产品信息，结合各个零部件之间的层次关系，组成一种有效的属性管理结构。

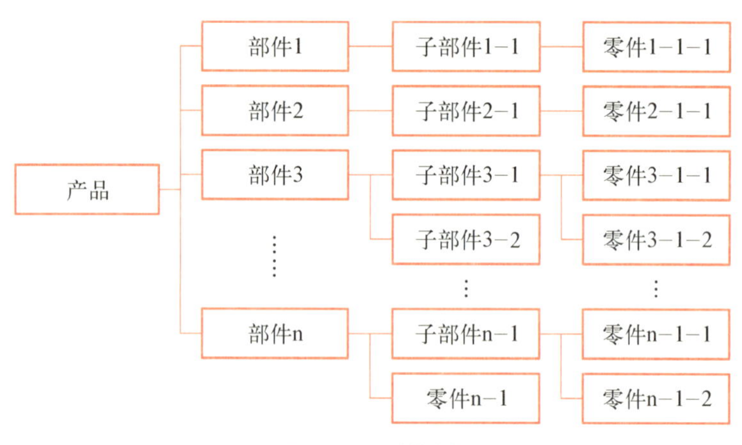

图7-23　结构树

产品结构树根据该产品的层次关系，将产品各种零部件按照一定的层次关系组织起来，可以清晰地描述产品各个部件、零部件之间的关系。树上节点代表部件、零件或组件，每个节点都会与该部件的图号、材质、规格、型号等属性信息及相关文档有所关联。

完美的产品树的要求是：① 产品结构树的层次划分必须反映产品的功能划分与组成，尽可能合理、简单、紧凑；② 必须考虑产品在生产上和商务上的要求；③ 在产品的总体设计方案完成后，要通过结构树实现产品的功能划分，将产品实物化、中间环节简化；④ 产品结构树层次要根据产品复杂程度决定，结构部件划分适宜；⑤ 企业可以把一个产品或一个系列的产品都用一棵树来表示。

对产品本身的结构而言，要求整机和零部件制造、装配与调试方便；使用者安装、使用尽可能简单；重量减轻，运输方便等。

了解结构美，需要知道三个词：模块化设计、可拆卸性设计、长寿设计。

（1）模块化设计主要是指产品在生产设计过程中对各个部分进行分割以构成一个具有特定功能的子系统，根据不同模块的情况制定相应的设计方式和生产方式，并通过各部分模块的组合构成产品。模块化的模式可以有效避免传统的机器设备在某部分损坏后，导致整个设备都需要更换无法使用的情况。模块化设计可以根据坏掉的部分进行局部更换，避免了资源的浪费，有利于资源的重复利用。

（2）可拆卸性设计是指产品在运输过程之中，某些产品由于体积过大，运输起来不方便，可拆卸设计就是针对这一问题提供的一种有效的解决方法。在运输体积较大的产品设备的时候，可以将设备拆卸成更小的零件模块，以方便设备的运输搬运。这种运输方式可以有效地节约成本，节省运输空间。可拆卸性设计也方便对产品的功能模块进行更换和回收利用。

（3）长寿设计是指在产品的开发制作过程中，注重利用先进技术提高产品的品质质量，保证产品稳定、长久地运行，从而使产品寿命大大延长，减少设备的维修和更换。

例 7-7　一组模块化、可拆卸及长寿设计的产品

（1）可组合饮水机。可组合饮水机设计为多功能饮水、饮料机，设备的不同方格可放入不同口味的牛奶、奶茶、咖啡等，根据用户不同需求提供相应服务（图7-24）。

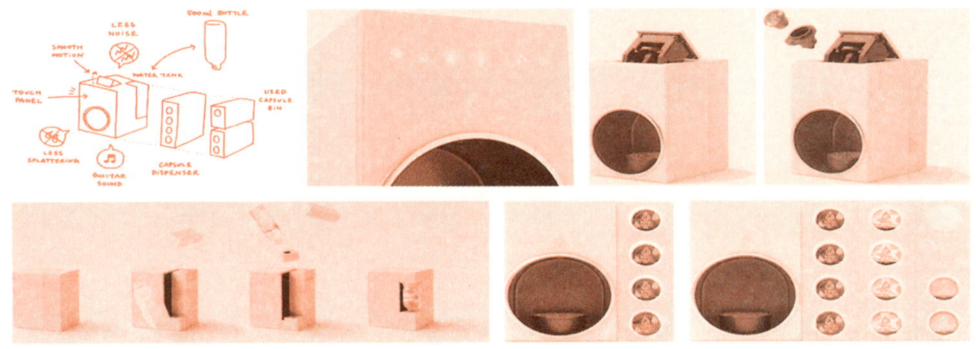

图7-24　可组合饮水机

（2）模块化移动音响、移动电源。模块化移动音响和电源能拆分成单个电源或时钟，既能充当音响，屏幕上还能显示剩余电量，提醒用户电量使用情况，是一款符合当下人们生活需求的设计（图7-25）。

（3）模块化收纳盒。模块化收纳盒（图7-26）同样运用了模块化、可拆卸及长

图7-25 模块化移动音响、移动电源

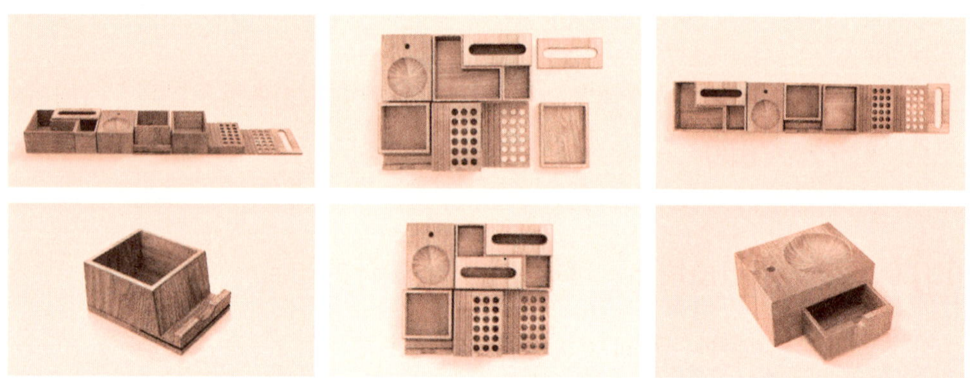

图7-26 模块化收纳盒

寿设计等原理，用户能根据不同需要将收纳盒重新排列使用，木制结构的选材能提高收纳盒的使用寿命，结构简单而不失美感。

(4)模块化家具(图7-27)。

图7-27 模块化家具

(5)模块化、可拆卸化家具、插线板、冰箱、组装建筑(图7-28)。

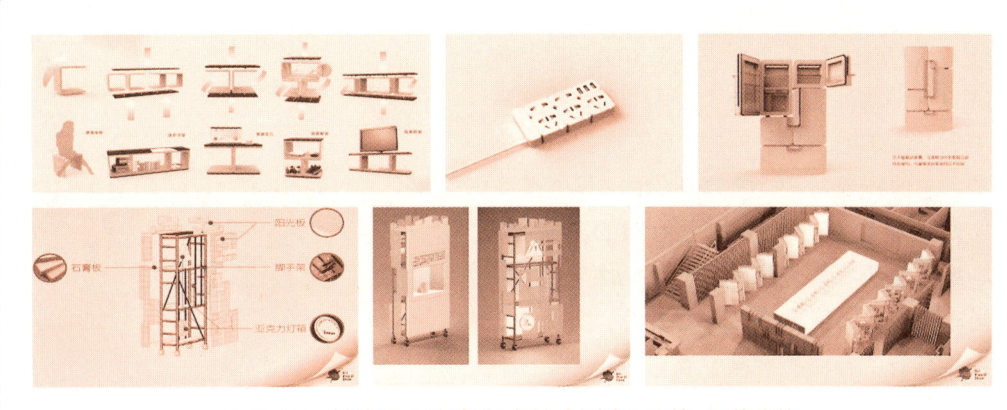

图7-28 模块化、可拆卸化家具、插线板、冰箱、组装建筑

(二)造型美

所谓造型美,就是产品具有整体性和规则性,使人感到产品具有某种特定的造型风格,各部分有机地结合成一个整体,给人以一种美感。构成产品形态的造型元素是一些基本的几何体,有时还用到一些较为简洁的曲线曲面。

造型美包括三方面要求:① 从空间形态上讲,其形态规则、单纯、形象明确,给人以深刻的印象,并容易达到明快、丰富、抽象的艺术效果,富有时代气息;② 从生理上讲,人的眼睛习惯于接受简洁的垂直面、水平面以及流线型的曲线曲面轮廓;③ 从工艺上讲,规整的形态适合现代化大工业生产,制造工艺简单方便,便于大规模、高质量、低成本生产。

例 7-8 一组具有造型美的设计

(1)椅子设计(图7-29)。简洁的线条将椅子的形态变幻成不同状态,不同材质搭配不一样的造型,适用不同场合。

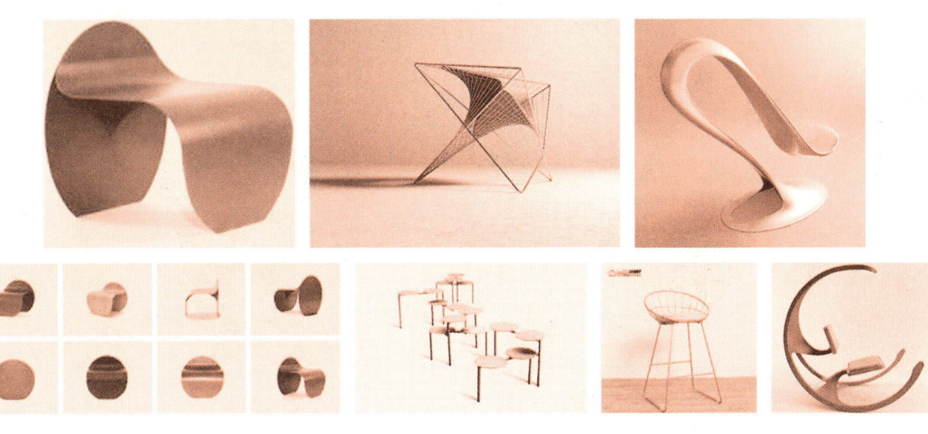

图7-29 椅子设计

(2) Mesh灯具设计(图7-30)。基于对LED灯潜在性能的实验,该设计将灯具分离成多个小单元,是对传统枝形吊灯的创新演绎。它的外部结构近乎透明,由金属电缆网以及点缀在电缆网接口上的LED灯组成。其建造方法巧妙地隐藏了灯具的复杂结构,同时在视觉上降低产品的材料感。此外,灯具拥有高度自由的可操控性,不仅可以调节光的强度,也可以选择照明区域:上部环形区域、下部区域或横向扇区都可以由一个LED灯点亮。

图7-30 Mesh灯设计

(三)工艺美

这里所说的产品的工艺是指具有理性的工业痕迹,包括色彩工艺、加工工艺、装饰工艺和材料质感给人的视觉感觉。色彩工艺就是具有一定形态产品的色彩配置,给人一种愉悦感。色彩能对人产生很重要的心理、生理影响,从而赋予色彩以精神功能;加工工艺是造型的手段,加工制造工艺具有一定的先进性和继承性;装饰工艺是使造型更具完美的条件,如平板、商标设计美,包装装潢美;材料的质感则是造型具有内在美的基础,现代感比较强。

例7-9 两组具有工艺美的产品设计

(1)关茶森林抹茶曲奇(图7-31)。这是一盒让人感受到春天森林气息的抹茶曲奇。翠桑、青衫、玉松,三种口味,色泽浓翠浅绿参差包装上的枝条与脉络放大了

图7-31 关茶森林抹茶曲奇

产品细节肌理，形成抽象的图形在抽象与真实转换之间给用户意外之喜。

(2) 音响（图 7–32）。这两款音响在外观上色彩稳重，有很强的科技感；加工工艺精致，属于工艺美的体现。

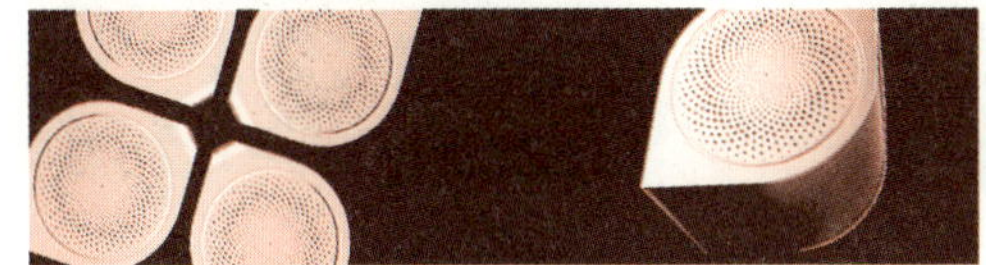
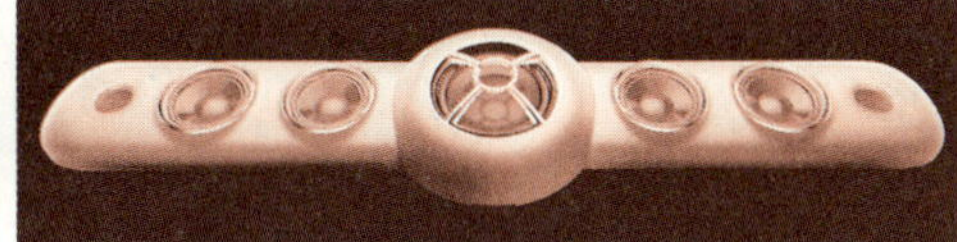

图 7–32 音响

三、性价美的特征

所谓产品的性价美就是价廉物美，指产品的性价比高。性价比全称是性能价格比，是一个性能与价格之间的比例关系。性价比是反映产品的可买程度的一种量比的计算方式。一般在两种以上产品比选时运用。一方面，如果多个产品的性能一样，价格越低的，则其性价比就高，我们则说，此产品的性价最美，属于价廉物美；反之，若性能一样，价格越高，则产品的性价比越低，性价比不美，不属于价廉物美。另一方面，产品价格如果差不多，而性能有区别，则性能稳定可靠、质量好、使用寿命较长的，称为高性能产品，性价比才会更高，称得上性价美。

性价美的另一个重要方面，就是能最大限度节约各种资源，维护社会、生态等环境。性价美提倡人与自然的和谐共生，人们在进行设计活动的时候应该尽量避免对自然环境的影响，达到人—自然—社会的和谐统一，在人、产品、自然的高度统一中体现设计中的生态美学。产品设计中的生态美学并不是简单地从自然中汲取灵感，更多的是寻找一种人与自然和谐共处的关键位置。可持续发展观是生态美的核心思想，要求设计师在进行产品设计的时候具有社会责任感，充分考虑到设计对环境的影响，从全局的利益出发进行设计活动，表现出人与自然的和谐共生。

例 7–10 一组具有性价美的产品设计

(1) 百元语音音响（图 7–33）。智能语音音响是互联网巨头奋力抢夺的入口，这款百元语音音响，基础形态设计简洁大气，配色素雅，黄金分割的比例，材质低成本，高性价比，是适合多数使用人群的一款高性价比语音音响。

(2) 北欧风家具（图 7–34）。北欧风家具是典型的具有性价美的产品，外观上符合当代年轻人的审美，造型有设计感，配色简约高级，同时，价格相对平价。

图7-33　百元语音音响

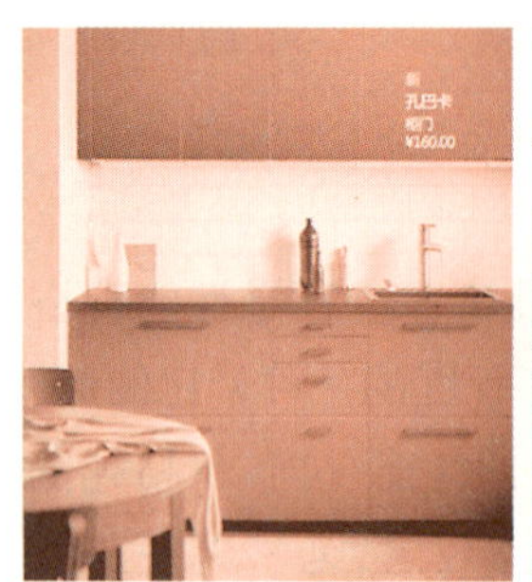

图7-34　北欧风家具

第三节　技术美的审美评价

技术美指向产品的实用功能，包括了构成功能的生产技术、制作工艺、材料应用等。审美评价是指审美活动中，主体以其独特的审美价值观对审美对象的属性作出价值判断的过程，是从自己的审美经验、审美情感和审美需要出发去把握审美对象并对其作出评定，是一种极为丰富而复杂的心理活动过程。在不同的审美活动中审美评价表现不同。

根据产品技术美的审美特征，对产品的技术美性评价可以从以下六个维度展开。

一、功能美的评价

（一）达到先进参数

产品参数是指产品提供给市场，被人们使用和消费，或者满足人们某种需要时需要标明的某些特征值，包括长度、宽度、高度、密度、质量等物理特征和规格，以及使用的行业标准原料、生产工艺、特种化工原料添加值、性能、产地、储存环境、使用寿命、结构等。所谓先进参数即与同类产品相比代表其先进性的一些数据或特征。

例 7-11 阿格巴大厦

图 7-35 阿格巴大厦

子弹头造型的阿格巴大厦(图 7-35)属于当地水务公司的办公楼,外观和之前罗杰斯在伦敦桥畔设计的瑞士保险大厦——伦敦人戏称为“腌黄瓜”的设计很像,但是五彩斑斓的外观显然是只有热闹的巴塞罗那才能接受的样子。两个混凝土制成的卵形管状结构通过水平钢梁的联系成为一个整体支撑着各层楼板,在混凝土的第一外层覆盖着土、蓝、绿、灰色调的铝片,而第二外层则是由近6万片透明及半透明的玻璃所包围,最大限度地增强了内部空间的透明性,把城市景观导入建筑内部的视野之中,同时提供了隔热保护。设计师让·努维尔说阿格巴大厦的设计灵感来自蒙瑟拉特山的高凸岩石结构和水流。随着太阳升起落下,建筑会呈现不同的色调,富有流动感,如同照相机光圈一样快门式的屏幕可以随着光线强弱而自动移动,巧妙调节外界透进室内的自然光量,而灰蓝色的玻璃窗格的图案和排列方式如同阿拉伯世界的壁画一样。建筑的北立面则是镜面,可以把户外的巴黎景观进行折射,像是一幅动态的装置艺术。

(二)技术与性能良好

产品技术性能指数包括技术、性能两个方面,是描述产品功能特质的两个基本方向。

技术指标主要指构成产品的内在特征及其关系集合的量比描述,包括基本要素及其关系及结构方面的量化特征描述,主体支撑条件或环境的描述,系统与外部接口特征的量化描述,以及系统自身空间规模的描述等。性能指标是产品功能特制的量化描述,主要包括功能实现的程度,功能维持的持久度以及功能适用的范围、功能实现的条件等。技术指标侧重于产品的内在结构方面的量化描述,是性能指标的基础,这是由结构决定功能这一系统论原理决定的,属于产品的先天性指标。性能指标是在规定技术指标及相关约束条件下产品功能特质的必然表现或反映。由于结构与功能是相对的,因此技术指标与性能指标也是相对的,在一定条件下可以相互转化。

例 7-12 SUPERSYSTEM Ⅱ 多功能照明系统

SUPERSYSTEM Ⅱ(图 7-36)的创建旨在实现设计和技术方面的最高灵活性。

该照明系统基于智能模块化原则，从精确重点照明到直接、间接基础照明，以及垂直墙壁照明和工作场所应急照明，满足不同的建筑、不同的照明系统的需求。通过各智能模块彼此之间的互补，单旋转或旋转型LED聚光灯可以形成一个灵活的整体。该产品的设计宗旨是尽量精减，只留精华。该照明系统也适合各种室内建筑类型，它由高品质铝合金挤压而成，带白色油漆或经阳极化处理的银；其他Zumtobel灯具系列的照明类型，如LED聚光灯和应急照明，也可以根据需要安装在灯轨上。

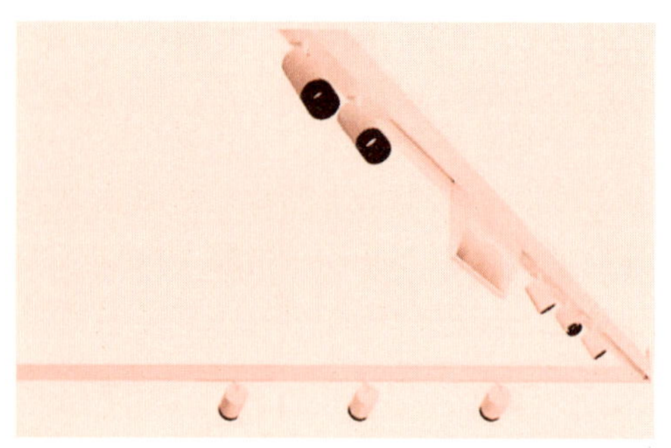

图7-36 SUPERSYSTEM Ⅱ多功能照明系统

例7-13 悉尼“垂直花园”大楼

世界上最高的“垂直花园”（图7-37）位于悉尼，建筑包括两栋高度分别为33层和16层的住宅塔楼。“与其使用铝或铁来遮蔽阳光，何不使用这些会吸收阳光进行生长，并逐渐增加遮阴面积的绿色植物呢？”基于这种想法，设计师让·努维尔与“垂直花园”的创始者——法国植物学家Patrick Blanc合作，完成了墙立面上众多竖向花园的设计，外墙安装的植物多达350种，覆盖面积为1 100平方米。

该建筑的另一大特色在于其悬臂结构，作为空中花园，从建筑东楼29层向外延伸，支撑起一个可以反射光线的定日镜系统。这个电动控制的定日镜能够相应地追踪光线并把它往下反射到大楼的大部分区域以及公园绿地上，把太阳的能量带到光线照射不到的地方。到了夜晚，建筑上的绿植配合灯光艺术家Yann Kersale设计的灯光，通过320个LED照明灯的变化，塔楼呈现出色彩斑斓的梦幻景象，如同一座城市中的大吊灯。

图7-37 悉尼“垂直花园”大楼

（三）满足产品设定要求

产品设定的要求一般具有多样性，有社会发展的要求，有功能、质量、效益方面的经济效益要求，也有人们的使用要求以及制造工艺的要求。

1. 社会发展的要求

设计和试制新产品必须以满足社会需要为前提，包括眼前的或长远的。为了满足社会发展需要，开发新产品、加速技术进步是关键，为此必须加强对国内外技术发展的调查研究，尽可能吸收世界先进技术。

例 7-14 阿布扎比卢浮宫博物馆

阿布扎比卢浮宫博物馆由曾获得过普利兹克奖的著名当代建筑师让·努维尔设计。阿布扎比卢浮宫博物馆在2011年与法国达成了长期合作，花费4亿欧元购买“卢浮宫”的商标，2017年阿布扎比卢浮宫博物馆建成后，每年再支付1.5亿欧元向巴黎卢浮宫租借藏品。让·努维尔选择把它建在海中。在浩瀚无垠的海面上，这样一座建筑群岛无疑是特别的，它被一把巨大的“遮阳伞”保护着，视觉上创造出的一道道光雨更加美轮美奂。穹顶上的图案在八个重叠的层面上以多种尺寸和角度重复排布，使射入的每一束光线都必先经过八个层次的过滤，然后逐渐淡出。随着日照路径的变化，形成了有强有弱、有粗有细的光束效果。夜里，穹顶的图案将形成7 850颗星星，将室内与室外同时点亮（图7-38）。

图7-38 阿布扎比卢浮宫博物馆

2. 经济效益的要求

好的设计可以解决用户所关心的各种问题，如功能如何、手感如何、是否容易装配、能否重复利用、质量如何等，同时，好的设计可以节约能源和原材料、提高劳动生产率、降低成本，具有批量生产的可能性等。

例 7-15

（1）2017年伦敦设计周前夕，Pentatonic公司发布了世界上首套由回收的智能手机、瓶子与食物制作而成的家具作品。据统计,全球超过5亿件、至少25万吨的塑料目前浮在海洋中,因此该品牌决定把消费者们产生的垃圾变成为能够进行大规模生产的设计作品。除此之外,该公司的产品返销系统还保证了消费者所购买的产品能够被购回,经过二次回收投入到新的产品中。这些产品是由小单位的组件组成,实现了客制化的巨大灵活性。

(2)智能手机玻璃是目前世界上最优质的玻璃,但低回收率意味着一旦设备报废,它就会被浪费掉。Pentatonic公司觉得这是值得再利用的,可以把它变成用于家庭或办公室的坚固耐刮的玻璃器皿,具有诱人和神秘的半透明度(图7-39)。

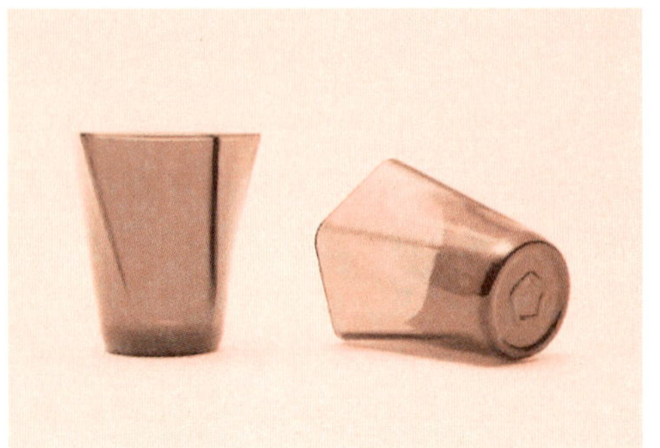

图7-39 Pentatonic Handy Glass

3. 人们使用的要求

产品的使用功能常常是人们挑选产品的第一参考依据。产品良好的功能性表现为使用产品时,产品的功能好用,这也是我们评判产品具有技术美学的一个标准。设计师在设计的初始阶段,首先考虑的也是产品的功能性特点,一个具有良好的功能性特点的产品才可能具有技术美学,包括使用的安全性、可靠性、方便性和美观性等。

可靠性是指产品在规定的时间内和预定的使用条件下正常工作的概率。可靠性与安全性相关联。

例 7-16

(1)Eggboard吸音吊灯。Eggboard吸音吊灯(图7-40)创新性地将吸音与照明相结合。它能够吸收房间内的声音,比如一些比较明显的噪声。这一性能是通过对两块可持续再生聚酯板进行创新性设计来实现的。该吊灯因其特定的材料备受关注,成为特定空间内的重要物件,具备强大的吸声性能的同时也带来令人震撼的视觉体验。

图7-40 Eggboard吸音吊灯

（2）弹力自行车架。

图7-41是爱沙尼亚设计工作室keha3发布的第二版“tulip fan fan”自行车架（图7-41）。这款自行车架具有更加生动的外观以及更加稳定的性能。目前，这款车架也适用于大型自行车，是由于其安装系统非常灵活，可以和不同类型的自行车相兼容。“tulip fan fan”是用EPDM/PVC管子制作而成，上面带有钢丝绳和镀锌金属。车架上半部分具有半弹性特质，方便用户根据自己所需调整形状，能够更好地保证用户的财产安全。用螺栓将车架固定在地面上，或是在混凝土浇筑过程中将车架焊接在地面上，有利于车架的大规模应用。

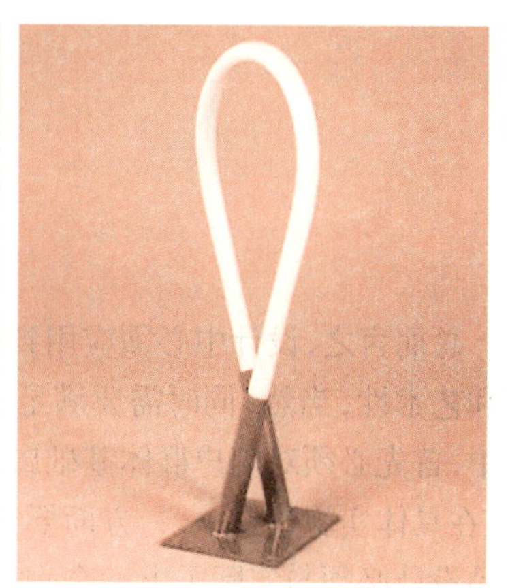

图7-41 弹力自行车架

4. 制造工艺的要求

产品结构应符合工艺原则，即在规定的产量规模条件下，能采用经济的加工方法，制造出合乎质量要求的产品。这就要求所设计的产品结构能够最大限度地降低产品创造的劳动量，减少材料消耗，缩短生产周期和制造成本。

例 7-17

Pentatonic的联合创始人Jaime Hall表示:“我们不相信产品毒性,更不相信产品无法回收。我们可以通过采用精致的打磨工艺以及卓越的生产方式,实现各种先进的设计,每个组件都是可替换、可延伸、可买卖的,且均由废物制作而成。通过打造这些模块化产品,我们为人们提供了不断重新想象其生活空间的机会。人们甚至可以用我们的组件来创造一些我们都未曾想到过的疯狂作品。”

将废弃的铝、玻璃、食物以及塑料作为Pentatonic家具系列的组成模块(图7-42),这套“airtool”系统是由小单位的椅子与桌子组件组成的,实现了多选择的客制化特点,可选的材料与面料包括了毛毡、特级面料、粗糙纺布以及手工抛光的金属等。该套设计实现了彻底的模块化,这也就意味着如果出现损坏,其零件替换起来非常容易,还可以根据个人的审美变化来更换组件。

图7-42 将旧电话、平板电脑以及电脑作为该系列家具的组件模块

总而言之,设计中必须应用到技术美学,运用技术美学的主要目的是突出设计的实用性和艺术性,当然,同时需要满足设计的功能美需求和大众化需求。因此,在产品设计过程中,首先必须对用户群体基础属性和喜好情况进行全面了解和掌握,并且制订可行性方案,在具体实施过程中,一方面要突出可行性,另一方面要具备一定的针对性。也就是说,产品设计必须与实际需求完全吻合,否则,其设计毫无意义,没有实际价值。技术美学在产品设计过程中,不但作为技术支撑,而且有利于设计美学特征的完整体现。只有有效运用技术美学,方可提升设计的艺术成就和技术美感,满足人们物质、精神层面的各种需求。产品设计与人们的日常学习、工作、生活息息相关,只有将艺术与生活紧密相结合,方可达到设计的真正目的,激发设计的潜在价值。

二、功效美的评价

技术美是基于功能主义下的美学概念,主要在设计中提供功能上的引导和技术上的支持，是产品设计中最基础的也是最重要的组成部分。在产品设计中，人们对技术功效美的要求不断提高，促使技术美学应用、表现于产品之上，具体表现为不断出现具有新功能的产品，如手机、电脑、相机等的更新迭代。产品在设计的形式和方向上发生了本质的改变，表现为越来越符合人机工程学要求。在本节接下来的内容中，我们将通过诸多案例来认识技术美评价的语言及方式。

(一)产品的尺寸、形状及用力方向与人体配套

例 7-18

(1) Oral-B Vitality 100是电动口腔护理装置的入门款式。其符合人体工学设计的握把，与具有独特点状纹路的表面处理，让使用者在使用牙刷时能舒适紧握。产品的对比色与独特设计亦获得所有年龄层使用者的喜爱。相较于一般牙刷，这款电动牙刷具有摆动与旋转功能的2D清洗技术，能更有效去除牙菌斑。

(2) CHG90电脑是一款专为游戏而设计，同时也适合办公室使用的电脑(图7-43)。其动态的曲面显示器匀称且符合人体工学，搭配此款大型显示器之卓越工艺也不可小觑。质感和设计细节亦相当低调，支架则兼具耐用性与艺术造型。超宽32 ∶ 9弧形荧幕，相当于两台16 ∶ 9显示器并排显示，创造出非常吸引人的游戏体验。显示器边框和支架兼具强度、坚固性和耐用性，显示器可以向上或向下倾斜，或向左或向右调整，达到最佳的可用性；具备适合游戏的功能，包括适用于柔和环境光线的电竞照明功能，以及可以在每个游戏荧幕中储存个人设定的快捷键，确保在任何电竞比赛中皆拥有更顺畅的操作优势。

图7-43 CHG90电脑

(二)清洗、保养、维修方便

例 7-19

现代人在电脑荧幕前耗费的时间越来越长，增加了眼睛疲劳和干眼症状的发生频率。iSee M(图7-44)是一款便携式专业眼部按摩器，透过气压和热能，能有效改善眼部血液循环，缓解干眼与眼睛疲劳的症状。而贴心的折叠设计则方便按摩器放进口袋，随时方便取用。产品的主要材质使用了触感柔软的布料，让佩戴更舒适，同时也方便清洁。

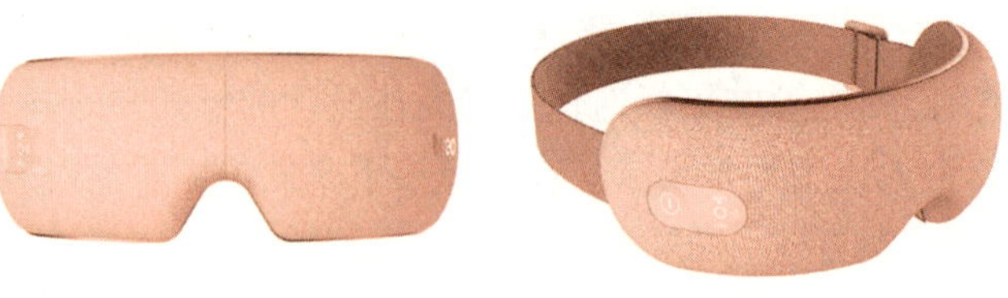

图7-44　iSee M眼部按摩器

（三）安全性能良好

设计产品时，必须考虑使用过程中的种种不安全因素，采用有力措施加以防止。

例 7-20

Vodafone推出的新型SOS智能手环，是为了让年长者与其家人安心所设计的产品。SOS求救讯号可透过按钮手动发送，也能经由加速感测计在侦测到跌倒时自动发送。警示会传送给事先设定好的家庭成员或紧急服务单位。只要跟一款简单的行动应用程式配对，家人便能在佩戴者发生紧急状况时收到警示。手环的时尚外观结合细致质感与金属细节，可减少社会大众对佩戴医疗安全装置的负面印象。

（四）元器件功能容易辨认，操作方便，使用舒适

例 7-21

Nanoscale Micro Needle（图7-45）是一款新型药物递输装置，只要使用对应的护肤产品，Nanoscale Micro Needle便能达到除皱、美白与遮瑕等效果。产品外形简单、精巧，操作上也非常容易，具有三段可调频率；使用后不留伤口、不流血，且无感染风险。

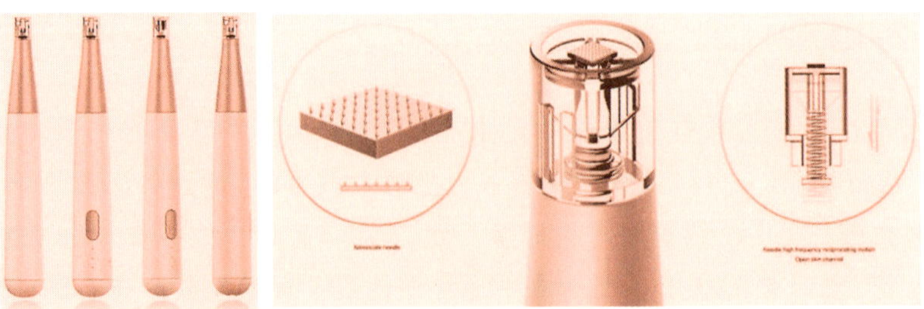

图7-45　Nanoscale Micro Needle美颜装置

三、结构美的评价

（一）结构简单、合理、紧凑

例 7-22 香水喷雾器

可携式香水喷雾器（图 7-46）能充分发挥喷雾的便利性。传统喷雾器皆使用分离式瓶盖，使用者在喷洒前，必须用双手打开瓶盖并分辨喷头方向。该产品运用其独特的一触式（one-touch）设计，将瓶身与瓶盖合为一体，只需单手便能使用喷雾器，并可简单、直觉地分辨喷洒方向。其瓶身符合人体工学的设计弧线，更赋予产品优雅的外观与感受。

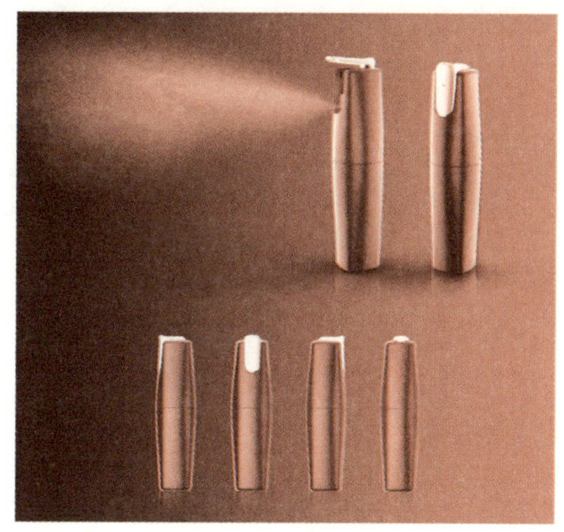

图 7-46 香水喷雾器

（二）结构部件划分适宜，整机和零部件制造、装配与调试方便

例 7-23 护理床

RotoBed® 是一款能为使用者降低疼痛、延长行动力与创造更好的生活品质的高品质产品（图 7-47）。这款护理床具备旋转机构，方便使用者轻松上下床，重获自主性和尊严。同时可为照护者提供帮助：在照护时，无须移动或搬动患者，仅需将床升高离地 82 cm 即可。这款护理床分为全自动和半自动两种型号，并能搭配多种不同配件使用。

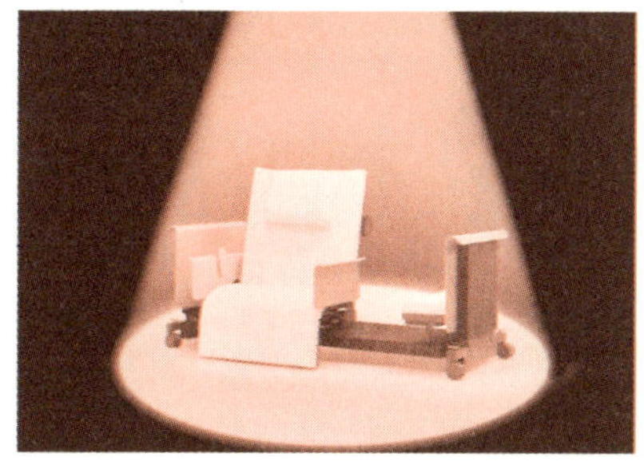

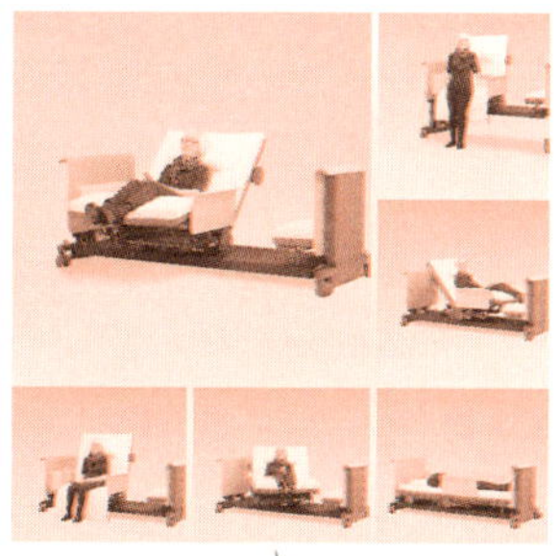

图 7-47 RotoBed® 护理床

（三）部件之间的关系简单明了，中间环节简化，安装使用简单

例 7-24　滚动测量尺 Rollbe

圆形的滚动测量尺设计（图 7-48）使其能够通过从一点滚动到另一点的方式测量出准确距离，并且有公制和英制两种单位可供选择。4 英寸和 10 厘米的设计为市场上最紧凑的标尺，它们与硬币的尺寸相似，因此很适合放在口袋中随身携带。

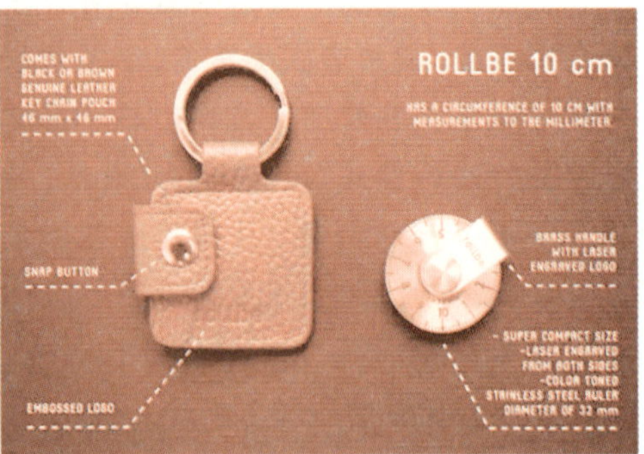

图 7-48　滚动测量尺

（四）运输方便

结构不规范、不整齐，会影响包装、影响运输，运输方便与否也是评价产品结构的重要指标。

例 7-25　new Chinese style furniture 餐椅（图 7-49）

图 7-49 的设计很好地传承了中国传统明式家具的造物理念，同时解决了小户型空间的使用的问题。家具可以叠加，且体积轻巧，方便搬运。此款餐椅应用了以人为本的设计理念，比例尺寸符合人机工程学的舒适性要求；造型简洁，通过精密

图 7-49 new Chinese style furniture 餐椅

计算，可以实现多层椅子叠加，提高了居家小户型的空间利用率。结构上采用了榫卯结构和传统明式家具的造型美学，同时在力学上汲取了传统建筑里的斗拱原理。其造价成本低廉，为居家室内空间带来画龙点睛、调节空间文化氛围的效果，能给用户一个非常好的使用体验。

四、造型美的评价

在产品设计之中，技术美学不仅体现在对产品功能性的强调和使用。一方面，生产力高度发展，市场供大于求的形势下，有大量的同类产品同时存在于市场之中，如何在市场上的同类产品之中脱颖而出，激起消费者的购买欲望，由此对产品设计师提出了新的挑战。另一方面，产品单一的功能性特征已经无法满足人们对于产品的需求，人们对于美学的研究和认知也在不断地发展与深入，体现为对产品设计的视觉化需求即产品的造型美感提出了更高的要求。造型美评价可从以下角度进行。

（一）产品形态美，比例和谐，给人空间上的美感

例 7-26 卡塔尔国家博物馆

卡塔尔国家博物馆建在卡塔尔首都多哈的滨海路畔，占地4万平方米，从此前公开的俯视模型图来看，它就像是被风吹落一地的花瓣，由许多圆盘穿插、堆砌而成。这样的造型灵感，其实来自波斯地区“沙漠玫瑰”这一神奇的自然现象。何为“沙漠玫瑰”？它并不是植物，而是由沙漠盐水层中的结晶砂等矿物质组成，多片板状交叉，因呈现簇群玫瑰状而得名。让·努维尔也将它形容为“第一个由大自然创造的建筑结构”。该设计以此为灵感，用尺寸和弯曲度不同的圆盘横向错落叠加，垂直结构起到支撑作用，如项链一般环绕着整座博物馆（图 7-50）。

将“沙漠玫瑰”作为建筑设计的基础，实在是一个非常超前的想法，甚至有些

图7-50　卡塔尔国家博物馆外立面

乌托邦。圆盘成为建筑连贯的屋檐，整座建筑因此由一个又一个小空间连接起来，并向前蔓延。它是一种偶然的叠加，好像是在浪潮的顶部，随后又不知道跌到何处。建筑空间有高有低，使参观的游客从旁观者变为参与者，一系列的空间转换和游客在馆内的移动相辅相成，融为一体。但这流畅线条背后的复杂结构，其实是实际施工中最大的挑战。圆盘是辐射状布局的钢结构桁架，覆盖着玻璃纤维复合钢筋混凝土板。柱子隐藏在垂直圆盘中，传递水平圆盘的荷载到地上。圆盘结构的边缘有意做得轻薄，营造出轻盈感（图7-51）。

图7-51　卡塔尔国家博物馆顶部

楼面是沙色抛光混凝土，而垂直的墙壁上覆盖着Stuc Pierre（一种用传统石膏和石灰混合的石膏），用来模仿石壁效果。《纽约时报》提到，这些缠绕相扣的圆盘成本估计高达4.34亿美元，还是专利项目。而同外观一样，博物馆内部也是环环相扣的圆盘——墙面是不规则的曲面，可以当作投影幕布使用（图7-52）。

尽管这是一座现代建筑，传统文化的元素也成了被广为关注的重点。卡塔尔的阿勒萨尼宫殿不仅是一个重要的国家象征，也一直是当地最受欢迎的地标之一。

2014年被修复后作为中心展品，也融入了博物馆当中。让·努维尔说，“建筑象征了卡塔尔的位置、历史和国家的现代性，它首先体现的是一种文明的‘永久性’——最初作为游牧民族，却孕育了千年文明，至今绵延不息。因为发现了珍珠、石油、天然气，一个游牧民族在这片沿海沙漠定居下来，逐渐形成了一个现代国家……所有的变化都将通过国家博物馆来体现。”

图7-52 卡塔尔国家博物馆内部

（二）外形简洁、明快、流畅，给人生理上的舒适感

例 7-27

图7-53 法拉利跑车

J50（图7-53）是一款采用中置引擎的双门敞篷跑车，代表Targa车身风格的回归，令人忆起1970年代和1980年代几款倍受喜爱的法拉利车型。该设计由位于马拉内罗的法拉利设计中心团队在弗拉维奥·曼佐尼带领下操刀设计。即使没有法拉利的标志，依然可以认出它是马拉内罗的设计，其外形符合空气动力学与纯然的技术功能的要求，并搭配许多专为驾驶人设计的充满热情的细节。

（三）形态规整，制造方便

具备造型美的设计，形态规整、时代感强烈，制造工艺简单方便，便于大规模生产，给人工艺上的现代感。

例 7-28　Lind & Lime Gin 酒瓶设计

图 7-54 这款酒瓶的设计灵感来源于曾经遍布利斯市的工业建筑和窑炉，其精致优雅的轮廓和抢眼的外观设计无论是视觉还是触觉感受都尤为突出。

图 7-54　Lind & Lime Gin 酒瓶

五、工艺美的评价

（一）工艺先进，具有继承性

例 7-29

（1）德国 AND UNION 向来自豪其特有的酿造技术，不仅传承传统质量、留存醇正风味，同时更能常创常新。产品完美呈现复古风格的现代诠释，而这个来自巴伐利亚的经典品牌已全面革新，并带有鲜明设计风格。从口味类型到瓶罐色彩计划，都展现出澄净、简约又朴实的生活态度。简单却更有质感，这是“少即是多”这一设计理念的典范。简单的字体排印和雾面外观，加入压花设计，为瓶身增添更丰富的质感（图 7-55）。

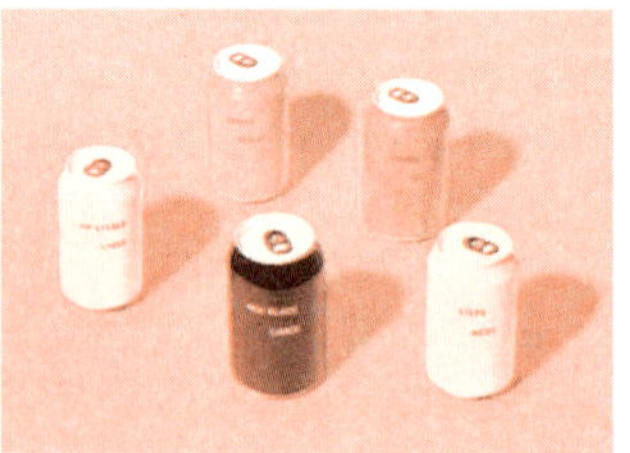

图 7-55　精酿啤酒包装

（2）Zoma Cannabis 的包装盒（图 7-56）使用了非塑料材质，是一款看起来精致又豪华的产品。该作品曾获尼纳纸奖。

图 7-56 包装盒设计

（二）色彩设计良好

例 7-30

（1）Jones Knowles Ritchie（JKR）创造了一系列大胆、俏皮和真正标志性的作品，图 7-57 的包装设计在色彩的运用和呈现上给消费者很多惊喜。

（2）Coconut Milk by Grinning Face，此设计将乳制品颜色呈现于包装封面，用色干净、高级，使包装更吸引消费者眼球（图 7-58）。

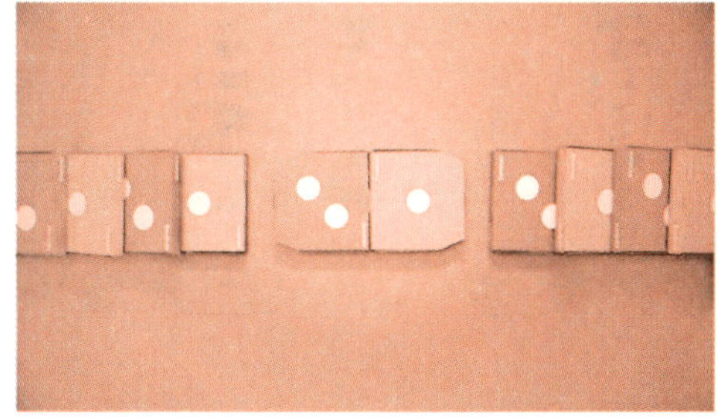

图 7-57 JKR 包装设计

图7-58　乳制品包装颜色设计

（三）包装良好

下面欣赏一组设计。

（1）阳光、温暖的Elenita Mezcal饮料包装（图7-59），作者：Amber Asay。

图7-59　Elenita Mezcal饮料包装

（2）OATH功能性饮料包装设计（图7-60），作者：B&B Studio。

图7-60　OATH功能性饮料包装设计

（四）品牌商标设计良好

例 7-31 FishAct-Stop overfishing 品牌设计

由于环境污染以及大量捕杀，现如今，海洋鱼群数量已大量下降，若继续下去，恐怕到2048年就会空无一物。非营利组织FishAct致力于防止这种情形发生，他们将新的组织标志转化为一场宣传活动。其标志起初呈现总数30尾的鱼群，每一条鱼则代表2018至2048年间的每一个年份。除非海洋鱼类生态有实质改善，否则标志上将每年消失一条鱼。在其微型网站上，这个识别标志转变为全球鱼群的动态图表，在造访网页时可以了解濒危鱼种以及各大洋状况（图7-61）。FishAct宣传活动的整体设计，传达出全球海洋鱼源枯竭的严重性，利用品牌重塑，呼吁各方采取行动。其整体视觉设计借助动态图形达到更强的效果。这件作品，强烈反映了人类保护自然的责任。

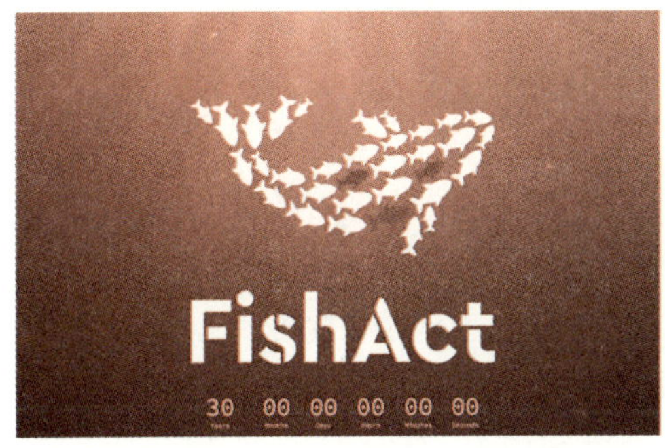

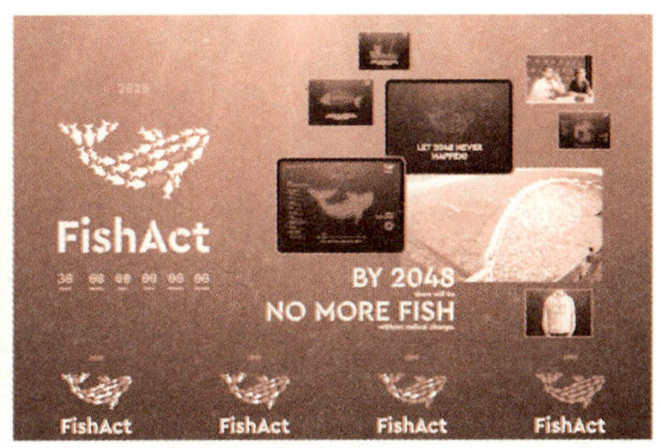

图7-61 FishAct-Stop overfishing 品牌设计

工艺美也包括包装的保护、方便、销售、审美等功能。保护功能是为了防止商品在流通过程中受到损伤；方便功能是商品的包装设计为商品流通环节提供便利以及方便消费者使用和携带；而销售功能和审美功能则是保护功能和方便功能的延伸。现代的销售功能与审美功能，其本质上是一致的。现代的销售方式是包装作为商品和购买者之间的媒介，需要通过强烈的视觉冲击力，以力争达到一呼百应的设计效果。

六、性价美的评价

（一）性价比高

例 7-32 Canyon Roadlite CF

Roadlite CF是专为高强度锻炼而设计的碳纤维公路自行车（图7-62），简约、精准且充满活力，设计坚持Canyon的价值，并着重功能性。Roadlite CF将车架不同部分的刚性和弹性均不断予以优化。融合空气力学概念和舒适性的碳纤维公路车休息手把更与整个设计和谐一致。硬角度与软质表面相呼应所形成之视觉对比，为本车的核心设计元素，窄管和宽管剖面之间的交替则产生动态的互动。Canyon Roadlite CF是精雕细琢且完美的设计品，也是一款非常轻巧且经济实惠的自行车。细部的外观设计则在低调和动力之间取得微妙的平衡。

图7-62 Canyon Roadlite CF

（二）经济实用，成本低，资源节约，环境友好，劳动生产率高

例 7-33 明基投影机纸浆模塑包装

各大电商购物节销售记录屡创新高，但也留下堆积如山的包装废品。明基（BenQ）为其电子产品推出全新的包装设计（图7-63），采用了非复合型纸浆模塑材料制成，易于回收循环利用，十分环保。它的外盒可起到有效缓冲作用，保护里面的产品，防止跌落和碰撞，且无需额外的填充物。隐藏式包装手柄具有平坦的表面，大大节省了运输和包装空间。

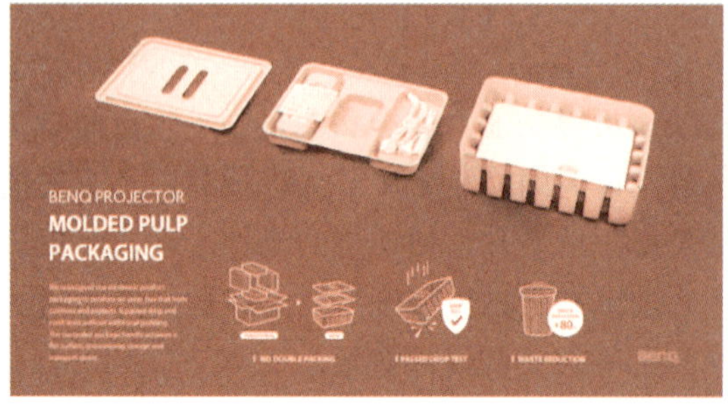

图7-63 明基投影机纸浆模塑包装

（三）材料先进，材质轻

例 7-34

米家全景相机（图7-64）。米家全景相机采用自主研发的棱镜反射式镜头模

组，为目前盲区最小的全景相机。其设计通过定制算法硬件处理器，实时主动画面校准与色差调节，采用多层金字塔融合技术实现画面平滑过渡，有效解决拼接缝隙问题，真正实现360°全景视频与照片拍摄；搭载安霸高速处理器及索尼图像传感器，有效像素高达2 400万，能一键拍摄7K全景照片和3.5K全景视频；体积紧凑超薄便携，达到IP67防尘防水等级，是个人消费全景市场的有力开拓者。这款相机身形小巧，却不失细致处理，比如表面的橡胶纹理可防滑脱。Mi Sphere相机设计精良、画面清晰，优异的制作品质和坚固表面让对手望尘莫及。相机手柄设计巧妙，可快速转换为支架，轻松又便利。

图7-64 米家全景相机

（四）使用寿命长

图7-65至图7-67所示的一组工具，它们虽然在造型、颜色上并不太符合我们对它的评分标准，但是，这些工具经久耐用，具有一定的稳定性，性价比相对较高，使用寿命长，不易损坏。

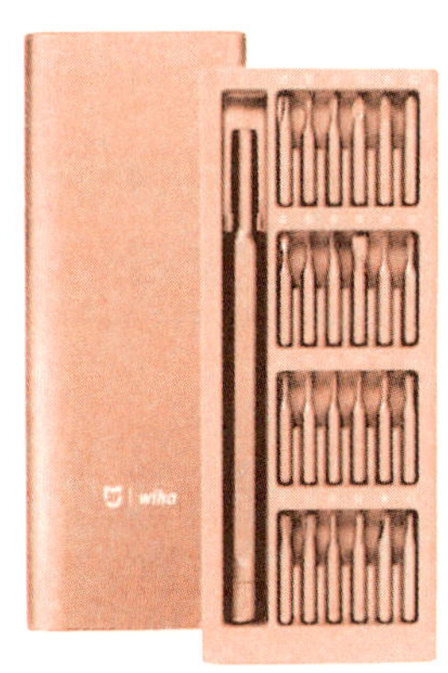
图7-65 螺丝起

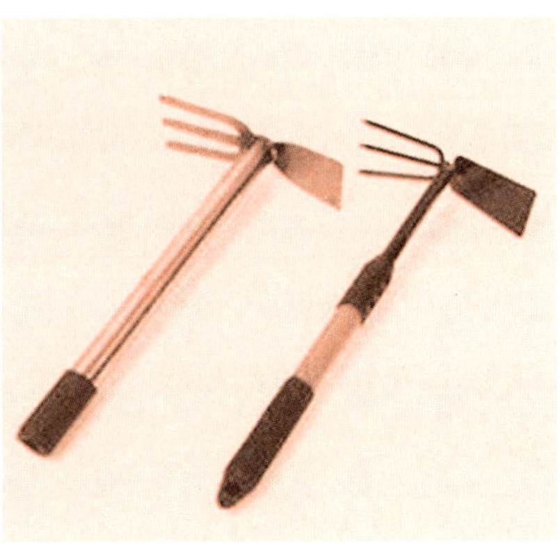
图7-66 松土工具

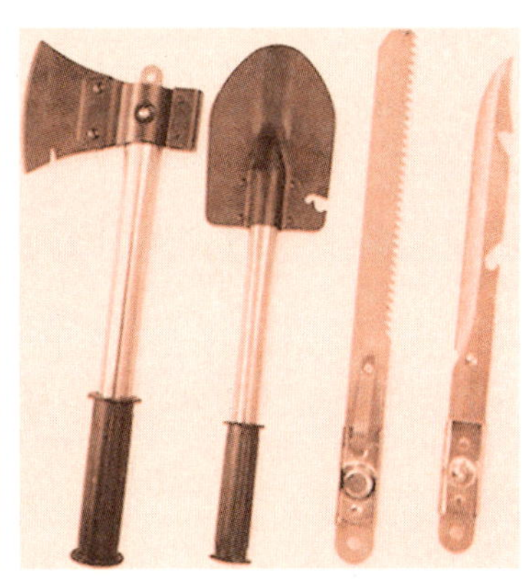
图7-67 斧头、铲子、锯刀

总之，艺术设计同其他艺术门类、科学和技术有着非常直接的联系。建筑学、实用美学和工业品艺术设计要比其他艺术更接近于物质生产领域。它们把人们在日常生活中所需的许多物质制品变成不仅具有实用价值，而且具有艺术品质和带有情绪的作品。

目前，在确定工业品艺术设计的实质和应用范围时存在着不同的观点。例如，工业品的艺术设计从美术家的观点看属于艺术范畴后从建筑师的观点看属于建筑艺术活动范围，而从工程师的观点看又属于技术领域。但它们的最终目的是一致的，都是为了提高人们所处实物环境的文明，并把这个文明提高到科学技术与艺术美学兼具的水平上来。

通过以上功能美、功效美、结构美、造型美、工艺美、性价美六个维度，综合评价一款产品，通过多方面的评价最终得到一款产品的产品技术审美分数，从而使产品与产品之间的对比有了数据参照。

七、产品技术美评价表

以上审美评价可以归纳为以下产品技术美评价标准表（表7-1）。

表7-1　产品技术评价标准表

技术美内容	评　价　标　准	分　值
功能美	1. 达到先进参数	6
	2. 技术与性能良好	6
	3. 满足产品设定要求	6
功效美	1. 产品的尺寸、形状及用力方向与人体配套	4
	2. 清洗、保养、维修方便	4
	3. 安全性能良好	4
	4. 元器件功能容易辨认，操作方便，使用舒适	4
结构美	1. 结构简单、合理、紧凑	4
	2. 结构部件划分适宜，整机和零部件制造、装配与调试方便	4
	3. 部件之间的关系简单明了，中间环节简化、安装使用简单	4
	4. 运输方便	4
造型美	1. 产品形态美、比例和谐，给人空间上的美感	6
	2. 外形简洁、明快、流畅，给人心理上的舒适感	6
	3. 形态规整，制造方便	6
工艺美	1. 工艺先进，具有继承性	4
	2. 色彩设计良好	4
	3. 包装良好	4
	4. 商标设计良好	4
性价美	1. 性价比高	4
	2. 经济实用，成本低，资源节约，环境友好，劳动生产率高	4
	3. 材料先进，材质轻	4
	4. 使用寿命长	4

1. 简述审美的一般范围及分类。
2. 谈谈对“感觉、知觉、理解、联想、想象、情感、美感”的认识。
3. 从设计师的角度举例说明审美特征不同会导致产品发生什么变化。
4. 探讨功能美与功效美之间谁更重要。
5. 技术美审美评价可分为哪几种？它们之间的联系与区别是什么？

主要参考文献

[1] 叶朗. 美学原理[M]. 北京：北京大学出版社，2009.
[2] 陈根. 工业设计概论[M]. 北京：电子工业出版社，2017.
[3] 何人可. 工业设计史[M]. 北京：高等教育出版社，2019.
[4] 闻人军. 考工记译注[M]. 上海：上海古籍出版社，2008.
[5] 王受之. 世界现代设计史[M]. 北京：中国青年出版社，2002.
[6] 冯契，徐孝通. 外国哲学大辞典[M]. 上海：上海辞书出版社，2008.
[7] 梅内尔. 审美价值的本性[M]. 刘敏，译. 北京：商务印书馆，2001.
[8] 乔瑞金. 马克思技术哲学纲要[M]. 北京：人民出版社，2002.
[9] 张焱，刘婷. 工业设计原理[M]. 北京：中国水利水电出版社，2011.
[10] 罗剑. 工业产品、交通工具创意设计：基础、提升、完善[M]. 北京：电子工业出版社，2012.
[11] 刘晶. 设计基础[M]. 北京：中国建材工业出版社，2008.
[12] 布罗克曼. 平面设计中的网格系统[M]. 徐宸熹，张鹏宇，译. 上海：上海人民美术出版社，2016.
[13] 王受之. 世界平面设计史[M]. 北京：中国青年出版社，2018.
[14] 梁景红. 设计配色基础[M]. 北京：人民邮电出版社，2011.
[15] 格尔尼. 色彩与光线：写实主义绘画指南[M]. 黄朝贵，译. 2版. 北京：人民邮电出版社，2017.
[16] 张绮曼，郑曙旸. 室内设计资料集[M]. 北京：中国建筑工业出版社，1991.
[17] 董万里，许亮. 环境艺术设计原理（下）[M]. 2版. 重庆：重庆大学出版社，2007.
[18] 罗源. 室内空间形态创意[M]. 南昌：江西科学技术出版社，2002.
[19] 聂洪达. 建筑艺术赏析[M]. 3版. 武汉：华中科技大学出版社，2018.
[20] 王绍森. 透视建筑学：建筑艺术导论[M]. 北京：科学出版社，2000.
[21] 郑曙旸. 室内设计·思维与方法[M]. 北京：中国建筑工业出版社，2003.

高等教育出版社

教学资源索取单

尊敬的老师：

您好！

感谢您使用向罗生等编写的《现代技术美学》。为便于教学，本书另配有课程相关教学资源，如贵校已选用了本书，您只要加入高教社高职人文素质教育教师交流群，或者添加服务QQ号800078148，或者把下表中的相关信息以电子邮件方式发至我社即可免费获得。

我们的联系方式：

联系电话：(021)56718737　　高教社高职人文素质教育教师交流群：167361230

服务QQ：800078148(教学资源)　　电子邮箱：800078148@b.qq.com

传真:(021)56717650　　地址：上海市虹口区宝山路848号　邮编：200081

姓　　名		性别		出生年月		专　　业	
学　　校				学院、系		教 研 室	
学校地址						邮　　编	
职　　务				职　　称		办公电话	
E-mail						手　　机	
通信地址						邮　　编	
本书使用情况		用于______学时教学，每学年使用______册。					

您对本书有什么意见和建议？

您还希望从我社获得哪些服务？

□ 教师培训　　□ 教学研讨活动

□ 寄送样书　　□ 相关图书出版信息

□ 其他 ____